U0953866

中国古建筑营造技术丛书

中国古建筑
砖石作构造教程

施洪威　倪　皓　主　编

中国建材工业出版社
北　京

图书在版编目(CIP)数据

中国古建筑砖石作构造教程/施洪威，倪皓主编
. --北京：中国建材工业出版社，2024.7
（中国古建筑营造技术丛书）
ISBN 978-7-5160-4051-5

Ⅰ.①中… Ⅱ.①施… ②倪… Ⅲ.①古建筑—砖石结构—中国—教材 Ⅳ.①TU754

中国国家版本馆 CIP 数据核字（2024）第 042295 号

内容简介

本书以科学准确地保护、修缮砖石作古建筑为编写目的，引导学生全面了解砖石作古建筑的构造原理及专业术语、文物保护原则、工程施工步骤等。本书通过设计不同的实训项目，使学生由点及面地理解古建筑如何完成从地面到台基、墙面、屋面的构造方式，由浅入深地掌握古建筑砖石作的传统构造技艺。

本书还介绍了砖石作典型历史建筑的构造与保护修缮方式，增加了保护施工案例实操分析，进一步明确了科学保护砖石瓦材料的重要性。

本书结构合理，内容丰富新颖，行文浅显易懂，可操作性强，可作为高等院校古建筑、历史建筑专业师生，以及相关设计、施工单位人员的专业教材和参考用书。

中国古建筑砖石作构造教程
ZHONGGUO GUJIANZHU ZHUANSHIZUO GOUZAO JIAOCHENG
施洪威　倪　皓　主编

出版发行：中国建材工业出版社
地　　址：北京市西城区白纸坊东街 2 号院 6 号楼
邮　　编：100054
经　　销：全国各地新华书店
印　　刷：北京印刷集团有限责任公司
开　　本：787mm×1092mm　1/16
印　　张：11.75
字　　数：280 千字
版　　次：2024 年 7 月第 1 版
印　　次：2024 年 7 月第 1 次
定　　价：49.80 元

本社网址：www.jccbs.com，微信公众号：zgjcgycbs
请选用正版图书，采购、销售盗版图书属违法行为

《中国古建筑营造技术丛书》
编委会

本书编委会

主　编　施洪威　倪　皓

编　委　高守雷　谷志旺　沈皎冬　陈中伟

　　　　张晓晨　张健明　李　博　徐庆迎

绘　图　于观华　涂传东　姚戴忆

本书主编简介

施洪威 硕士、副教授、上海市高级工艺美术师，上海城建职业学院建筑与环境艺术学院古建筑工程技术专业负责人，研究方向为古建筑、历史建筑修缮保护设计，教育部“民族文化传承与创新子库——古建保护技艺传承与创新”子项目负责人，在核心期刊发表古建筑、历史建筑研究相关论文十余篇。

倪　皓 博士，上海城建职业学院建筑与环境艺术学院副教授，研究方向为古建筑营造及长江下游考古，出版《双鼻壶与带流阔把壶的仪式化研究——兼论良渚文化的社会组织变迁》《古镇文化遗产保护策略与设计研究》两部著作。

前　言

本书是国家高水平高职院校专业群建设、古建筑砖石作大师工作室项目中专业核心课程“古建筑砖石作构造与修缮”使用的教材，以“实用、科学”为基础编写原则，以构造、修缮一座典型古建筑（历史建筑）项目为课程结构线索，确定课程目的、课程内容；以实际工作任务为载体，以“教中做、做中学”的现代学徒制带教方式为教学手段，通过项目实操、真实案例分析来提高学生的职业能力、思想素养和创新意识。

中国古代的建筑技术源远流长，其主要特征为传统建造技术的整体性和构件技术的系统化。砖石作为我国传统的建筑材料，是古建筑的主要构筑物，是各种建筑材料的集合体。本书将分别以土、石、砖、瓦这四种材料为基础，对中国古代建筑的营造与修缮技术展开分析，阐述对砖石作建筑的系统观察。由于中国近代历史建筑中有一部分是受中国传统古建筑形制影响的仿古建筑，所以本教程也设置了历史建筑砖石作构造与修缮项目，使学生在实际工作中对历史建筑砖石作开展科学的保护修缮。

具体而言，《中国古建筑砖石作构造教程》开篇进行了整体概述，明确了古建筑砖石作构造的基本概念。项目 1 主要讲解古建筑构造方式，分为 5 个小节，分别对古建筑砖石营造的发展历史、材料与工具、基础及地面营造、墙体营造、屋面营造等方面进行阐述；项目 2 主要讲述古建筑砖石作修复工作，分为 4 个小节，包括修缮保护原则与方案设计、墙体修缮、屋面修缮、砖石雕刻与修缮。项目 3 主要围绕近代历史建筑砖石作构造与修缮，分别就典型历史建筑砖石作构造方式、修缮方案设计、修缮工序流程等进行分析论述。项目 4 主要选用古建筑相关企业的一些真实修缮案例作为学习对象，就古建筑病害勘察、修缮方案设计、施工工艺流程、新技术运用等方面为学生及行业人员提供参考。

本书在编写过程中得到了古建筑行业、企事业单位很多领导和技术人员的支持与帮助，参考了大量文献资料，在此对这些公司领导、技术人员和参考文献作者表示感谢，同时还感谢参与本书图片制作的学生。由于编者的水平有限，不足及错误之处在所难免，恳请读者及同行批评指正。

施洪威　倪　皓

2023 年 9 月

配套资源请扫描
二维码下载领取

目　　录

项目1　构造一座砖石作古建筑

任务1.1　学习古建筑砖石作发展历史

任务要求

1. 知识目标：了解中国各朝代砖石瓦作的发展概况及其主要工艺特点。

2. 能力目标：能够根据砖石瓦加工工艺特点对古建筑进行初步识别断代。

3. 重点难点：重点——砖石作砌体建筑主要出现的朝代与典型砌筑方法；
难点——中国各朝代砖石雕刻纹饰艺术特点。

4. 思政目标：以“工匠精神”为引领，将中国古建筑砖石作构造发展史建设成为多维度、多方面、多层次的思政融合课程。通过思想品德的全方位教学实践，使学生了解中国古代砖石作发展体系和优秀的匠心文化，坚定文化自信和民族自信，树立唯物主义的建筑史观，获得认识论和方法论的收益。本课程内容富有人文和艺术性，是良好的思政教育媒介，在教学中能够以潜移默化的方式取得“立德树人”的效果。

知识准备

据中国考古工作者在中国长江三峡瞿塘峡东口大溪镇大溪水与长江水交汇处台地上大溪文化层三次重大挖掘发现，公元4000多年前原始居民已经开始建造使用红烧土块房屋和以竹、木建房，同时为防潮、防雨、避热，铺筑红烧土块垫层。考古还发现在古遗址中有一座由斜坡火道、火膛和排烟口组成的陶窑和带有稻壳印痕的红烧土块平铺在地上。这说明古人在制作坯块中已掌握了一定的制作与烧造技术，这些红烧土块无疑是古人对制陶技术的借鉴和非自然耐久建筑材料——砖瓦雏形的发明。

在中国漫长的古建筑发展过程中，房屋一直以大木架作为主要承重结构，砖石砌体则承担隔断、分割空间的作用，俗话“墙倒屋不塌”正是反映了中国古建筑的这种构造。中国古建筑未发展出取代木构架的砖石结构建筑的主要原因分析认为，具备一定强度、刚度和稳定性的墙体才能承担起整个房屋的重量，这需要砖块本身形制和尺寸要规格化、模数化，以保证砌筑方便和砌体规整；同时，砖石砌筑的方法也要科学，以保证砖块墙体是稳定、牢固的整砌体。此外，还有一个关键因素就是选用的胶泥及其配比要合适，即砌筑胶泥在砌体中凝固后必须具有一定的强度和黏结牢固性；砌筑时还必须具备良好的流动性和保水性，以保证砌筑质量；黏结材料需要能就地取材且具有价格低廉、性质稳定、耐蚀保存永久等特点。以上即为影响砖石结构应用、发展的制约因素。根据我国古建遗址和汉墓出土情况分析，两大限制条件在汉代已基本得到解决，即条砖的形制、规格到东汉时已基本定型；东汉后期起，墓室中墓壁的砖砌体砌筑方法已改进为上下每层顶砖、顺砖交互垒砌成整体，使墓壁砖砌体稳定性大大增强。但作为性能良好的黏结胶泥一直到唐、宋时期都未出现，且离要求相去甚远。中国传统的灰浆只是起到一些黏结作用，不具备稳定的承重作用，这就是造成中国未能像西方发展出代替大木构架承重结构的砖石砌筑建筑的主要原因。

1.1.1 中国古建筑砖石作材料起源

我国最早的瓦出自陕西省宝鸡市陈仓区桥镇遗址，2009 年文物普查人员采集到一片泥质红陶篮纹筒瓦残片，其长 26 厘米，直径 12 厘米，壁厚 1.2 厘米；在两处半地穴式的房址中，发现并采集到其余板瓦、筒瓦、槽型瓦残片。由于这些陶瓦是与新石器时代龙山文化时期的泥质红陶、夹砂红褐陶篮纹斝、罐等文物一同出土的，专家判定这些瓦片的历史可以追溯到 4000 年以前，是我国迄今发现最早的建筑陶瓦。

最早的砖是陕西省蓝田县新街遗址发现的仰韶文化晚期的 5 件烧结砖块，年代应在公元前 3500 年—公元前 3000 年的范围内，距今已有 5000 多年。据考古证明，我国最早的建筑用砖出现在公元前 2000 多年的奴隶社会末期和封建社会初期。战国时期的建筑遗址中已经发现有条砖、方砖和栏杆砖的区分，品种繁多，主要用于铺地和砌壁面。条砖和方砖使用模压成型技术，外饰花纹；栏杆砖两面刻兽纹，兽作蹲伏状，俯首翘尾，形态古朴、生动。至秦汉时期，砖被大量使用，并出现了富有特色的画像砖和各种纹饰的瓦当，成就了“秦砖汉瓦”的美称，对后代砖瓦制作成型影响深远。中国古代砖的类型主要有方砖、条砖和空心砖三大类。方砖大多饰有纹样，用于铺砌重要的建筑地面；条砖又称小砖，早期用于铺设下水道、衬井壁，铺砌墓室，后期主要用于营建房屋；空心砖又有“圹砖”“郭公砖”“琴砖”“亭长砖”等称谓，多为长方体，内部空虚，体积庞大，主要用于陵墓墓室。至战国时期，在房屋建筑物上使用黏土烧制的筒瓦、板瓦作屋面和使用黏土烧制的薄砖铺地已相当普遍。有史料可查的是战国初期齐国工艺官书《考工记·匠人篇》上就已规定了，当时建筑物上常用的一种屋顶坡度的高跨比：“葺屋三分，瓦屋四分”，相当于当时的国标建筑规范。《史记·廉颇蔺相如列传》上描述公元前 3 世纪秦国攻取赵国都城的“邯郸之战”时也谈到：“秦军鼓噪勒兵，武安屋瓦尽振”等。总之，先民在生活实践中早就发现了黏土掺水后的可塑性、烧制后的耐火性和坚硬性。“砖”古文作“甓”和“瓴”，所以在早期，陶制砖、瓦并无严格界限。在我国建筑史上，一般认为瓦出现在西周中期，砖出现在东周，迄今都至少有 2500—3000 年的历史了。我国从东周有砖之始，就是用还原法工艺煅烧青砖，其强度、硬度和耐碱性都在后世所用的常见红砖之上，可见当时的烧砖技术不可谓不成熟。

1.1.2 历代古建筑砖石作发展特点

从考古发现来看，我国至少在仰韶文化晚期，即史前时期就已经发明了砖。

商代与夏代时期（约公元前 21 世纪—前 11 世纪），目前尚未见有该时期考古发现砖的报道。夏代以前中国处于原始社会，亦称史前时期，考古人员亦发现泥砖坯，推测应当采用木质模具成型技术。

我国春秋战国至秦代时期的建筑物主要为土木结构，其墙体大都用黏土夯筑而成。因此，砖在当时主要用于铺设地面、台阶或建造墓室，而不是砌墙（图 1-1）

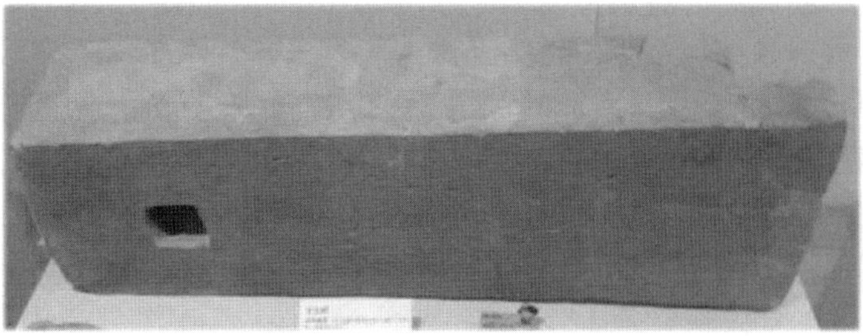

图1-1　西周巨型空心砖

西周（约公元前11世纪—前771年）早期制砖技术已经渐趋成熟，当时不仅能够烧制小型的长方形砖，而且已经较熟练地掌握了烧制大型空心砖的技能。考古人员发现的西周砖的遗址共有6处，主要分布在陕西宝鸡地区的周原遗址范围内。目前发掘出的西周砖多为残块，完整者仅3件。

战国至秦代时期（公元前476年—前206年），砖的制作和使用已经相当普遍，制砖技术较西周时期又有了显著的进步和提高。这个时期不仅砖的出土数量和花式品种日益增多，而且砖的质量也较以前有大幅度提高。如在秦都咸阳宫殿遗址以及秦始皇帝陵等地点，就发现了大量的砖，砖的类型主要有两种：一种是长方形或方形实心砖；另一种是体形更大的长方形空心砖。

秦汉时期（公元前221年—公元220年），秦始皇统一中国后，在兴都城、建宫殿、修驰道、筑陵墓方面烧制和应用了大量的砖。公元前214年，秦始皇为防御北方的匈奴向南入侵，动用大量劳动力，使用青砖与石头建造了举世闻名的万里长城。万里长城气魄雄伟，工程艰巨，用砖量巨大。它历经几千年的风雨，至今仍基本完好，是2000多年前人们建造的世界上最伟大的砌体工程之一。秦汉时期砖的使用已不局限于用来构筑皇家宫殿与帝王陵墓，当时普通平民百姓也已经能够用砖建造自己的坟墓，说明砖的制作和使用在当时已经相当普及。但真正意义上的砖砌体建筑的出现应是在东汉时期。因为在东汉时期，佛教传入了中国，在佛教流行期间，用砖砌筑的砖塔在全国各地出现，从而成为一个砖砌体建筑的象征。伴随砖瓦艺术的发展，砖砌体建筑由于使用了具有装饰意味的建筑构件以及装饰性极强的砌筑工艺，使其具有了装饰性。我国许多优秀的传统青砖建筑是将可作为独立装饰品的砖雕、画像砖用于建筑，并且利用我国传统的施工工艺以及通过各种类型的砌筑形式将它们与整个建筑结合在一起，形成了极具技术含量和文化价值的砖砌体建筑艺术（图1-2）。

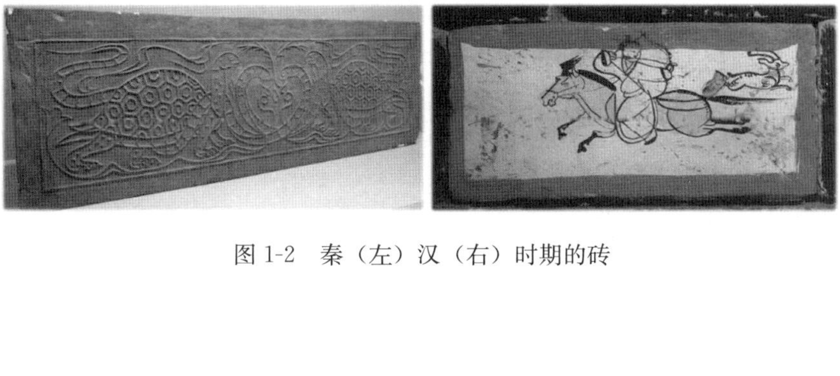

图1-2　秦（左）汉（右）时期的砖

魏晋南北朝时期，砖塔更为盛行，建于北魏正光年间（公元 520—525 年）的河南省登封的嵩岳寺塔，是中国现存的砖塔中最古老的砖塔建筑，并且它是由青砖砌筑而成的。它历经 1500 多年的历史，而那些青砖“不酥不碱”，使嵩岳寺塔在风光秀美的群山环抱中依然巍然矗立。

唐宋时期，砖瓦作技术发展已经相当成熟，主要体现在砖塔建筑上。如我国建于唐永徽三年（公元 652 年）的西安大雁塔为七层方形砖塔，塔通高 64.5 米，底层边长 25.5 米，也是由每块小青砖精致磨平对缝垒砌而成，其间不用胶泥，塔至今已 1300 年仍屹立如故。随后宋代出现了全部砖砌的建筑，建筑上的砖雕工艺也有了更大的发展。

到明清时期，砖的产量剧增，砖才被普遍地应用于民居、宫殿、庙宇、城墙等建筑上，因此也形成了许多经典的砖砌体建筑艺术。正是由于砖砌体建筑的盛行，使砖砌工艺及砌筑形式得到了很大的发展，形成了具有各种特殊施工工艺的砖砌艺术。明代宋应星所著的《天工开物》中就记载了我国传统青砖的烧造工艺，在这一时期出现了许多比较典型的青砖砌体建筑，如北京故宫的城墙、北京传统四合院、山西传统民居、山西平遥古城、徽州传统民居、西安古城墙等。这些建筑融合了我国传统工艺、砌筑艺术及砖装饰艺术为一体，使建筑中蕴含了丰富的民族技艺和文化内涵。

1.1.3 国内砖石作古建筑不同地域风格类型介绍

中国古代建筑是世界上延续历史最长、分布地域最广、风格独特鲜明的建筑艺术体系之一。中国古建筑不仅集中国古韵之大美，更以原汁原味的中式建筑特色和砖石构造方式，凸显了属于中国独一无二的繁华盛景，成为中国人的骄傲。

千百年来，由于不同地区人们不同的生活习惯，中华大地上留下了许多各具特色的砖石作古建筑类型，大致可以分为以下几大样式，即皖式、闽式、京式、苏式、晋式、川式。

1. 皖式类型建筑

皖式建筑具有鲜明的徽派建筑特征，徽派建筑是皖式建筑中最为人熟悉的一支。皖式建筑是六大建筑类型里最为突出的建筑风格之一，是中国南方民居的代表，2000 年被列入《世界遗产名录》。千年徽派民居，青瓦白墙、砖雕门楼，以民居、祠堂和牌坊最为闻名遐迩，被誉为“徽州古建三绝”，集徽州山川风景之灵气，融风俗文化之精华，为中外建筑界所重视和叹服。

徽派民居建筑风格又有“三雕”，即木雕、石雕、砖雕，呈现风格不同却又一脉相承。能工巧匠施尽其技，每一处花纹，每一笔雕刻，结构严谨，雕镂精湛。

徽派民居以高深的天井为中心形成内向合院，四周高墙围护，雨天落下的雨水从四面屋顶流入天井，俗称“四水归堂”，也形象地反映了徽商“肥水不流外人田”的聚财理念（图 1-3）。

错落有致的马头墙是徽派建筑的点睛之笔，不仅造型精美，更融合了古人的智慧，因为在遭遇火灾时，这样的设计可以阻断火势的蔓延，提升建筑的防火安全性（图 1-4）。

图 1-3　环水而建的徽式建筑

图 1-4　马头墙

2. 苏式建筑

苏式建筑是江南一带的建筑风格，是南北方建筑风格的集大成者，园林式布局是其显著特征之一。数千年的苏州园林，可追溯至春秋战国时期的吴王园囿。脊角高翘的屋顶，江南风韵的门楼，曲折蜿蜒，藏而不露，饲鸟养鱼，叠石迭景，堪称园林式布局的艺术典范。

苏式建筑中江南风韵的走马楼、砖雕门楼、明瓦窗、过街楼，轻巧简洁，古朴典雅，体现出清、淡、雅、素的艺术特色，充满了江南水乡古朴沉静的意味。房顶铺小青瓦，室内多用石板铺地，以适应江南温暖潮湿的气候。

置身中国古典园林，四周流淌着的是“曲径通幽处，禅房花木深”“万籁此俱寂，但余钟磬音”之感。直露中有迂回，舒缓处有起伏，让人回味无穷（图 1-5）。

3. 闽式建筑

闽即福建，闽式民居即流行于闽南地区的一种建筑风格。它源于古代中原生土版筑建筑工艺技术，宋元时期即已出现，明清时期趋于鼎盛，延续至今。闽式建筑将源远流长的生土夯筑技术发挥到极致，单体建筑规模宏大，形态各异，依山傍水，错落有致；建筑风格独特，工程技术高超，文化内涵丰富。

图 1-5　苏式园林

其中，“土楼”是其最为鲜明的代表，是一种供聚族而居，且具有防御功能的民居建筑。历经 500 多年传承而来，将生土夯筑技术发挥到极致。地堡式建筑风格沿用至今仍坚固无比，既可防火防震，亦可御敌入侵。

常见的土楼类型有圆楼、方楼、五凤楼、宫殿式楼等，楼内生产、生活、防卫设施齐全，是中国传统民居建筑的独特类型，为建筑学、人类学等学科的研究提供了宝贵的实物资料（图 1-6）。

图 1-6　闽式土楼

4. 京式建筑

中国北方民居建筑以京系建筑最为典型，而京式建筑里最典型的便是北京的四合院了。四合院的选址、装修、雕饰、彩绘处处体现着源远流长的民俗民风和传统文化，表现出特定历史条件下人们对幸福、美好、富裕、吉祥的追求。四合院凝聚世代居住在这里的人们的共同记忆，庭院方阔，尺度合宜；院内亲切宁静，有着古朴浓厚的生活气息；院落宽绰疏朗，四面房屋独立。大到皇宫王府，小到平民住宅，每一处雕饰，每一笔彩绘，都是北方文化的无价之宝。

历史上，在老北京“四九城”里曾有千余条胡同，京城内的民居四合院就散布在这条条胡同里。无论是王公贵戚还是平民百姓，都与四合院有着割舍不断的联系。胡同四合院也是老北京民俗文化的要素之一，是平民百姓生活、劳作的载体，有着珍贵的历史价值（图1-7）。

图1-7　京式四合院

除四合院外，宫殿建筑也是京式建筑的代表作，其中故宫是宫殿建筑的扛鼎之作，也代表了传统建筑艺术的最高水平。可以将故宫看作是一个巨大的四合院，功能更广泛，分工更明确，给人以皇家威严之感。

5. 晋式建筑

晋式建筑只是一个泛称，不仅指山西一带的民居，还包括陕西、甘肃、宁夏及青海部分地区的民居。在这些地区中以山西的建筑风格最为成熟，故统称为“晋式建筑”。晋式建筑大体分为两类。

一类是山西的城市建筑，这是狭义上的晋派建筑。山西历史上有晋商闻名天下，勤劳的晋商在世代积累无数财富的基础上形成了自己的建筑风格。晋式建筑在很大程度上反映了晋商的品格，稳重、大气、严谨、深沉；斗拱飞檐，彩饰金装，砖瓦磨合，精工细做。它所蕴含的文化与精神是一笔无与伦比的财富（图1-8）。

图1-8　晋式砖楼

另一类是陕北及周边地区的窑洞建筑，这也是西北地区分布最广的一种建筑风格。黄土高原的祖先们就是在窑洞中生存、繁衍和壮大起来的。千百年来，无论社会怎么变革，都未能撼动窑洞在陕北的主导地位。窑洞选择了黄土高原，黄土高原选择了人，人也选择了窑洞，这种“天人合一”的自然辩证法则，隐藏着不可言破的玄机。窑洞冬暖夏凉，天空瓦蓝透亮，空气神清气爽。在这片古老而神奇、深沉而雄健的黄土地上，窑洞用她那宽广的胸怀、真挚的情感，哺育了一代又一代的陕北人（图 1-9）。

图 1-9　晋式窑洞

6. 川式建筑

川式建筑，即流行于四川、云南、贵州等地的一种建筑风格，为当地少数民族所特有的建筑风格。在川式建筑中，以傣族竹楼、侗族鼓楼、川西吊脚楼最具鲜明特色。

川西吊脚楼，也叫“吊楼”，多依山靠河就势而建，呈虎坐形。以木桩或石为支撑，上架以楼板，四壁或用木板，或用竹排涂灰泥，屋顶铺瓦或茅草。吊脚楼属于干栏式建筑，但因其并非全部悬空，所以称为半干栏式建筑。吊脚楼有很多优点，其高悬地面既通风干燥，又能防毒蛇、野兽，楼板下还可放杂物。吊脚楼具有鲜明的民族特色，优雅的“丝檐”和宽绰的“走栏”使吊脚楼自成一格，被称为巴楚文化的“活化石”（图 1-10）。

图 1-10　川式吊脚楼

傣族竹楼是傣族人民因地制宜创造的一种特殊形式的民居，傣族人住竹楼已有1400多年的历史。竹楼大都依山傍水，一般由楼下架空层、楼梯、前廊、堂屋、卧室、晒台6个基本部分构成。以人字形屋顶、粗竹子为房子的骨架，竹编篾子为墙体，楼板或用竹篾，或用木板，屋顶铺草，主柱有24条，因此用料简单，施工方便。竹楼是一种干栏式建筑，主要用竹子建造，下层高约七八尺，四无遮拦，牛马可以拴束于柱上。上层近梯处有一露台，用竹篱隔出主人卧室并兼重要钱物存储处。其余为一大敞间。楼中央是一个火塘，日夜燃烧不熄。随着时代的变迁，传统竹楼也在演变进化，不少竹楼已不是全竹结构了。有的用木板作墙铺地，有的用砖块砌墙，有的屋顶已不用茅草而用油毡、青瓦或铁皮铺成。楼下不再饲养畜禽，只供堆放杂物。

侗族鼓楼是侗乡具有独特风格的建筑物，座座鼓楼高耸于侗寨之中，巍然挺立，气概雄伟。鼓楼以杉木凿榫衔接，顶梁柱拔地凌空，排枋纵横交错，上下吻合，采用杠杆原理，层层支撑而上。鼓楼通体全是木质结构，无需钉铆却严丝合缝，坚固无比。鼓楼形似宝塔，瓦檐上彩绘或雕塑着山水、花卉、龙凤、飞鸟、古装人物，云腾雾绕，很值得停驻下来细细观赏。

无论是何种建筑类别，都离不开匠人们历时数年的精心雕琢，一砖一瓦之时，一榫一卯之间，一转一折之际，都凝结着匠人文化的精粹。

思考与巩固练习

一、简答题

1. 简述古建筑砖瓦材料的主要制作工艺方法。

2. 请你谈谈中国古建筑砖石瓦作在建筑形式的发展过程中主要起到什么作用，跟西方砖石作技术上的主要区别与形成差异的历史原因是什么？

二、论述题

请你收集整理国内各地民间古建筑砖石作工匠的现状，了解中国传统建筑匠师的技艺传承情况。

任务 1.2　使用古建筑砖石作材料、工具

任务要求

1. 知识目标：掌握古建不同部位、构件及砖石作相关专业术语、加工方法、砖瓦作使用工具名称。

2. 能力目标：能够正确使用砖石作工具按传统要求对砖石瓦进行预加工。

3. 重点难点：重点——砍砖的工艺及方法；

难点——官式砖雕的制作工艺，能初步制作一块植物图案砖雕。

4. 思政目标：使学生树立正确的人生观、价值观；在实训室实训操作过程中，学会正确使用工具、电动器械的加工方法，严格按照工作室管理规章制度展开实训操作；具有吃苦耐劳、态度严谨、爱岗敬业、团队合作、勇于创新的精神，具备良好的职业道德。

知识准备

中国古建筑营造技艺历史悠久、风格多样，不同朝代有着不同风格，这对我们更深入地了解建筑历史文化非常有帮助。古建筑材料中的砖瓦使用伴随着营造技艺长期存在，常用的材料有青瓦、青砖、方砖、琉璃瓦等。中国传统建筑装饰材料是民族传统艺术的重要组成部分，其构造精巧绝妙，具有独特的中华民族传统韵味和深厚的文化内涵。

古建筑砖瓦构件主要包括：板瓦、筒瓦、勾头、滴水、正当沟、斜当沟、托泥当沟、吻下当沟、平口条、压当条合角吻、蹬脚瓦、博通脊、挂尖、承奉连砖、博脊连砖、套兽、走兽、仙人、三仙盘子、列角盘子、升头、川头、戗通脊、戗兽座、戗兽、垂通脊、小连砖、三连砖、大连砖、联座、垂兽座、垂兽、正通脊、群色条、大群色、黄道、赤脚通脊、吻座、正吻、鸱吻、望兽等，这些被统称为古建砖瓦。

古建筑砖瓦材质大都来自天然黏土经加工炼制后入窑烧制而成，青灰色的古建筑砖瓦给人以沉稳、古朴、宁静的美感，更符合古建筑的历史气息。这种材料表面光滑，四角呈直角，结构完美，抗压耐磨，是房屋墙体和路面装饰的理想建筑材料。中国地大物博，每个地区都有不同的风俗，因此，也就出现了不同的古建砖瓦营造风格。

1.2.1　瓦作材料

瓦在砖石作古建筑中是很重要的一种遮风挡雨的材料，主要用于屋顶，因与砖的材质加工方式基本一致，故以“砖石作”一并概称。历史上，“瓦”这个名词最早出现在《说文》中：“瓦，土器已烧之总名。象形也。”“凡土器未烧之素皆谓之坯，已烧皆谓之瓦”。最初，瓦代表着所有陶器，后来随着社会分工的发展，才出现了专门用于古建筑的各种造型的瓦件，瓦才逐渐演变为建筑屋顶构件的专用名称。随着古代种类繁多的瓦件的使用，我国古建筑营造技术也进入了一个崭新的阶段。

1. 依据材料分类

以瓦制作的材料来分类，有青瓦、琉璃瓦、石板瓦、铜瓦、铁瓦、银瓦等多个种

类。其中，建筑屋顶上应用最多的是青瓦。

(1) 青瓦

不上釉的青灰色的瓦称为青瓦，它是瓦件中最为普遍的一种瓦，在清代北方官式建筑中也称为布瓦（片瓦）。青瓦是用泥土烧制成的，具体制作方法为，先用泥土加入清水做成泥浆，然后再制成圆形陶坯，再把坯筒剖成两部分，入窑烧制，这就制成了青瓦。青瓦可以做成板瓦形式，也可以做成筒瓦形式。

(2) 琉璃瓦

琉璃瓦又称缥瓦，是在陶瓦表面施彩色釉而制成的一种瓦。其颜色有黄、绿、蓝、黑等多种，属于比较高档次的瓦。琉璃瓦最早见于汉明器上，颜色鲜艳、富丽堂皇；到南北朝时琉璃瓦已用于建筑的屋顶上了；唐宋以后琉璃瓦逐渐盛行，并存有实物可证；明清时代开始大量使用琉璃瓦。此时，琉璃瓦被大量地用于宫殿建筑，在京城更是到处一片金碧辉煌的琉璃瓦件，无时无刻不展现出皇家权力。

琉璃瓦作为一种瓦件，应用在我国古代建筑上有着严格的等级制度。作为一种特殊瓦件，一般平民是不可使用琉璃瓦的，只有在宫殿建筑和庙宇建筑上才可以使用。在这些建筑中也有着特殊规定，从规则最严格的清朝来说，黄色的琉璃瓦只有皇宫和庙宇的重要建筑才可以使用，基本为皇家专用。绿色稍次于黄色的，用于亲王、世子、郡王等这些政治等级稍低的贵族阶级居住的建筑屋顶上。

(3) 石板瓦

石板瓦本是石片而不是瓦，由于是铺设在屋面上作为瓦件使用，并且作用等同于瓦件，所以也称为“瓦”。石板瓦在建筑上的用法是将小块、规整的薄石片有序地排列在屋面上，它是一种民间建筑中使用的瓦作。用石板瓦铺设屋面的建筑称为“石板房”。

(4) 铜瓦、铁瓦、银瓦

铜瓦、铁瓦、银瓦，都被称为“金属瓦”，分别是用铜片、铁片、银片做成瓦的形状覆盖在建筑屋顶上，这种金属瓦的使用多见于宗教建筑上，极少见于民居。

(5) 金瓦

金瓦，并不是说整片瓦全部是由金子做成的，而是在铜瓦上包以赤金的瓦，呈鱼鳞状钉在屋顶望板上，清代常将它用于喇嘛庙建筑。

(6) 木瓦、竹瓦

木瓦和竹瓦，一般应用在一些民宅的屋顶上，而且这些民宅所在的地区竹、木资源都较多，所以才以这些材料为屋瓦。现在西南地区的一些偏远山村，仍然有使用木瓦、竹瓦的建筑存在。

(7) 明瓦

明瓦是一种较为特殊的瓦，它是用蛎、蚌之类的壳磨制成的薄片，多嵌在窗户和天棚上，其通透明亮，利于采光。

2. 依据瓦的用途和形状分类

以瓦的用途和形状等来分类，其类型又有板瓦、筒瓦、瓦当、滴水等。

(1) 板瓦

板瓦是指横断面小于半圆的弧形，并且瓦的前端比后端稍稍窄一些的瓦。据考证，西周时期的板瓦长约 55cm，宽近 30cm，而清代时期的板瓦长宽只有 20cm 左右，尺寸的逐渐减小主要出于实际需要，一是便于施工；二是破裂时易于更换。

（2）筒瓦

筒瓦是一种横截面为半圆筒凸形的散水避水瓦，瓦的后尾有接头榫（俗称“熊背”）。筒瓦是用于盖在两条板瓦垄之间的空当处，也可通称为“盖瓦”。由若干筒瓦纵向由下而上首尾相接而成的凸形垄梗，称为“盖瓦垄”，是散水避水的导水梗。

（3）瓦当

在屋面上覆盖瓦缝的筒瓦，其最下面一块有半圆形或圆形的端头装饰，这就是瓦当，也称为“瓦头”“勾头”。瓦当最早见于西周晚期，其后经过不断的发展与变化，产生了丰富多彩的图案造型。

（4）滴水

在建筑物屋顶仰瓦形成的瓦沟的最下面，有一块特制的瓦，叫作“滴水”。目前可知的最早的滴水形象见于唐代的绘画和石刻。宋、辽时期的滴水多用重唇板瓦，明清时期渐渐演变发展成为如意形滴水。

（5）花边瓦

在小式瓦作的建筑物中，滴水大多为略有卷边的花边瓦。无论滴水的整体造型是如意形还是花边瓦，其表面的纹样在明清时都是非常丰富的。

（6）鱼鳞瓦

鱼鳞瓦的瓦片形状有若鱼鳞，与普遍常见的近似方形或长方形的瓦不同，瓦形线条更为优美。用鱼鳞瓦铺设屋面，一样整齐有序，又显得非常特别。

（7）缅瓦

缅瓦是我国云南西双版纳傣族民族和寺庙中使用的一种瓦。缅瓦的特点是其断面几乎为一条直线，而平面近似方形。

3. 瓦的作业方式

瓦的作业方式简称“瓦作”，专指中国古代建筑屋面工程作业。瓦作在形制上可分为大式和小式两大类。

（1）大式瓦作

大式瓦作是房屋瓦作的形制之一，多用于宫殿、庙宇等建筑。大式瓦作的特点就是用筒瓦骑缝，屋脊上有特制的脊瓦，同时脊上还有吻兽等装饰构件。大式瓦作从材料上来说，除了可以使用青瓦之外，还能使用琉璃瓦。

（2）小式瓦作

小式瓦作是房屋瓦作的形制之一，是与大式瓦作相对而言的。小式瓦作主要在不重要的、一般的建筑中使用。小式瓦作的特点是多用板瓦（小青瓦）作为合瓦使用，也有极少数使用筒瓦作为合瓦的；屋脊上没有吻兽等装饰构件。小式瓦作从材料上来说，只能使用青瓦，也就是“黑活”。

4. 瓦屋面铺设方式

（1）仰瓦

铺设建筑屋面时，将瓦的凸面向上，也就是将建筑屋面上的凸面向上的瓦称之为“仰瓦”，仰瓦一般不用筒瓦。

（2）合瓦

合瓦盖合在每两列仰瓦之间的缝隙上，用来防止雨水渗入屋瓦导致木质梁架的腐朽。在铺设屋面时，合瓦就是那个凹面朝下的瓦。依据不同的建筑等级，合瓦可以用板瓦或筒瓦，一般而言，普通民宅房屋只能用板瓦，而皇家宫殿或高层官府房屋可以用板瓦，也可以用筒瓦（图1-11）。

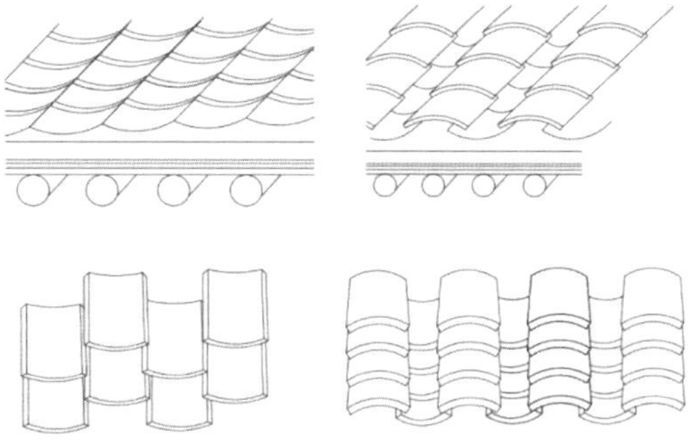

图1-11 仰瓦（左）、合瓦（右）示意图

（3）仰合瓦

仰合瓦的形象就是板瓦和筒瓦或者板瓦和板瓦相对铺设，形成相合之势，又称“仰合瓦盖瓦顶”。在古建筑瓦面铺设时，先将仰瓦凹面朝上一列一列铺在苫背或椽子上，然后一列一列的仰瓦和仰瓦之间覆以盖瓦（即合瓦），仰瓦和合瓦合成“仰合瓦”。

1.2.2 砖作材料

1. 砖的分类

中国传统建筑所用砖瓦材料的形成和发展历史悠久、品种繁多，早在战国时期就已有记载。在中国古代建筑中所使用的砖料是就地取土，经制坯、烧制而成，因各地区窑厂的生产工艺有所不同，在规格、类型、名称上都有许多不同之处，不同的砖适用的建筑类型和部位也有一定区别。

古建用砖大致分为城砖、停泥砖、沙滚砖、开条砖、方砖和杂砖6类。城砖是古建筑砖料中规格最大的砖，一般用于城墙、台基、屋墙下肩等用砖体积较大的部位；停泥砖是用优质的细泥烧制而成，规格稍小，是常用的普通砖，常用于墙身、地面、砖檐等部位；沙滚砖是用沙性土壤烧制而成的质地较粗的砖，品质较差，一般用于不太显眼的部位；开条砖专指规格尺寸较小的细条形砖，通常它的宽度是长度的1/2，厚度是宽度的1/2，与现代的黏土砖相似，制作中常在中部划一道细长浅沟，以便施工时开条，多用在需要现场补缺、砍制的部位使用；方砖指平面尺寸呈方形的砖，一般用作博风、墁地砖，苏州地区所生产的方砖，由于加工精细被称为“金砖”，其规格有4种，用于铺墁宫殿的室内地面；杂砖是指不能列入以上类别的其他砖，如与现代规格标准砖相同的四丁砖、贴砌斧刃陡板的斧刃砖等。

古建用砖还可根据使用部位的不同，分为墙身砖、地面砖、檐料子、脊料和杂料子。墙身砖和地面砖分为直趟活和异型砖。直趟活指平面夹角为90°的砖料，用于墙身的直趟活包括长身、丁头、转头和陡板。长身指砌筑时砖的长面朝外；丁头指小面朝外；转头指用于转角部位，长身面和丁头面全部外露的砖料；陡板指立置砌筑的砖料，砖的大面朝外；异型砖是指平面非矩形的砖料，常见的有八字砖等。檐料子指砖檐用料，如袅砖、混砖、直檐砖等；脊料指屋脊上的砖料，如硬瓦条、混砖、宝顶用料等；杂料子指用量小但造型多变的砖料，如影壁、廊心墙、匾圈用料、须弥座用料、梢子、砖挑檐用料、博缝、靴头等。

2. 制砖工艺

砖坯在不同的炉窑环境气氛中焙烧会产生不同的颜色，主要有青砖和红砖之分，“在氧化环境气氛的炉窑中进行焙烧，得红色制品；在还原气氛的炉窑中焙烧，得到从灰色到黑色制品”，之所以能产生不同的颜色，主要是原料土中含铁化合物变化影响的结果：在充分供氧的气氛中焙烧的砖，黏土中的铁化合物被氧化成淡红色的高价铁，因此得红砖，而在还原气氛的炉窑中焙烧的砖，黏土中的铁化合物被还原成青灰色的低价铁和氧化铁，因此烧得青砖。

砖料的焙烧技术在很大程度上受制陶工艺的影响，这使我国古代砖瓦焙烧技术在世界上独树一帜，最为显著的是青砖青瓦的焙烧工艺。在明代宋应星所著的《天工开物》的“陶埏”卷中，记载了传统青砖的制作与焙烧过程。其具体工艺表现为：炼泥造砖，要挖取地下的黏土加以辨别，以黏而不散、土质细而无沙的最为合适；把水浇在泥上，赶几头牛去踩踏，踏成稠泥；然后把泥填满模子，用铁线弓削平表面，脱模就成了砖坯；待砖晾干后，砖坯入窑、封窑；接下来是烧窑，烧砖用柴草窑或煤炭窑，而使砖变成青灰的方法，是在窑顶作一平田，四周稍高一点，在上面灌水，窑顶的水从土层渗透下来，与窑内的火相互作用，借助于水火的配合，砖就坚实耐用了。煤炭窑比柴薪窑要深一倍，顶上圆拱逐渐缩小，不用封顶，窑内放置煤饼，每放一层煤饼，就放一层砖坯，最下层垫有芦苇或柴草以便引火烧窑。

1.2.3 灰浆

1. 灰浆的发展历史

我国古代匠师们代代相传地一直沿用纯黄泥浆作为砖砌体的砌砖胶泥。发掘出土的东汉砖构墓和唐、五代、宋墓一般都是如此。杭州临安在发掘吴越国王后墓康陵时，发现其封土金刚墙是用石灰糯米浆、青砖错缝砌筑的，墙上还粉刷着半厘米厚的石灰膏作保护层，并在其上彩绘，应该是当时的顶尖技术了，至今已逾千年，封土墙仍十分坚固。到明代时，掺捣烂的楝树叶的糯米石灰浆已普遍用于构筑贵族坟墓。

我国在明代以前，无论是地上或地下的砖砌体砌筑一律只用纯黄泥浆，一般连石灰都不掺。黄泥浆在砌筑过程中实际上只起了塑化剂的作用，这样的砖砌体若作为墙体，在自然干结后其强度和稳定性都很差，承受不了诸如风力等自然界产生的水平推力。因此如地下的木椁墓室，在东汉时被砖砌券穹墓室代替；地上的木构塔在唐代初就被砖塔所代替等。但在量大面广的房屋建筑中，由于黄泥浆砌成的砖砌体无法作为墙体使用，所以几千年来，我国传统古建筑一直都是以木构架承重和厚实的夯土墙围护的结构形式。因为当时砖砌体尚没有条件替代木构架承重和替代夯土墙围护，因而使砖在建筑中没有广泛应用。

自从东周开始使用黏土砖以来，一直到清代中叶的两千多年来，我国一脉相承的砌砖胶泥黄泥浆虽然到后来有所改进，掺入了黏结力较强的石灰膏和糯米浆，甚至是蛋清。从宋代开始，在一些重要建筑物的砖砌体中开始使用掺少量石灰的石灰黏土浆、石灰浆，甚至是石灰糯米浆。可是中国匠师们没有意识到用来砌砖的胶泥中更需要加入起强度作用的组分，他们对身边一种最常见的地方材料——砂熟视无睹，他们也没有考虑引进国外同行早就采用的石灰砂浆技术，因而在历代使用的砌筑胶泥中一直缺少起强度作用的砂做骨架，因此其形成的砖砌体一直无法在我国古建筑中作为承重墙代替木构架。直到清代中叶，由于石灰砂浆的使用，砌砖胶泥组分中砂的加入，使胶泥本身有了一定强度，其质量才发生根本性的改变，使形成的砌体强度和稳定性进一步提高，砖砌体进而逐渐取代几千年来一直沿用的承重木构架而成为居住建筑的承重墙兼围护墙。

2. 九浆十八灰

九浆十八灰作为古建筑术语，指的是古建筑传统上常用的27种灰浆。

九浆主要指：青浆、月白浆、白浆、桃花浆、糯米浆、烟子浆、砖灰浆、铺浆、红土浆等；

十八灰是指：生石灰、青灰、泼灰（面）、泼浆灰、煮浆灰、老浆灰、熬炒灰、软烧灰、月白灰、麻刀灰、花灰、素灰、油灰、黄米灰、葡萄灰、纸筋灰、砖灰等。

传统古建筑瓦石工程所用灰浆种类繁多。按灰的泡制方法分，有泼浆灰（经水泼过的生石灰过细筛后共同发胀而成）；按灰内掺和麻刀的程度分，则有素灰（灰内无麻刀）、大麻刀灰（灰与麻刀质量比为100：5）、中麻刀灰（灰与麻刀质量比为100：4）、小麻刀灰（灰与麻刀质量比为100：3，且麻刀较短）；按灰的颜色分，则有纯白灰、月白灰（泼浆灰加水或加清浆搅拌，必要时加麻刀）、葡萄灰（即红灰，泼灰加红土或氧化铁红）、黄灰（泼灰加金土或地板黄）；按用途分，则可有驮背灰、扎缝灰、抱头灰、节子灰、熊头灰、花灰、护板灰、夹垄灰、裹垄灰等；因用途不同，灰浆中还可加添加剂，分为挑出浆米灰、油灰、纸筋灰、砖面灰、青浆、桃花浆、烟子浆、红土浆、包金土浆、江米浆等。这些灰浆，要根据不同部位的不同用途，事先进行调制。

传统灰浆大都有着悠久的历史，有些虽已经由新型材料所替代，但多数仍以它独具的特性沿用至今。

1.2.4 砖石作加工工具

古建筑瓦作施工主要包括砖加工、砌墙、抹灰、屋面和墁地等。常用的工具有下列数种（图1-12）。

瓦刀：由薄钢板制成，呈刀状，是砌墙的主要工具。瓦刀也用于瓦（wà）瓦（wǎ）或修补屋面时的瓦面夹垄和裹垄后的赶轧。

抹子：用于墙面抹灰、屋顶苫背、筒瓦垄（但不用于夹垄）。古代的抹子比现代抹灰用的抹子小，前端更加窄尖，由于比现代的抹子多一个连接点，所以又叫“双爪抹子”。民国以后开始使用单爪抹子（铁抹子）和小抹子（轧子或小轧子）。

鸭嘴：俗称鸭嘴儿或小鸭嘴儿，抹灰工具之一，是一种小型的尖嘴抹子。多用来勾抹普通抹子不便操作的窄小处，也用于堆抹花饰。

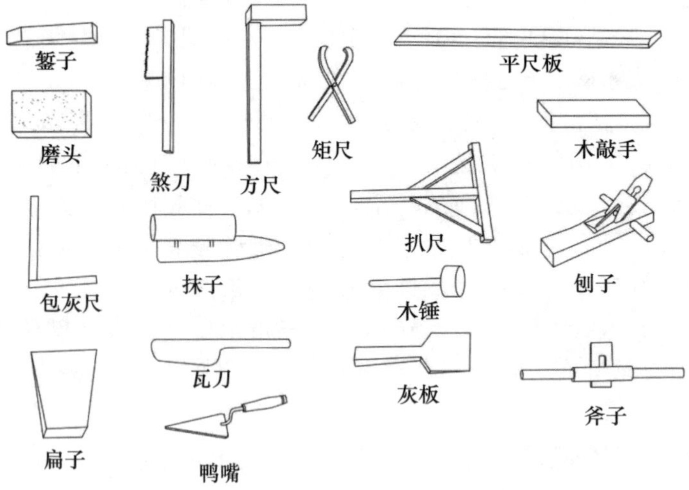

图 1-12　古建筑砖石作加工工具示意图

平尺：用薄木板制成，小面要求平直。短平尺用于砍砖的画直线、检查砖棱的平直等；长平尺又叫平尺板，用于砌墙、墁地及屋面铺装时检查平整度以及抹灰时的找平、抹角等。

方尺：木制的直角拐尺，用于砖加工时直角的画线和检查，也用于抹灰及其他需用方尺找方的工作。

活尺：又叫活弯尺，是角度可以任意变化的木制拐尺。活尺可用于“六方”或“八方”角度的画线和施工放线等。

扒尺：是木制的丁字尺，丁字尺上附有斜向的拉杆，拉杆既可以固定丁字尺的直角，本身又可形成一定的角度。扒尺主要用于小型建筑的施工放线时的角度定位。

灰板：是木制的抹灰工具之一。其前端用于盛放灰浆，后尾带柄，便于手执，是抹灰操作时的托灰工具。

蹾锤：墁地砖的工具，用于将砖蹾平、蹾实。蹾锤多用城砖加工成圆形砖块，中间的孔眼穿入一根木棍制作而成。蹾锤在使用时以木棍在砖面上的连续戳动将砖找平找实。现代多用皮锤代替。

木宝剑：又叫木剑，由短而薄的木板或竹片制成，用于墁地时为里口砖棱挂灰。因其一端修成便于手执的剑把状，故称木宝剑。

斧子：是加工砖的主要工具，用于砖表面的铲平和砍去侧面多余的部分。斧子由斧棍和刃子组成，斧棍中间开有“关口”，可楔刃子。刃子用铁夹钢锻造而成，呈长方形，两头为刃锋，两旁用铁卡子卡住后放入斧棍的关口内，两边再加垫料（旧时多用布鞋底）塞紧即可使用。

扁子：是加工砖的工具。扁子用短而宽的扁钢制成，前端磨出锋刃，使用时以木敲手敲击扁子，用来打掉砖上多余的部分。

木敲手：是加工砖的工具，指便于手执的短方木。其作用与锤子相同，但比铁锤轻便，敲击的力度更轻柔。木敲手制作材料多用硬杂木，以枣木的较好，使用时以木敲手敲击扁子，剔凿砖料。

项目实训

实训1　砍砖工艺实操

1. 实训目的

了解传统古建砍砖工艺中对砖的加工要求，掌握几种常规砖的加工方法，能够准确运用工具对仿古砖进行不同面的加工。

2. 实训知识

对砖的规格、形状和观感进行砍磨加工，称为砍砖。根据使用部位不同，被加工的砖料可分为墙身砖、地面砖、檐料子、脊料和杂料子（图1-13）。

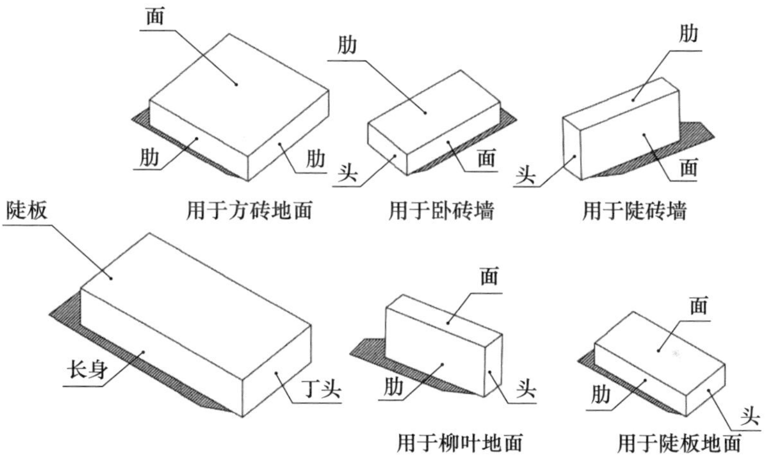

图1-13　砍砖加工砖料示意图

墙身砖和地面砖：墙身砖和地面砖中又分为直趟活和异型砖。直趟活指平面夹角为直角的砖料。用于墙身的直趟活，包括长身、丁头、转头和陡板。长身指砌筑时砖的长面朝外；丁头指小面朝外；转头指用于转角部位，长身面和丁头面全部外露的砖料；陡板指立置砌筑的砖料朝外的大面。异型砖指平面非矩形的砖料。异形砖的种类很多，其中比较常见的是八字砖、车辋砖和镐楔砖。八字砖指砖的一个角为“六方”或“八方”或其他角度的砖；车辋砖形似扇面，用于圆弧形墙面、圆券贴脸或圆形地面等；镐楔砖的特点是上宽下窄，多用于砖券。

檐料子：指砖檐用料。如枭砖、混砖、直檐砖等。

脊料：指屋脊上的砖料。如硬瓦条、混砖、陡板、规矩盘子、宝顶用料等。

杂料子：指用量小但造型多变的砖料。如影壁、廊心墙、匾圈用料、须弥座用料、梢子、砖挑檐用料、博缝、靴头以及某些非标准的砖料，如爬山廊子中的斜槛墙等。杂料子与直趟活中的某些异型砖在概念上没有明显的界线，一般说来，用量少的可视为杂料子。

3. 实训内容

根据加工工艺的不同，墙身砖可分为五扒皮、膀子面、三缝砖、淌白砖。地面砖可分为盒子面、八成面、干过肋。以下介绍砖的各面在加工中的专业术语与加工要求。

用于砌筑或墁地时，砖的6个面的一般叫法是：最大的两个面叫“大面”，其余4个面中较长的两个面叫“长身”，较短的两个面叫“丁头”。无论哪个面，凡砌筑或墁地完成后露明的面都叫作“看面”。

砖的各面在加工中的名称与砌筑或墁地时的名称有所不同。除了淌白砖以外，砖的肋都要砍磨，叫作“过肋”或“劈肋”。五扒皮砖和墁地用砖的砖肋均应砍包灰。地面砖的包灰应较小，称为“晃尺包灰碎”。砖肋上还应留出适当的转头肋，这样才能保证砖的表面在磨掉一些以后仍然不会使墙面（或地面）砖的缝隙变大。地面砖和准备凿做花活的“坯子”（半成品），转头肋的宽度应适当加大。用于砖檐时，转头肋的宽度应大于出檐尺寸。膀子面是指砖的一个肋上不砍包灰，与看面的夹角成90°（或稍小于90°）。膀子面用于丝缝墙的砌筑和直檐砖。用于直檐砖的砌筑时，膀子面应朝下放置。

用平尺和钉子顺条的方向在面的一侧划出一条直线来，即“打直”，然后用扁子和木敲手将砖棱直线外的部分凿掉，即“打扁”。识别砖料的不同面与肋，充分掌握砖料的加工方式后，尝试使用木敲手、扁子、斧子等工具对一块仿古墙砖的两条肋与一个面进行初步加工，要求加工出符合官砖基本要求的砖料（图1-14）。

(a) 打直　(b) 打扁

(c) 砍砖　(d) 磨砖

图1-14　砖料加工示意图

实训 2　“五扒皮”墙面砖的加工规范与流程

1. 实训目的

在掌握正确使用砍砖加工工具后，对墙面砖进行“五扒皮”的标准工艺加工，使之符合干摆墙的使用要求。

2. 实训知识

在古代，随着砖建筑的增多，人们对砖砌建筑的美观程度也在不断提高，并且创造了各具特色且有着明显等级区分的砖砌工艺。到明清时期砖砌工艺已经被划分成几个明显的等级：干摆、丝缝、淌白、糙砖墙等，在砖砌建筑中，针对不同等级的建筑以及同一建筑中的不同部位，往往采取不同等级的砌筑工艺。在未砍砖之前，应先砍出“官砖”（即样板砖），官砖的尺寸和质量被确认后，每块砖的砍制都要以官砖为样板。确定官砖的尺寸时宜以墙面能排出好活为准。

3. 实训要求与步骤

（1）规范要求

条形砖和方砖都有 6 个面，所谓五扒皮是指砖的 6 个面中有 5 个面都需要加工（图 1-15）。用刨子铲面并用磨头磨平，现在多用大砂轮直接磨平。在打扁的基础上用斧子进一步劈砍砖肋，即“过肋”，后口要留有“包灰”。城砖包灰不大于 5 毫米，停泥砖不大于 3 毫米。过完肋后用磨头磨肋。磨肋时宜磨出适当宽度的转头肋，这样可以保证在砌筑中不致因为墁干活而露脏，转头肋宽度不小于 0.5 厘米。

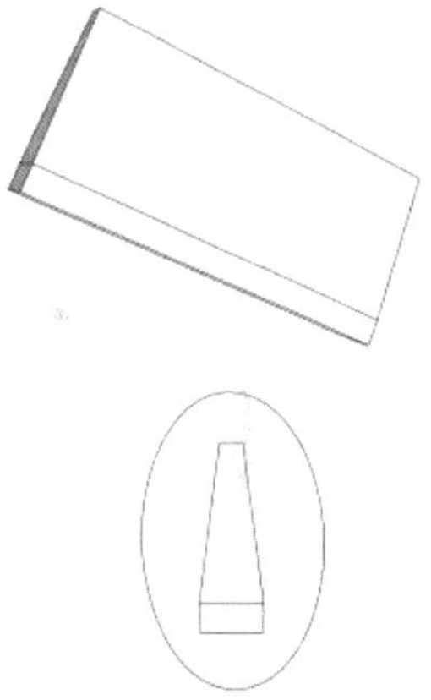

图 1-15　五扒皮砖示意图

（2）工艺流程

步骤 1：以砍磨过的肋为准，按“制子”（即长、宽、高的标准，通常用木棍制作）用平尺、钉子在面的另一侧打直，然后打扁、过肋，并在后口留出包灰。

步骤 2：沿顺头的方向在面的一端用方尺和钉子“打直”，并用扁子和木敲手“打扁”，然后用斧子劈砍并用磨头磨平，即“截头”。头的后口也要砍留包灰。城砖包灰不超过 5 毫米，停泥砖不超过 3 毫米。

步骤 3：以截好的这面头为准，用制子和方尺在另一头打直、打扁和截头。后口仍要留包灰。丁头砖只砍磨一个头，另一头不砍。两肋和两面要砍包灰，但只需砍到砖长的 6/10 处。长短和薄厚均按制子。

步骤 4：转头砖砍磨一个面和一个头，两肋要砍包灰。转头砖一般不截长短，待操作时根据实际情况由打截料者负责截出。

上述砍转头的过程称为“倒转头”。如果砖的尺寸较宽，需要裁去一些时，可不必全部裁去，这种做法叫作“倒嘴”或“退嘴”。砌筑后可见一个面和两个头的转头叫“褡裢转头”，褡裢转头应为六扒皮做法，某个角为六方或八方等的转头叫作“八字转头”。

步骤 5：五扒皮必须砍磨准确，否则将摆不出好的干摆墙。

小知识：

1. 膀子面与五扒皮砍磨程序的不同之处

先铲磨一个肋，这个肋要求与面互成直角或略小于 90°，这个肋就叫膀子面。做完膀子面之后，再铲磨面或头（图 1-16）。

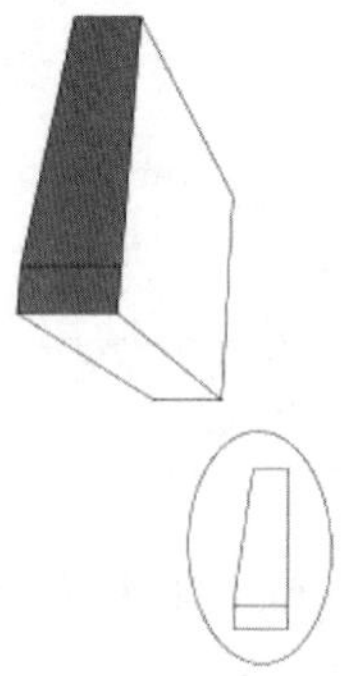

图 1-16　膀子面砖示意图

2. 淌白砖的砍磨要求

细淌白又叫淌白截头。细淌白先铲磨一个面或头，然后按制子截头，但不砍包灰。糙淌白又叫淌白拉面。糙淌白只铲磨一个面或头，不截头。有时也可用两砖相互对磨，同时加工。

淌白砖的特点是只磨面不过肋。细淌白“落宽窄”，但不“劈薄厚”，糙淌白既不“落宽窄”也不“劈薄厚”。如有特别需要，也可对砖的“薄厚”略做加工，以使砖的厚度更趋一致，砖棱更趋直顺。这种处理方法称为“顺肋”。

3. 地面用砖的砍磨要求

地面用砖除应砍包灰外，也应砍转头肋。地面砖的转头肋宽度不小于 1 厘米。方砖的两个大面中有一个面的质地相对细致一些，叫作“水面”；另一个粗糙一些，叫作“旱面”。砍磨时应选择水面作为砍磨的正面，即墁地时旱面应朝下放置（图 1-17）。

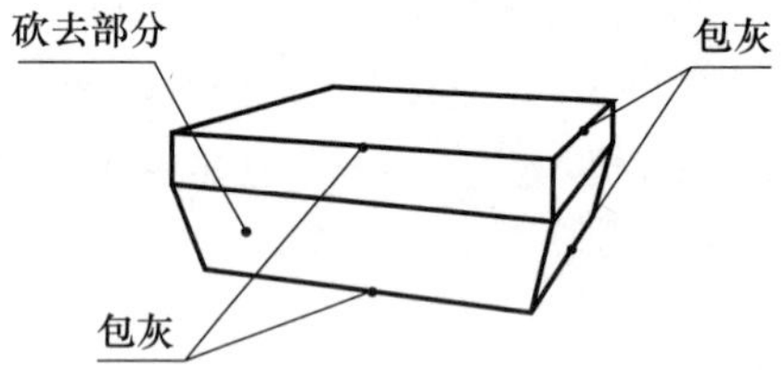

图 1-17　墁地方砖示意图

墁地用条砖有大面朝上（即“陡板地”）和小面朝上（即“柳叶地”）两种。陡板地用砖要先铲磨大面，然后砍磨四肋（要求为转头肋），四个肋应互成直角。柳叶地用砖的砍磨方法与五扒皮（要求为转头肋）相同。地面用条砖的包灰应比墙身用砖小，一般为 1～2 毫米，城砖为 2～3 毫米。

思考与巩固练习

一、简答题

1. 瓦作的分类与铺设方法。

2. 中国古代灰浆的发展历史。

3. 列举三种古建筑中砖的加工方式，并讲述其施工流程及技术要点。

二、论述题

比较中外古建筑在建筑材料使用上的异同点，分析其形成的原因与人文美学理念上的差异。

任务1.3　构造一座古建筑的地面部分

任务要求

1. 知识目标：能够理解并记忆古建筑基础与台基的基本分类，掌握各类古建筑基础、台基以及台阶、栏杆、铺地的营造技巧。

2. 能力目标：能够依据古建筑基础、台基以及台阶、栏杆、铺地的工艺特征辨别其所属年代与类别，能够遵循相关营造原则绘制平立剖面图。

3. 重点难点：重点——古建筑基础、台基以及台阶、栏杆、铺地的基本营造技巧；
难点——小夯灰土一步基础夯筑流程、清式须弥座的各部分构成及尺寸比例关系。

4. 思政目标：在理论学习中把握建筑历史文脉，在实训操作过程中严格遵守实训室管理规章制度，培养吃苦耐劳、态度严谨、爱岗敬业、团队合作、勇于创新的职业素养。

知识准备

夯土地面做法是历史上最早的地面做法，采用纯净的黄土夯制而成；后期发展为灰土地面；直至清代，砖块的大量生产使夯土地面逐步减少使用。古建筑地面主要以墁地（砖料）做法为主，石活地面为辅，很少见到夯土地面。古建筑基础主要有夯筑基础、砌筑基础、桩基础、天然石基础等形式，夯筑基础又包括夯土基础、碎砖黏土基础、灰土基础等。

1.3.1　古建筑地面基础做法

1. 夯土基础做法

利用夯土做基础，在我国建筑工程中历史悠久。素土夯实是明代以前建筑基础的常用做法，如早期河南偃师二里头宫殿遗址的基址，其殿堂基础深挖，夯土结实，实存夯土总厚度达3.1m，且每层夯土厚4～5cm，夯土底部还铺垫了三层鹅卵石用以加固基础；陕西岐山凤雏村遗址建筑基址也是由夯土夯建而成的。至清代，素土夯实仅遗存于极少数的次要建筑、部分民居及临时性构筑物的基础中，适用于地面垫层，在大式建筑中已不多见，但在小式建筑中还较常采用。采用素土夯实做法对土质的分类要求虽不像灰土严格，黏性土或砂性土均可，但要求其质地比较纯净。近代工程中，素土夯筑做法一般多用在基底，素土夯实，每步虚土一尺，筑实七寸。

2. 碎砖基础做法

碎砖基础主要呈现为碎砖黏土基础，该基础类型是对夯土基础做法的改进和提升。在夯土中加入石渣、碎砖、瓦片等，以提高基础的抗压强度。战国和汉初期时城墙夯土中就已含有瓦片，可见古人很早就对改进和提高基础的抗压强度有一定的认知。如山西五台山南禅寺柱础石下的基础部分都是在土内掺入碎砖瓦等杂物筑成的；河北正定隆兴寺转轮藏殿建于宋，其各柱下设石柱础，之下基础深约1.5m，长宽约为柱础石的两倍，基槽内自下而上，一层碎砖，一层夯土，隔层筑打而成。至明清时期，碎砖黏土基础做法在北京故宫内随处可见，如宫殿、门座、宫墙、城墙等都采用这种基础。

《营造法式》中记载："用碎砖瓦石札等，每土三分内添碎砖瓦等一分"，又说："筑基之制，每方一尺，用土两担，隔层用碎砖瓦及石札等，亦两担。每次布土厚五寸，先打六杵，次打四杵，次打两杵。以上并各打平土头，然后碎用杵辗蹑令平，再攒杵扇扑，重细辗蹑。每布土厚五寸，筑实厚三寸。每布碎砖瓦及石札等厚三寸，筑实厚一寸五分。"在《营造法式》中提及的这段话里，既有筑基时土、碎砖瓦的配比，又有夯筑的方法和工序，以及质量检验标准。按照这种做法要求，就可以构筑一般建筑物的碎砖黏土基础。

3. 灰土基础做法

灰土基础在我国历史悠久，但发展缓慢，明代以后才开始普及，至清代成熟完善。

灰土基础材料具有一定的强度，不易透水，可以作为建筑物的基础和地面垫层等，由石灰与黄土按照一定的配合比拌和而成。古建筑中常见的有三七灰土（3：7）、二八灰土（2：8）、四六灰土（4：6）。其中，四六灰土主要用于大式建筑，有些重要建筑的灰土配合比甚至超过 4：6；三七灰土主要用于普通小式建筑，二八灰土则用于房屋周围散水及回填土部分，其配合比也可为 1：9。而现代研究显示，灰土强度在一定范围内随其含灰量的增加而增加，但超过一定限度后，灰土强度反而会降低，最佳石灰和土的配合比为 3：7。

古建筑基础的开挖形式主要有两种，一种是挖成沟槽形式，一种是"满堂红"的大开挖形式。如果灰土的步数较少（1～2 步）或基础"埋深"较浅时，柱顶部位的灰土可做独立基础，多采用沟槽形式，多用于小式建筑及一般大式建筑。具体而言，沿柱下磉墩与拦土两侧一定范围内开挖，即为"沟槽开挖"。清朝时期，根据基础拦土墙尺寸开挖基槽，称为"刨槽"。沟槽宽度，即槽边与墙边的距离，称为"压槽"。清《工程做法则例》卷四十七述："凡压槽，如墙厚一尺以内者，里外各出五寸。一尺五寸以内者，里外各出八寸。二尺以内者，里外各出一尺。其余里外各出一尺二寸。"即压槽宽，墙厚 1 尺以内的，槽里外宽各 0.5 尺；墙厚 1.5 尺以内的，槽里外宽各 0.8 尺；墙厚 2 尺以内的，槽里外宽各 1 尺；其余里外宽各出 1.2 尺（图 1-18）。沟槽深度是以铺筑灰土层数（步数）为依据，《工程做法则例》述："凡刨槽以步数定深，如夯筑灰土一步，得深五寸，外加埋头尺寸，如埋头六寸，应刨深一尺一寸。"即沟槽深为灰土 1 步，深为 1.1 尺。

古建筑基础采用全部开挖的做法则称为满堂开挖，又称为"一块玉儿"，常用于重要的宫殿建筑。唐宋时期重要建筑的基础就已经采用满堂开挖基础的方法。关于满堂开挖基础深度的确定，《营造法式》卷三述："凡开基址，须相视地脉虚实，其深不过一丈，浅止于五尺或四尺，并用碎砖瓦石札等，每土三分内添碎砖瓦等一分。"即指开挖基土的深度，要根据地质软硬情况，挖深不超过 1 丈，最浅 4～5 尺，并用碎砖瓦或碎石等与土混合，铺筑垫层，其比例为土：碎砖瓦＝3：1。山西芮城永乐宫是元代建筑，在 1960 年迁建时，曾对宫内的龙虎殿、纯阳殿、重阳殿等的基础进行了勘测，发现其满堂基础垫层均由一层黄土一层碎砖瓦所组成，其层厚都接近《营造法式》的规定值。满堂基础做法的优点是既可以更好地防止基础不均匀沉降，又能将建筑与自然土壤有效

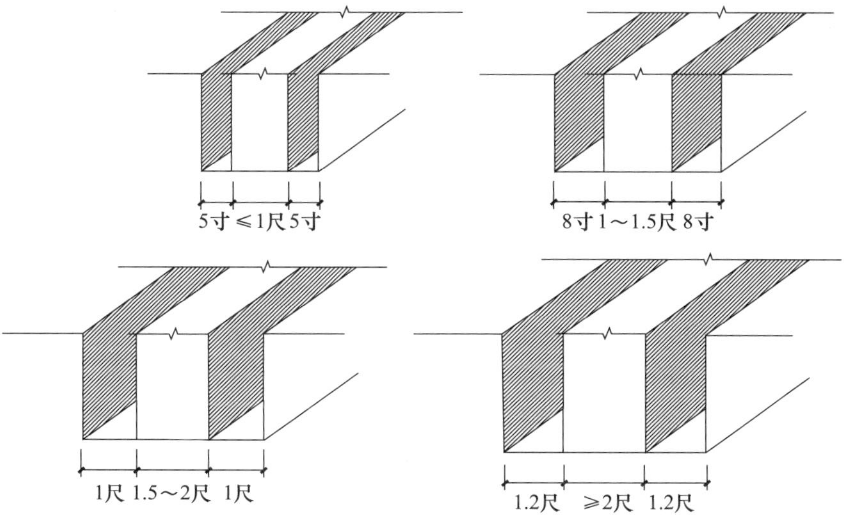

图1-18　沟槽开挖尺寸示意图

地隔开，隔绝地下潮气上升至室内地面，因此对建筑防潮十分有利，但这种做法造价较高，所以一般只用于重要的宫殿和地下建筑。还有时需将灰土做成台阶形式，如礓䃰、宝城背里等，叫作“踏蹬灰土”或“举溜踏蹬灰土”。

项目实训

实训1　二十四把小夯灰土一步基础夯筑技法实操

1. 实训目的

了解古建筑地面构造中二十四把小夯灰土的材料使用、一步基础夯筑技法操作流程等。

2. 实训知识

古建灰土应分层夯筑。每一层叫作“一步”，有几层就叫几步，最后一步又叫“顶步”。小式建筑的灰土步数为1～2步。一般大式建筑的灰土步数为2～3步。清代陵寝建筑的灰土多为十几步作法。紫禁城内的一些宫殿的灰土步数甚至多达30层。由此可见，古人对极重要的宫殿，不是当作百年大计，而是当作万年大计来考虑，例如陵寝就被称作“万年吉地”。从长远的经济观点看，增加灰土步数可以延长修缮周期，从而降低工程的总成本。此外，加大灰土步数是古人出于防潮的考虑，旨在创造一个较为干燥的小环境。这种小环境可以隔绝“地气”潮湿上蒸，保护砖墙产生酥碱，对建筑本身十分有益。

普通民房基础灰土厚度一般为虚铺21～25厘米，夯实15厘米。按照清工部《工程做法则例》及其他有关文献的规定，每步灰土的厚度为虚铺7寸，夯实厚为5寸。每步素土的虚铺厚度为1尺，夯实厚为7寸。根据夯底直径的不同，夯筑方法可分为小夯灰土（又叫小夯硪灰土）和大夯灰土（又叫大夯硪灰土）。小夯夯底宽3寸，大夯夯底宽

4 寸。小夯灰土多用于重要的宫殿基础，大夯灰土又分大式大夯灰土及小式大夯灰土，多用于一般大式建筑及各种小式建筑。小夯灰土每槽所用夯数更多，一般可分为二十四把小夯灰土、二十把小夯灰土和十六把小夯灰土。

3. 实训步骤

步骤 1：用大硪拍底 1～3 遍。

步骤 2：将生石灰经水泼成泼灰后过筛（筛孔宽为 0.5 厘米），黄土过筛（筛孔宽不超过 2 厘米），将泼灰与黄土拌和均匀，在拌和过程中要随时将滚粘成较大的土块拍碎。灰与土的配合比为 4：6。

二十四把小夯灰土夯筑流程

将拌匀的灰土铺在槽内，并用灰耙搂平。虚铺的厚度每步为 7 寸。然后用双脚在灰土上踩 1～2 遍，叫“纳虚”或“纳虚盘踩”。灰土也可分两次下槽，每次虚铺厚度为 3.5 寸，纳虚也应分两次进行。讲究的做法还可在每半步虚土纳虚后打拐眼一次，前半步打“流星拐眼”（不成行成排），后半步虚土上每隔 1.2 尺打拐眼一道，以此“分活”，作为夯窝分位的标准。

步骤 3：行头夯，叫“冲海窝”。每个夯窝（海窝）之间的距离为 3 寸，每个位次夯打 24 下。

步骤 4：行二夯，叫“筑银键”，是在海窝之间形似银锭的位置上夯筑，每个位次也是筑打 24 下。冲海窝和筑银锭时，夯可由两人对站同执，两人为一班，两班轮换操作，人歇夯不歇。

步骤 5：行余夯，叫“充沟”或“跟溜打平”，又叫“剁埂”，是在海窝、银锭之间挤出的土埂上夯筑。每个位次也需夯打 24 次。

步骤 6：用平锹将灰土找平。

以上为“旱活”程序，可重复进行 1～3 次（图 1-19）。

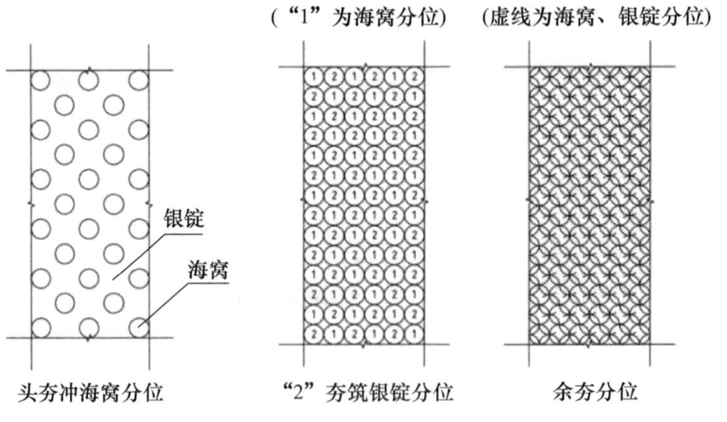

图 1-19　头夯、二夯、余夯夯位示意图

步骤 7：落水。落水又叫“漫水活”或“漫汤”，就是用水泼在旱活上，将灰土洇湿。落水时不可操之过急，应先洒水花，后落水片，并要用灰耙随落随接，令水散开，避免局部积水。落水时，既要落到家，也应注意水量不宜过大，水量以能使最底层灰土洇湿为度。检查水是否落到家了，除可挖开检查外，也可根据“冬见霜，夏看帮”的经验进行评定，其标准是冬季以灰土表面结霜为宜，夏季以槽帮洇湿的高度为灰土厚的

2～3倍为宜。

由于落水一般都安排在晚上，所以也叫“落夜水”。落水安排在晚上不仅是出于施工组织的需要，还可以使未熟化的生石灰颗粒在最后的夯打以前充分熟化，从而可以避免在灰土打完后因石灰继续熟化膨胀造成结构的松散。

步骤8：撒渣子，也叫压渣子，漫过水活之后，虽经晾槽，夯筑时仍可能出现灰土粘夯的现象，所以需要在灰土上撒一些碾细的砖粉。

步骤9：起平夯一遍，即打夯时手举至胸部；行高夯一遍，即手举过顶。此次可不像打旱活，夯窝有严格的分位，此种打法叫“乱夯”。

步骤10：用铁锹将灰土找平。有些讲究的做法还要加打一次“登皮夯”，即夯举起后倾斜下落，将灰土表皮蹬开。

步骤11：打旋夯1～3次。每次都要“一夯三旋”，即打夯时，人要跳跃而起，旋转落下。一般只打1次旋夯，但也有打3次的，叫作“三回九转”。如打3次旋夯，每次之前都应再打拐眼、落水和打平夯。

步骤12：打拐眼。即用拐子用力旋转下压，使灰土上出现圆坑（叫作拐眼）。上述打拐眼是先打夯后打拐眼的方法，这种方法又叫作“使簧”；也有先打拐眼后打夯的做法，如为这种做法，应将灰土夯成与拐眼深度平整一致。

打拐眼的做法可以追溯到商代。虽然到了明、清两代，基础已普遍改为灰土做法，但拐眼技术一直历代相传。拐子实际上是一种更小的夯，通过打拐眼可使灰土更加密实。“使簧”做法可以在上下层之间形成榫卯结构，这种榫卯结构用于堤坝和高台建筑时具有一定的抗水平推力的能力；用于基础时榫卯之间的摩擦力可以增强灰土的承载能力。

步骤13：打高硪两遍。要用16人大硪或24人大硪（“座山雕”）进行操作。头硪要“一硪挨一硪”，二遍硪要“一硪压一硪”。操作时，听领硪者喊号指挥，众人同时牵动绳子，高过顶，在硪下落时，领硪者（16人硪由2人领硪，24人大硪由3人领硪）迅速抓住硪或手扶硪的上端用力向下砸去。高抛大硪时，众人要协调配合不可使硪面倾斜，大硪抛起后不要用绳子往下牵动，而是要让大硪成自由落体落下。

小知识：

1. 对槎子的处理

夯筑灰土如不能在一天内完成时，应分段进行。“一块玉儿”做法的，每10.24平方米（见方丈）为“一槽”，分槽筑打。灰土接槎处叫“扳口”或“碴口”，扳口处要留踏步茬，叫“蹬”。接槎时应将扳口处已打好的灰土重新翻起，与下槽灰土一起夯打。扳口处要特别注意夯筑坚固。如打拐眼，应“密打扳口”，以防止扳口处断裂。槽底边角处等铁硪未拍到的部位，要用铁拍子拍实，叫作“掖活”。

2. 串硪

至顶步灰土时，最后要行“串硪”（又叫“揣硪”）一遍。行串硪时，应将硪斜向拉起距地约50厘米左右，然后随其自由落下，让硪在地下“颠”着走。铁硪串行，意在将灰土蹭光，以便放线。

实训 2　桩基础打桩技法实操

1. 实训目的

了解古建筑桩基础中柏木桩的打制技法，掌握梅花桩、莲三桩、马牙桩（三星桩）、排桩、棋盘桩等排列方法。

2. 实训知识

柏木桩是我国古代打入土层的常见木制构件，一般用于土质松软的基础、人工土山的建筑基础。其受力情况有两种，一种为摩擦型桩，其原理是利用土和桩的摩擦力将上部建筑荷载扩散至桩周围的土层；另一种为端承型桩，使桩通过松软土层，落在下部承载力较好的土层之上。

打桩做法最迟在宋代建筑中就已经出现，是基础做法的重大突破。《营造法式》提到桩在涵洞中的应用“地钉打筑入地”，这里的“地钉”就是指桩。清《工程做法则例》中将桩基础也称为“地柎”，在一些重要的建筑中广泛使用，如皇家陵寝工程、城门工程、桥梁工程等。为减少打桩时对木桩的破坏，桩尖上要套铁质桩帽，桩顶要用铁箍加固。

桩基的排列方法有梅花桩、莲三桩、马牙桩（三星桩）、排桩、棋盘桩 5 种方式。其中，梅花桩和莲三桩多用于柱顶石下的基础，马牙桩和排桩多用于墙基，棋盘桩多用于满堂红基础。下地柎时，如露出地面，露出的部分应以碎石填平，叫作“掏当山石”，也可在填充碎石后再做灌浆处理。还有一种做法是碎石填充，夯实灌浆后再做石板垫层，其上再铺设灰土。少数古建筑在柏木桩的顶部采用一种横纵密排的圆木形成桩承台的做法，上部再采用砖砌体和多层碎砖黏土形成古建筑基础（图 1-20）。

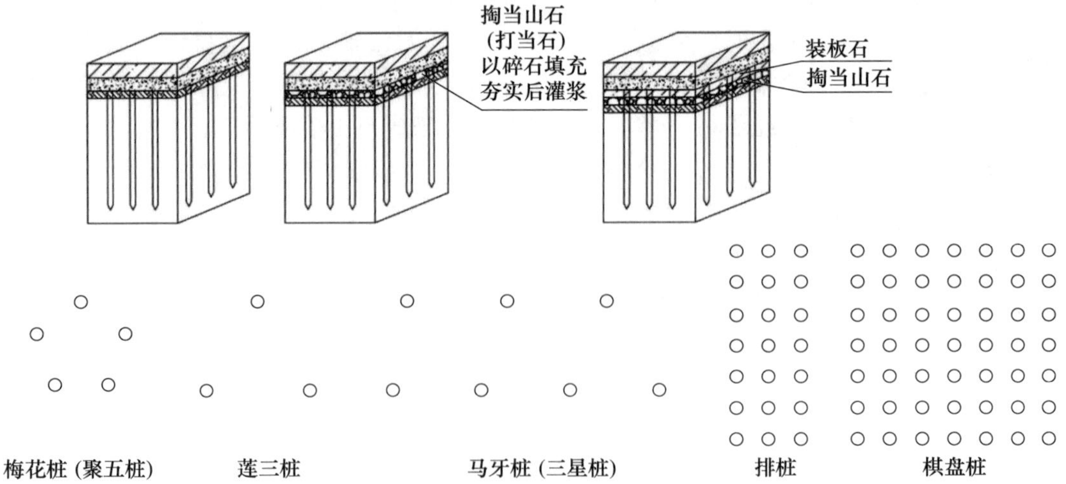

图 1-20　桩基地柎示意图

3. 实训步骤

步骤 1：依据桩基地柎的排列方式在地面定位。

步骤 2：于地面定位处搭建“碓盘架子”（图 1-21）。

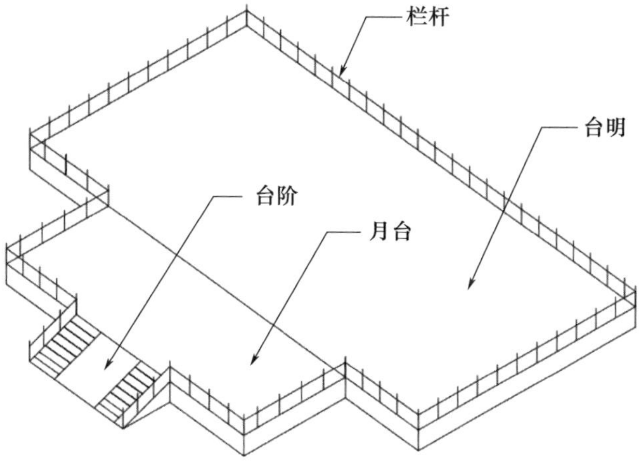

图 1-21　“碱盘架子”示意图

步骤 3：将吊绳系于地杠之上，地杠尖端对准定位点，上端吊绳穿过“碱盘架子”由一人吊起，使地杠垂直于地面。

步骤 4：另一人攀上“碱盘架子”，站于地杠正上方，吊起桩锤，桩锤中心有一孔洞，中穿铁蕊，铁蕊下端立在桩顶上，防止桩锤偏歪。

步骤 5：以铁蕊为轴，落下桩锤，撞击地杠使其钉入地面，再吊起桩锤重复此操作，直至地杠全部没入地面，或地面之上仅余 5 寸。

操作过程中，下方负责吊直地杠的工作人员与上方负责操作桩锤、吊直铁蕊的工作人员须时刻注意地杠钉入地面的角度，随时调整，避免由于撞击产生的偏斜造成桩基的整体歪扭。

步骤 6：一处点位打桩完成之后，挪移“碱盘架子”至下一点位，直至全部完成。

步骤 7：“碱盘架子”上方工作人员须确认桩基地杠的整体排列分布，确认无误后再将“碱盘架子”回收或拆除。

思考与巩固练习

一、简答题

1. 简述古建筑地面基础的种类。

2. 简述古建筑基础灰土的配比要求。

3. 简述古建筑基础开挖的形式。

二、论述题

完成二十四把小夯灰土一步基础夯筑实训与桩基础打桩实训。

1.3.2　构造一座古建筑的台基

1. 台基的式样

台基式样的几种类型分别为普通（直方型）台基、须弥座形式的台基、带勾栏的台基、复合型台基（图 1-22）。

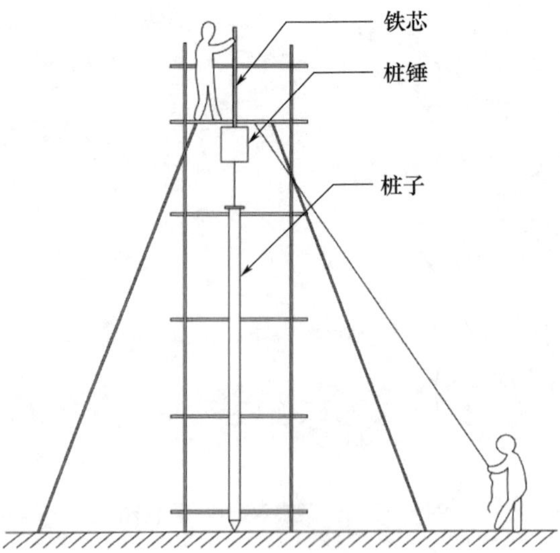

图 1-22 台基造型示意图

普通台基的式样为长方（或正方）体，是普通房屋建筑台基的通用形式。

须弥座形式的台基是宫殿、坛庙建筑台基的常见形式，其形式有带雕刻或素面（不带雕刻）；带角柱或不带角柱；常见的须弥座形式和须弥座的变体形式等。

带勾栏的台基是普通台基或须弥座式台基与勾栏形式的结合型，在二者中，以须弥座台基加勾栏形式居多。其勾栏部分以石制的栏板柱子形式较多见，但也可用砖墙代替，又尤以花砖墙作法为多。宫殿建筑的花砖墙多用琉璃砖摆成。带勾栏的台基多用于宫殿或坛庙建筑。

复合型台基即上述 3 种台基的重叠复合型，可用于较重要的宫殿、坛庙建筑。这类台基的组合形式很多，如双层或三层须弥座；双层普通台基；须弥座台基与普通台基的组合；带勾栏的台基与不带勾栏的台基的组合等。

2. 台基的砌筑形式

（1）全部用砖砌成

砖料可用城砖或条砖，做法可为干摆、丝缝、糙砖墙等多种类型。砖缝的排列形式多为十字缝或三顺一丁。全部用砖砌成的台基多见于民居、地方建筑或室内佛座等基座类砌体。

（2）全部用琉璃砖砌成

这种形式多用于宫殿建筑群中以台基为主的构筑物，如祭坛等。

（3）全部用石材砌成

如陡板石、方正石或条石砌筑，又如用虎皮石、卵石或碎拼石板砌法。无论采用上述何种做法，台基的最上面一层均应安放阶条石，台基的四角一般应放置角柱石。官式建筑的石台基多用陡板石做法。

（4）使用不同的材料砌成

如阶条、角柱和土衬用石料，其余用砖砌成，或阶条、角柱和土衬用石料，其余用琉璃砌成。砖石混合的台基是古建台基中最常见的一种形式（图 1-23）。

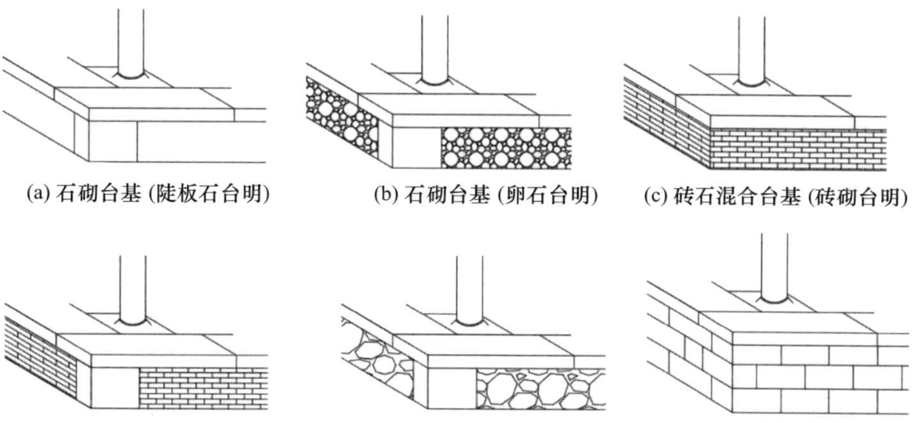

(a) 石砌台基 (陡板石台明)　(b) 石砌台基 (卵石台明)　(c) 砖石混合台基 (砖砌台明)

(d) 砖石混合台基 (石角柱、砖砌台明)　(e) 石砌台基 (虎皮石台明)　(f) 石砌台基 (方正石台明)

图 1-23　台基砌筑形式示意图

3. 台基的构造

台基露出地坪的部分一般称为“台明”，地坪以下的部分称为“埋头”或“埋深”，台明的侧面称为“台帮”，上面称为“台面”。阶条石位于台帮和台面交接处，故可俗称为“台帮石”或“压面石”。台帮用陡板石的，可直接称为“陡板”。台帮用砖砌筑的，称为“砖砌台帮”或“砖砌台明”。较高大的砖砌台帮称“泊岸”。

普通台基

就细部而言，内部砌体主要包含磉墩和拦土。其中，磉墩是支撑柱顶石的独立基础砌体，金柱下的称为“金磉墩”，檐柱下的称为“檐磉墩”，其砌筑过程称为“码磉墩”。如果 2 个或 4 个磉墩相邻很近，常连成一体，称为“连二磉墩”或“连四磉墩”。与连磉墩相区别的是单磉墩”。

清制分大小式建筑，依清工部《工程做法则例》卷四十三所述，大式建筑“凡码单磉墩，以柱顶石见方尺寸定见方。如柱径八寸四分，得柱顶石见方一尺六寸八分，四围各出金边二寸，得见方二尺八分。金柱顶下照檐柱顶加二寸。高随台基除柱顶石之厚，外加地皮以下埋头尺寸”。即如柱径 0.84 尺，则柱顶石见方 1.68 尺（按柱径 2 倍），四周各出 0.2 尺，得磉墩见方尺寸为 2.08 尺。金柱下的磉墩按檐柱下磉墩加 2 寸，得 2.48 尺。磉墩高随台基高除柱顶石厚外，另加地下埋头尺寸。依卷四十六所述，小式建筑“凡码单磉墩，以柱顶石见方尺寸定见方。如柱径五寸，得柱顶石见方八寸，再四围各出金边一寸五分，得见方一尺一寸。金柱下单磉墩照檐柱磉墩亦加金边一寸五分。高随台基除柱顶石之厚，外加地皮以下埋头尺寸”。即若檐柱径 0.5 尺，则柱顶石按 0.8 尺，加金边 0.15 尺，得磉墩见方尺寸为 1.10 尺。金柱磉墩按檐柱磉墩再加 0.15 尺，得 1.40 尺。

磉墩之间砌筑的墙体即“拦土”，拦土的砌筑称为“掐砌拦土”或“卡拦土”。清《工程做法则例》卷四十三述：“凡拦土，按进深、面阔得长，如五檩除山檐柱单磉墩分位定长短，如有金柱，随面阔之宽，除磉墩分位定掐挡。高随台基。除墁地砖分位。外加埋头尺寸。如檐磉墩小，金磉墩大，宽随金磉墩。”即指拦土长按进深面阔尺寸，除去磉墩后确定。例如五檩建筑，按除去山檐柱磉墩后即得拦土长，如果还有金柱，再除去其金磉墩后即为其净长。拦土高按台基高减去地面砖厚，另加埋头尺寸。磉墩厚一般与拦土相同，如遇檐柱磉墩小，金柱磉墩大时，拦土厚按金柱磉墩的边长确定。

磉墩和拦土的砌筑顺序是先码磉墩后掐拦土。磉墩和拦土各为独立的砌体，以通缝相接，但也有少数小式建筑的基础将骤墩和拦土连在一起，一次砌成，这种做法称为“跑马柱顶”。台帮及其背里部分的砌筑过程则称包砌台明，于前、后檐及两山的拦土和磉墩外侧进行。台明分为露明部分和背里部分。在露明部分中，阶条石使用石活，其他如陡板、埋头等或用石活，或用砖砌；背里部分用糙砖砌筑。有时也将拦土和包砌台明的背里部分连成一体，一次砌成，称为“码磉”（图 1-24）。

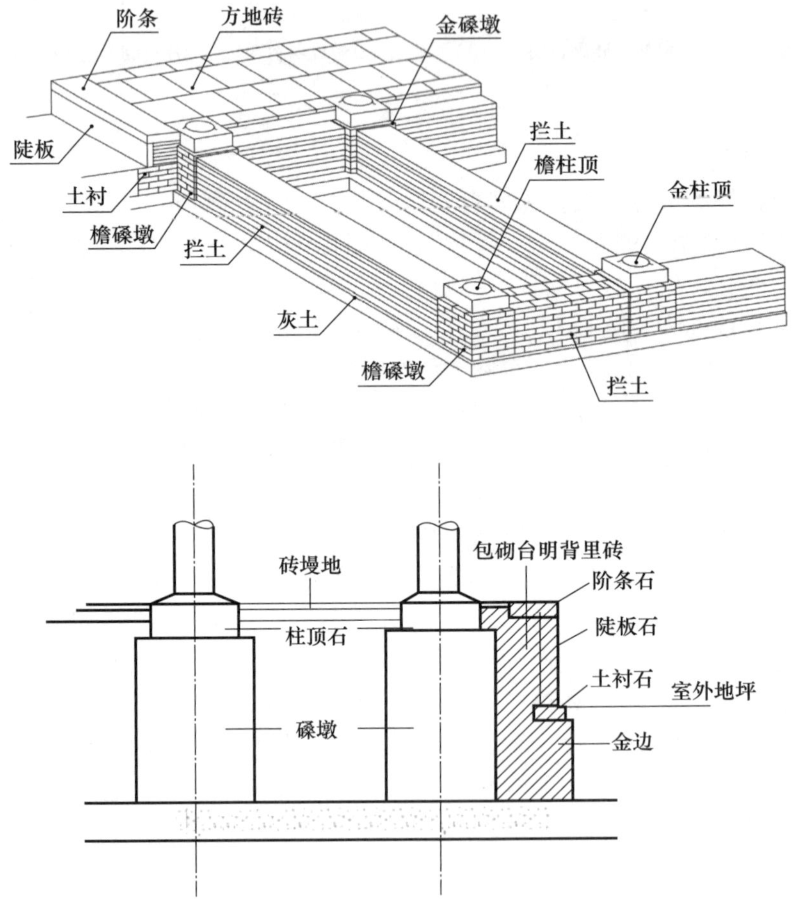

图 1-24　台基构造示意图

4. 普通台基石构件

以清官式建筑标准台基为例，普通台基主要由下列石构件组成：土衬石（土衬）、陡板石（陡板）、埋头角柱（埋头）、阶条石（阶条）和柱顶石（柱顶）（表 1-1）。

表 1-1　普通台基石构件组成

名称	解释说明	
土衬石	台明与“埋身”的分界，土衬以下（包括土衬）即为台基埋身。土衬石一般应比室外地面高出1～2寸，应比陡板石宽出约2寸。宽出的部分称为“金边”。土衬石与陡板石接触的部分可以“落槽”，即按照陡板的宽度在土衬石上凿出一道浅槽，陡板石就立在槽内	
陡板石	外皮与阶条石外皮在同一条直线上。陡板下端装在土衬槽内，上端可做榫，装入阶条石下面的榫窝内。陡板的两端也可做榫，用以相互连接并与埋头角柱连接	
埋头角柱	俗称“埋头”，位于台基四角。埋头与陡板的交接面上应凿榫或榫窝，以便和陡板连接	出角埋头，位于阳角转角处的埋头
		入角埋头，位于阴角转角处的埋头
		单埋头，转角处用一块埋头的
		厢埋头，转角处用两块埋头的
		混沌埋头（俗称如意埋头），宽与厚相同的埋头
		琵琶埋头，厚度为1/2～1/3本身宽的埋头
阶条石	台基四周沿边而平铺的石面，一般为长方形，叫阶条石，又叫压面石，宋代称之为压阑石	好头，又称为横头，位于前、后檐的两端
		联办好头，好头与两山条石合并砍制者，常见于宫殿建筑
		坐中落心，又称长活，位于前、后檐正中间
		落心，位于长活与好头之间
		两山条石，山墙侧的阶条石
		擎檐阶条，重檐建筑平座上的阶条、楼房建筑二层以上的阶条均可称“擎檐阶条”
		月台滴水石，指月台与主体建筑台基相挨部分的阶条，由于处在屋檐下因而称为“滴水石”

在普通台基中，陡板石可不用，而以砖砌台帮形式做成，重要的宫殿建筑还可用琉璃砖。不甚讲究者，采用糙砌形式。除可不用陡板石外，也可不用埋头角柱。但在较讲究的建筑中，埋头角柱都不省去。在小式建筑或很次要的建筑中，可不用土衬石，而以城砖代之。做法简陋的建筑甚至连阶条石也改为城砖。

一般情况下，前檐阶条石的块数应比间数多两块，如3间房放5块阶条石，称为“三间五安”，还有“五间七安”“七间九安”等。次要建筑因材料所限时可不必拘于此法。两山阶条石的块数一般不受限制。后檐阶条石的块数应视建筑等级而定，讲究者可与前檐阶条石的做法相同（图1-25）。

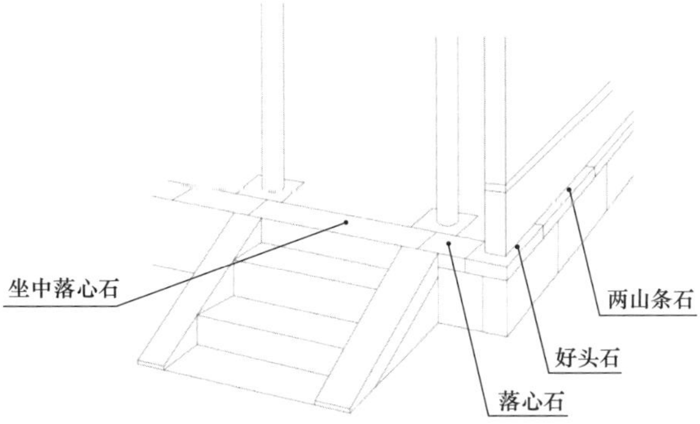

图1-25　阶条石组合示意图

由于下檐出的尺寸变化较大，因而阶条石可以与柱顶石相挨，也可以离开柱顶石一段距离。如果下檐出的尺寸较小，阶条石的里皮甚至可以比柱顶石的外皮更加往里。在这种情况下，为保证柱顶石和阶条石两者互不妨碍，应将阶条石上多余的部分凿去，称为“掏卡子”。好头石上的卡子称为“套卡子”，落心石上的卡子称为“蝙蝠卡子”（图 1-26）。

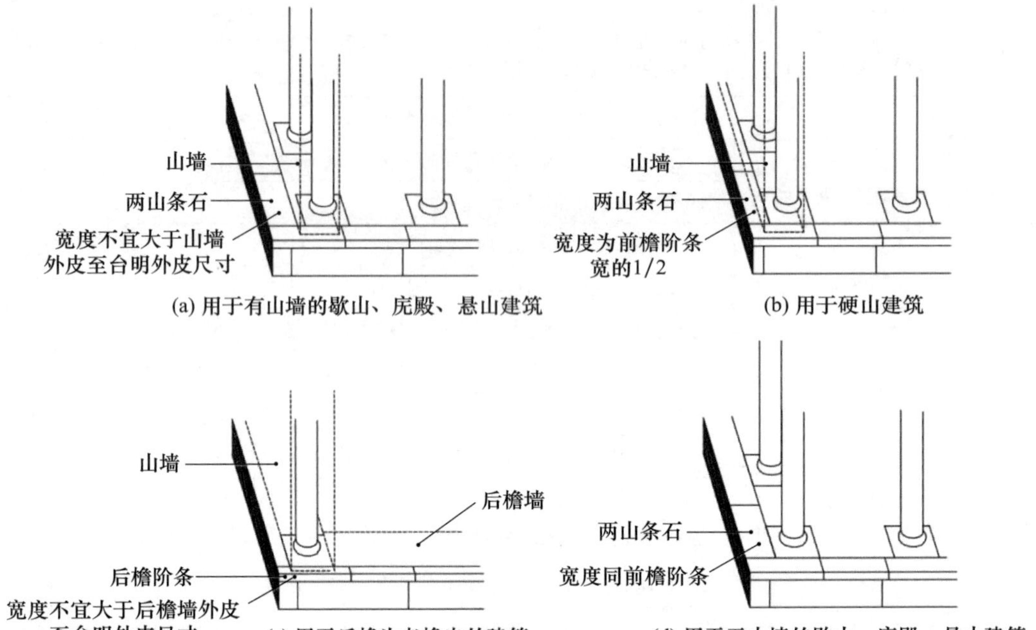

(a) 用于有山墙的歇山、庑殿、悬山建筑　(b) 用于硬山建筑

(c) 用于后檐为老檐出的建筑　(d) 用于无山墙的歇山、庑殿、悬山建筑

图 1-26　两山阶条石与后檐阶条石尺寸示意图

做法讲究的阶条石可在大面上做出泛水，这个泛水一般应在石料加工时做出。阶条石的下面可凿做榫窝，以便和陡板石上的榫头相接。

5. 柱顶石

柱顶石又称为柱础，位于柱子下面，用以承重。

鼓镜：柱顶石上高出的部分称为鼓镜。安装时，鼓镜应高于台基。圆柱下的柱顶石，应为圆鼓镜。方柱（梅花柱子）下的柱顶石，应为方鼓镜。

平柱顶：不做鼓镜的柱顶称为平顶柱。平顶柱常用于做法简陋的小式建筑或地方建筑中。

柱与柱础间有榫卯结构的，按榫卯大小可分为管脚、插扦、套顶等几种。

管脚：在柱顶的中间凿出榫窝，以安装柱子下的管脚榫，这个榫窝称为管脚。稳定性较差的建筑，应做管脚；稳定性较好的建筑，柱顶石可不做管脚。

插扦：插扦与管脚相似，是用以安装柱子下的插扦榫的。插扦的深度比管脚深，至少应为 1/3 柱顶厚；宽度比管脚宽，一般应为 1/3 柱径。

套顶：中间有一个穿透孔洞的柱顶称为套顶。孔洞的大小可按柱径凿出，也可比柱径略小。套顶下还有一块石活，称为“套顶装板石”或“套顶底垫石”（简称“底垫石”），也称“暗柱顶”或“哑巴柱顶”。柱子从套顶中穿过，立在底垫石上。套顶做法可增加柱子的稳定性，故多用于牌楼、垂花门等建筑中。楼房使用通柱的，楼上的柱顶也应使用套顶做法。为安装方便常做成两块拼合的形式（图 1-27）。

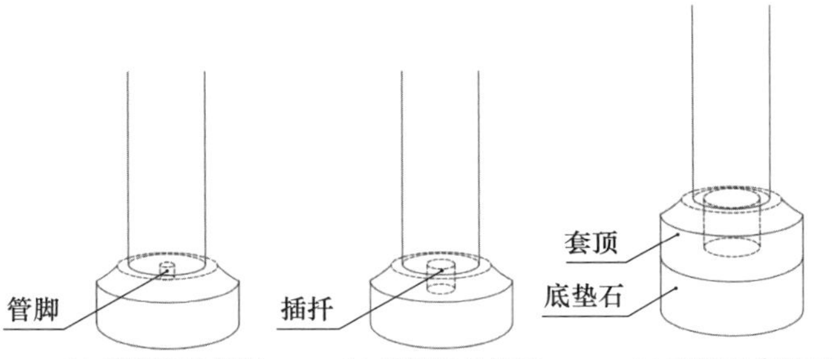

(a) 带管脚的柱顶　(b) 带插扦的柱顶　(c) 套顶与底垫石

图 1-27　管脚、插扦、套顶示意图

爬山柱顶：用于爬山廊子中。爬山柱顶的上面应做成倾斜面，并应凿做管脚或插扦。

联办柱顶：两个相挨的柱顶用一整块石料制成称为“联办柱顶”，这种“联办柱顶”多用于连廊柱的下面。少数极讲究的宫殿建筑使用另一种联办柱顶，这种柱顶是将柱顶与阶条的好头石用一整块石料联做而成。

异形柱顶：指用于非 90°转角处的柱顶，也泛指其他不常见的柱顶，如爬山柱顶、联办柱顶等。

带雕刻的柱顶：重要的宫殿或庙宇建筑的柱顶上常凿花饰。官式做法的柱顶花饰形式多为“巴达马”（莲瓣），地方建筑的柱顶花饰则有多种式样。

1.3.3　须弥座台基石活

须弥座，源自印度，最初为安置佛像的台座，自输入我国之初直至唐代，其断面轮廓颇为简单，上下的线道都是方角的层层支出，初无圆和的莲瓣或枭混造型。云岗刻塔、杭州闸口五代白塔、敦煌壁画之所见，多是如此式样。有枭混、莲瓣装饰的须弥座，至五代才开始流行，至宋而盛。同时，须弥座的基身出现以小立柱分格，内镶壶门等复杂造型，其上下枭开始逐步复杂起来。须弥座做法之定作成规，始见于宋代《营造法式》，清代《工程做法则例》对须弥座做法，亦有规定（图 1-28）。

须弥座台基

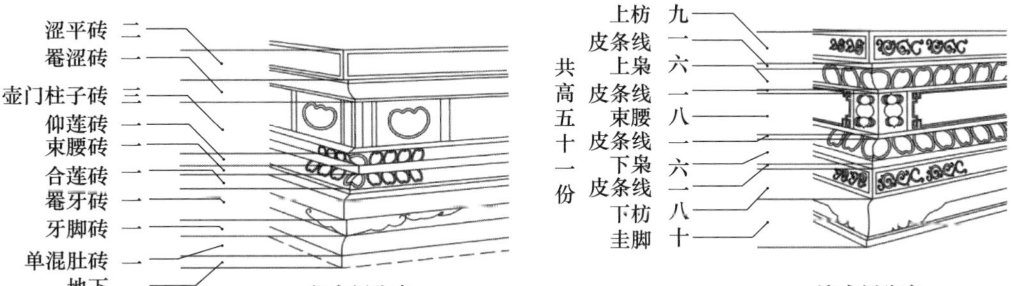

宋式须弥座　清式须弥座

图 1-28　宋式、清式须弥座示意图

1. 须弥座台基的式样类型

普通须弥座台基：不做双层或三台式，没有雕刻，无栏板柱子和龙头。

带勾栏须弥座台基：带有栏板柱子的须弥座台基，这种须弥座多用于较重要的宫殿建筑中。

带龙头须弥座台基：在须弥座的上枋部位、勾栏的柱子之下，安装挑出的石雕龙头。龙头又称螭首，俗称喷水兽。台基四角位置的龙头称为大龙头或四角龙头，其他位置的龙头称为小龙头或正身龙头。须弥座台基如带龙头，必须为带勾栏须弥座，转角处必须为角柱做法（图 1-29）。

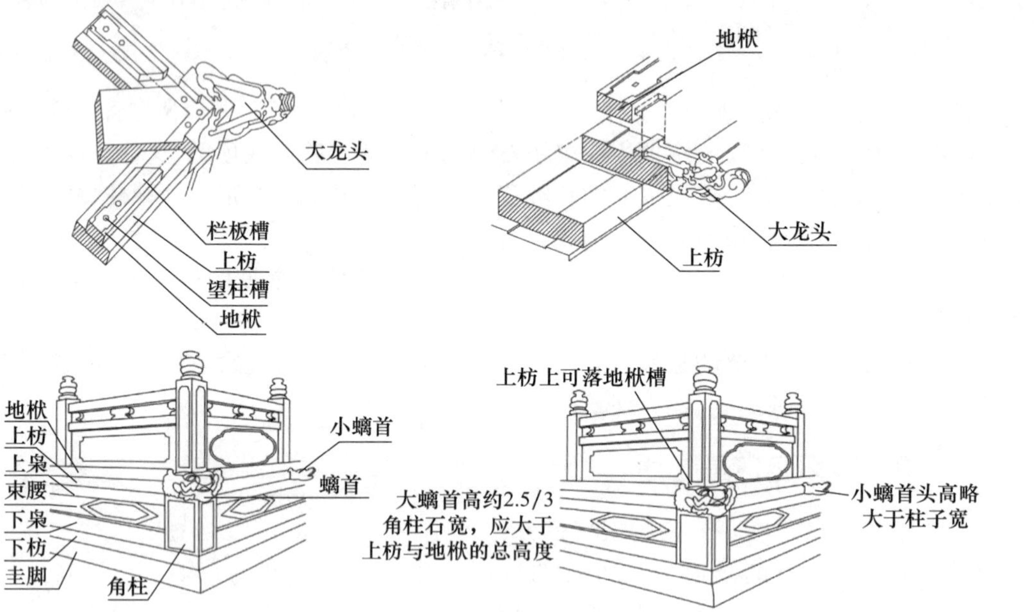

图 1-29　大、小龙头示意图

多层须弥座台基：层数大多为双层，极重要的宫殿建筑才采用三台式做法。多层须弥座做法的台基，下层须弥座必须为带龙头的须弥座，上层则比较灵活。多层须弥座台基一般较高大，增高的方法除了加大每层的高度外，还可以增加土衬的露明高度或将上、下枋做成双层。各层须弥座的高度可不相同，但最底层的应最高大。

2. 须弥座台基的组成部分

须弥座台基的基本构成（自下而上）为土衬、圭角、下枋、下枭、束腰、上枭和上枋。如果高度不能满足要求，可将下枋和上枋做成双层，必要时还可将土衬也做成双层，但应有一层土衬全部露明（图 1-30）。

须弥座各层的名称虽然不同，但在制作加工时，却可由同一块石料凿出，即所谓联办、联做。在实际操作中，一块石料能出几层应根据石料的大小及操作上的便利来决定。

须弥座的转角处，通常有 3 种做法：第一种是转角处不做任何处理；第二种是在转角处使用角柱石（又称金刚柱子），阳角处的称“出角角柱”，阴角处的称“入角角柱”；第三种是将转角处做成“马蹄柱子”，俗称“玛瑙柱子”。

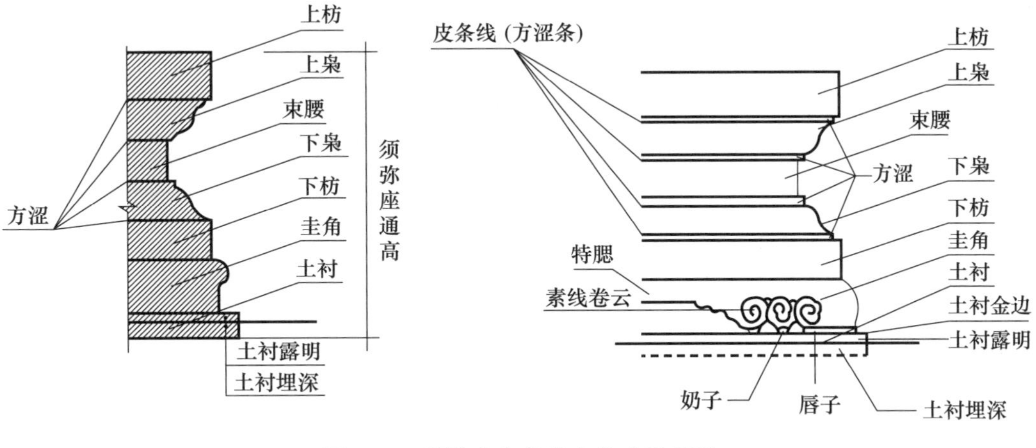

图 1-30　须弥座台基基本构成示意图

须弥座的上、下枋出檐一致，它们的外皮线就是台基的外皮线（土衬、圭角除外）。

须弥座的各层高度之和为须弥座总高，一般为 1/5～1/4 柱高，特殊情况可酌情增减。在这个总的高度范围内，一般将总高定为 51 份，各层所占份数有一定的规律，需要时可做适当调整。调整时，一般应遵循下述原则：

(1) 圭角和束腰的高度应基本一致，并应在各层的高度中最厚；

(2) 上枋应比下枋稍厚；

(3) 上、下枭的高度应一致，并应在各层高度中最薄。

在须弥座的各层之中，圭角和束腰可再增高，但增高所需的份数应在 51 份之外另行增加（图 1-31）。

3. 须弥座台基的雕刻纹样

在须弥座台基上雕刻花纹，按其繁简程度可归纳为 3 种形式。

(1) 仅在束腰部位进行雕刻，这种形式最为常见；

(2) 雕饰的幅度比第一种有所扩展，是在束腰和上枋这两个部位进行雕刻，但有时也在束腰和上、下枋 3 个部位上进行雕刻；

(3) 所有的部位均有雕刻。

显然，在 3 种形式中，以第三者最为华贵。但是，无论雕刻的程度多么简单，乃至不做雕刻的须弥座台基，圭角部位都要雕做如意云的纹样。

束腰部位的雕刻图案以“椀花结带”为主，即以串椀状的花草构图，并以飘带相配。庙宇中的须弥座，还可在束腰部位雕刻“佛八宝”等图案。束腰转角部位的雕刻式样做成“马蹄柱子”（俗称“玛瑙柱子”）或“金刚柱子”（又称“如意金刚柱子”），也可以不做什么特殊雕刻。庙宇中的须弥座，还可在束腰的转角处雕凿力士的形象。

上、下枭的雕刻多为“巴达马”，俗称“八字码”。巴达马是梵文的译音，意为莲花。但在古建筑雕刻图案中，“八字码”与“莲瓣”有很大区别。“莲瓣”为尖形花瓣，花瓣表面不做其他雕刻，而“八字码”的花瓣顶端呈内收状，花瓣表面还要雕刻出包皮、云子等样。虽然“八字码”和“莲瓣”都可以作为须弥座上的装饰纹样，但对于石制的须弥座来说，上、下枭雕刻更多采用的是“八字码”的式样。

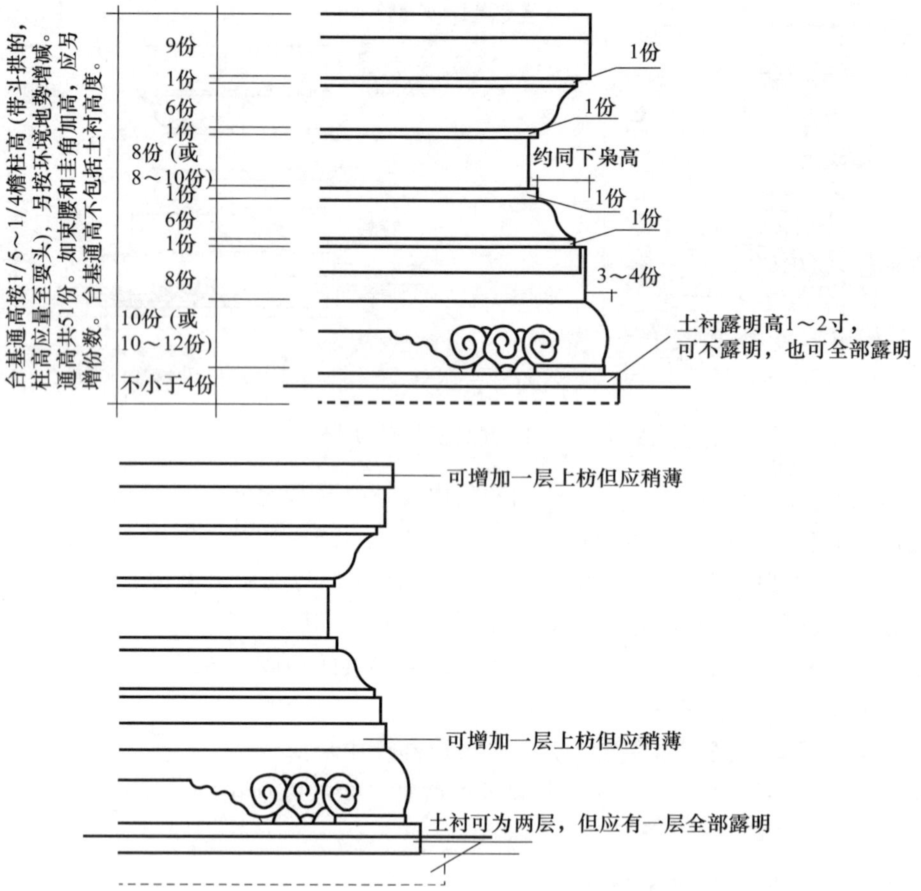

图 1-31　须弥座台基各层高度比例示意图

上、下枋上的雕刻图案以宝相花、番草（卷草）及云龙图案为主（图 1-32）。

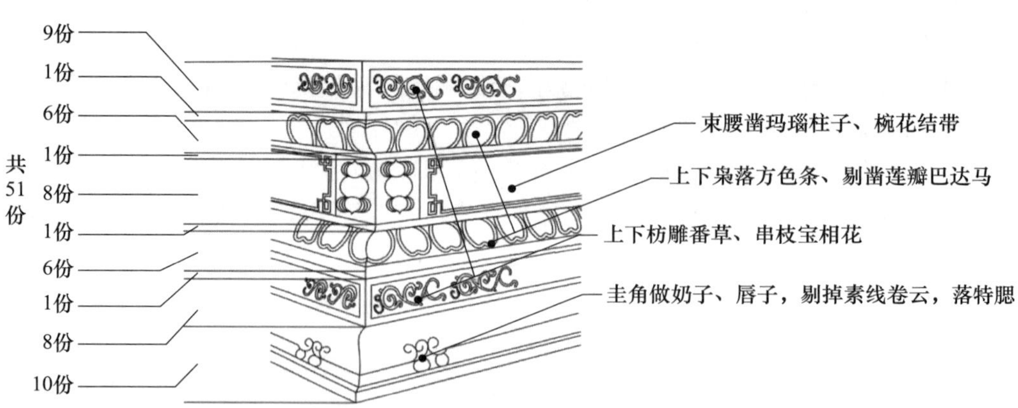

图 1-32　须弥座台基雕刻纹样示意图

项目实训

实训1 计算台基各部分尺度与平面关系

1. 实训目的

了解如何正确计算古建筑台基各部分尺度与平面关系。

2. 实训知识

台基平面上的各部位名称，包括进深、通进深、面阔、通面阔、廊深、下檐出（下出）、山出、里包金、外包金（里、外包金之和为墙厚）、金边（外包金与金边之和为山出或封后檐下出尺寸）、咬中等。

台基各部分尺寸中，进深、面阔和廊深的确定主要依据木架梁檩的长度，但应特别注意加放掰升尺寸，其他部位尺寸则主要依据柱径。所以，当木架的几个主要尺寸确定后，台基各部位的尺寸也就基本上确定了。

台基有关尺寸的基本计算原则包括以下12点。

（1）尺寸从“柱皮”（即里皮或外皮）算起；

（2）里皮尺寸指上身尺寸，下碱如有花碱，尺寸应另加；

（3）下出为2/10柱高；

（4）封后檐下出为后檐墙外皮再加1寸或2寸金边；

（5）山出为山墙外皮再加1寸或2寸金边；

（6）山墙外皮位于自“柱皮”加一个柱径处；

（7）山墙里皮即“穿柱皮”（墙里皮与柱子里皮在同一条直线上）；

（8）后檐墙外皮应自“柱皮”算起，再加不到一个柱径，一般为2/3柱径；

（9）后檐墙里皮即“穿柱皮”；

（10）槛墙外皮即“穿柱皮”或稍大；

（11）槛墙里皮即“穿柱皮”或稍大；

（12）墀头外皮随山墙外皮，里皮加“咬中”1寸。

3. 实训步骤

依据柱径及木架梁檩的长度绘制檐墙、山墙平面图。

步骤1：从柱中开始，按有关规定算出外包金的初步尺寸；

步骤2：加金边，得出山出的初步尺寸；

步骤3：根据外包金的初步尺寸，算出墀头宽的初步尺寸；

步骤4：根据墀头宽的初步尺寸，选择并确定砖料和墀头分缝形式；

步骤5：根据确定的墀头形式，调整、确定墀头宽；

步骤6：确定外包金和山出；

步骤7：根据确定的外包金及砖的规格，调整、确定里包金。

小知识：

1. 台明高度可因地势、功能或群体空间组合的需要有所增减。

2. 如果上出的尺寸超过了步架，下檐出与上檐出的关系应做适当调整，即应遵守“檐不过步”的原则。这时下出可做相应的调整，但调整后的尺寸一般不小于45厘米

（台明外皮至槛墙外皮不小于30厘米）。

3. 如果下出或两山位置的阶条石经常作为交通路线，其宽度可适当调整。如园林中的游廊、亭子的下出，又如台明高超过60厘米的悬山、歇山、庑殿建筑的两山阶条，其露明宽度（不包括墙厚）小于50厘米时，均应适当加大。必要时可加大至与上出相同的尺寸，特殊情况甚至可大于上出尺寸。

4. 根据古建传统，檐柱的柱顶石和山柱的柱顶石多做掰升处理，这样就造成了台基轴线与木构架轴线的差异。这个差异如不便在设计图中表示出来，施工放线时应务必予以调整。就是说，台基的实际轴线要按柱顶石掰升后的轴线定位，而不应按木构架的轴线定位。

5. 要考虑与周围环境及建筑物的关系，必要时应做适当调整。

6. 有特殊功能要求的建筑，应改变墙厚及与之有关的尺寸。如仓房的墙厚，其底宽为1/2檐柱高，上宽按每高1尺收分2寸计算；库房的墙厚按2/5檐柱高（从柱子里皮往里返3寸为墙里皮位置）。

7. 相邻的建筑不但要考虑台基之间的关系，还要考虑屋顶之间的关系，必要时应“腾挪躲闪”。如确定耳房的台基宽度时，如不事先考虑屋顶的情况，就可能发生屋顶相互碰撞或遮挡阳光的现象。

8. 确定里、外包金及山出时，要考虑砖的因素。虽然砖有着不同的规格，同样的规格又有不同的组砌方式，砖的砍净尺寸也可适当变化，但上述这些条件终究有局限性。所以在确定里、外包金（即墙厚）和与之相关的山出、檐进尺寸时，可先求出一个预定尺寸，然后根据这个尺寸及建筑的等级选择砖的规格和组砌方式。选择砖的规格和组砌方式时还要同时考虑到上身与下碱宽度、做法的不同。尺寸不能相符时，细砖者还可在砍净尺寸上再行调整；若仍不能与预定尺寸相符，又不能改变砖的规格与组砌方式时，应改变原预定尺寸。那种认为“规矩”不可变，只能在施工中用打砖或加大灰缝的方法迁就“规矩”的观点是不足取的。

实训2　古建筑施工中平水、定中的实施方法

1. 实训目的

了解古建筑施工中平水、定中的实施方法、步骤。

2. 实训知识

（1）平水

建筑施工之前，须先确定一个高度标准，然后根据这个高度标准决定所有建筑物的标高。这个高度标准，就是古建筑施工中的平水。平水不但决定了整个建筑群的高度，也决定着台基的实际高度，因此平水与台基有着十分密切的关系。

（2）定中

如果说平水决定了古建筑的标高，“定中”则决定着古建筑的方位。古建筑施工中的许多规矩，都要以“中”为本。比如刨槽和放线、砌基础墙要先找中；决定门道位置要先确定全院中轴线到门道面阔中的距离；排瓦当也要先找中。只要是想确定水平方向上的位置，就要先找到中。总之是“万法不离中”。

3. 实训步骤

步骤1：古建筑群在未破土动工之前，会预先在有关轴线的位置上用砖砌成并用灰抹好若干个砖墩，叫作线墩子，中轴线上的线墩子叫中墩子，其余的线墩子叫野墩子。

步骤2：在中墩子的正面分别弹一道水平的墨线、一道与水平方向垂直的线。垂直方向的墨线就是整个建筑群的中轴线，水平方向的墨线就是平水。平水线的高度就是建筑群的正房或正殿的台基高度。

步骤3：确定整个建筑群东南方向上的“沟眼”（排水点）的高度位置。沟眼的最低处应高于院外的自然地坪高度。

步骤4：决定了沟眼最低处的高度后（这个高度也可称为整个建筑群的平水），再根据这个高度逐渐往里增高，越往西北方向应越高。增高的原则是，如果海墁院子是细墁，高度与长度之比应为5∶1000；如果是糙墁院子，高长比应为9∶1000。

步骤5：根据上述原则，确定正房（或正殿）的土衬金边上棱的高度，然后加上正房台基的高度就是平水线的高度。

步骤6：确定了正房（或正殿）台基的高度后，同一建筑群中不同院子的北房的台基高度也应根据越往西北方向越高、越往东南方向越低的原则，先定土衬金边的高度，再加上台基的高度。

步骤7：同一个院落中，耳房比正房矮一“阶”，一“阶”即为阶条石的厚度，东、西配房和南房比正房也矮一阶，门楼台基的高度应与第一层院子中的北房台基高度一致。

小知识：

1. “三步一阶”法

“三步一阶”法是实际中常采用的一种更为简便的平水定位方法。所谓“三步”是指自院外到院内为一步，到南房和东、西房为第二步，再到北房为第三步，步步增高。所谓“一阶”，是指同院落内的正房与其他房屋台基平水相差的高度以及每进院落相差的高度常以阶条石的厚度为单位，具体的“一阶”尺寸，小式建筑为四寸，大式建筑为五寸。

2. “抢阳抢阴”

按照古建筑施工的传统，北房或南房的进深中线不应与建筑群中轴线互相垂直，调整的方法是移动进深中线而不动建筑群中轴线，即“断横不断竖”。南、北房的其他各条中线当然也要随进深中线而做相应的移动，以保持与进深中线的相互垂直或平行。移动后的北房东山墙应向北偏转，即应“抢阳”；南房的东山墙应向南偏转，即应“抢阴”。

实训3　台基的定位放线方法

1. 实训目的

了解古建筑台基的定位放线方法。

2. 实训知识

（1）台基的定位放线之前，平水和中（即标高和轴线）应已定位，面阔、进深、下出、山出、檐进、墙宽、柱顶掰升、灰土压槽等尺寸也应已经确定。

（2）制作木架用的丈杆未包括掰升尺寸，凡檐柱、山柱等应按规矩加放掰升尺寸，若以木架丈杆进行度量，放线时应注意加放。

（3）为了便于基础刨槽，常在面阔和进深“中”确定后，先根据墙宽确定压槽宽，待打完灰土后再确定各点的准确位置。

3. 实训步骤

（1）矩形建筑台基放线

步骤1：根据台基所有尺寸（包括灰土压槽）的总尺寸确定建筑平面的大致位置，并在适当的位置砌筑放线用的“海墙子”或下“龙门桩”、钉“龙门板”（以下以龙门板为例）。龙门板的上皮应保证水平，并应与台基的平水（标高）保持在同一个高度。

步骤2：根据建筑群的“中”确定该建筑的“中”，然后再确定出通面阔和通进深的“中”及各间的面阔、进深“中”，并把这些“中”用小钉钉在龙门板上，并用笔标注清楚。为了确保尺寸的准确性，最好能用统一的丈杆进行度量。

步骤3：以面阔、进深“中”为依据，找出里包金、外包金、山出、下出以及灰土压槽位置，并将各点用小钉钉在龙门板上。

步骤4：上述工作完成后，应认真进行复核，以免出现错误（图1-33）。

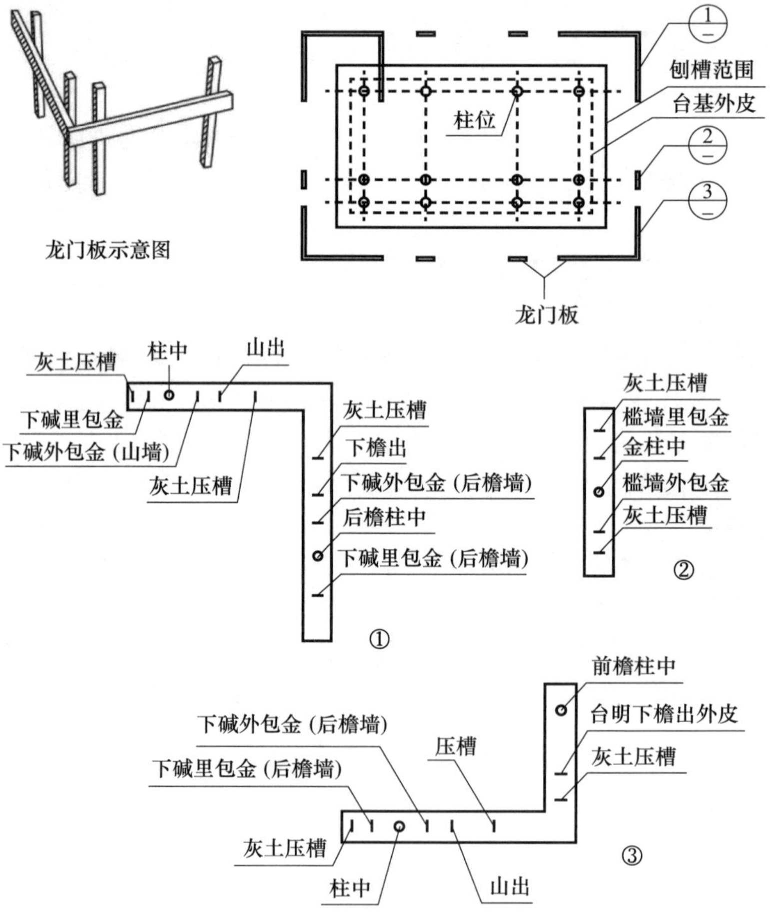

图1-33　矩形建筑台基放线示意图

步骤5：把需要的点用线坠引至灰土表面，随着基础的砌筑，逐次把所需要的点引至基础墙体上，并随之画出标记。

步骤6：根据这些标记，码磉、包砌台明和安装柱顶石，每步完成后均应拉通线与龙门板上的标准点进行复核。

（2）平面为多边形的台基放线

① 六边形台基放线

步骤1：确定中心点；

步骤2：弹出十字线；

步骤3：以十字线为中心，按1∶1.732（$\sqrt{3}$）的比例关系弹出矩形，矩形的短边应等于面阔尺寸，应处于平行建筑正面的位置，如坐北朝南的建筑，短边应为东西走向；

步骤4：以矩形的四角为圆心，以面阔为半径（用丈杆）画圆，找出与十字线的交点，连接相邻各点形成正六边形（图1-34）。

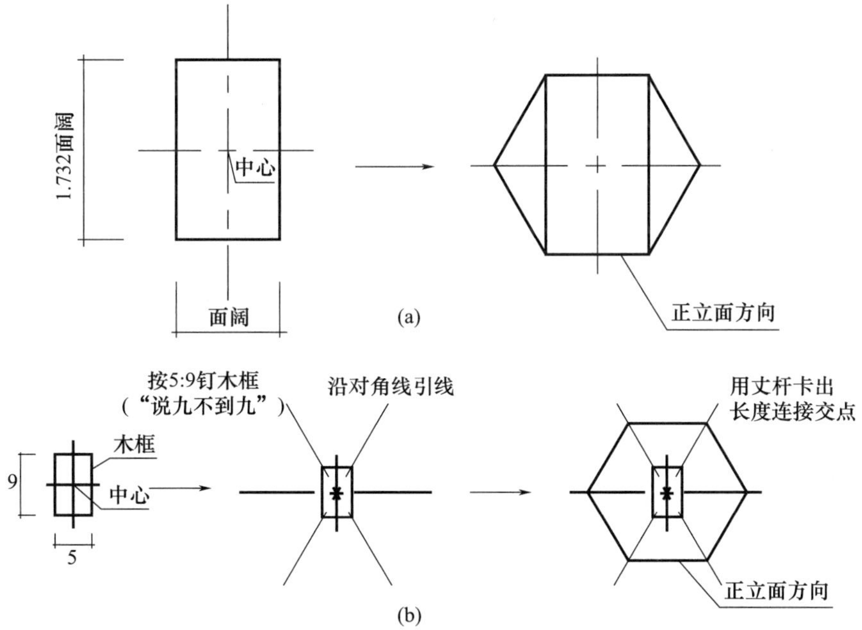

图1-34　六边形台基放线示意图

② 八边形台基定位放线

方法1

步骤1：确定中心点；

步骤2：弹出十字线；

步骤3：以十字线为中心弹出两个矩形，矩形的短边等于面阔尺寸，长边为2.45倍面阔尺寸；

步骤4：将两个矩形连成八边形。

方法2

步骤1：确定中心点；

步骤2：弹出十字线；

步骤3：按进深尺寸在十字线上找出4个交点；

步骤4：过4个交点做4条十字线的垂直平分线，每条线长为进深尺寸的0.414

$(\sqrt{2}-1)$；

步骤 5：将各点连成八边形（图 1-35）。

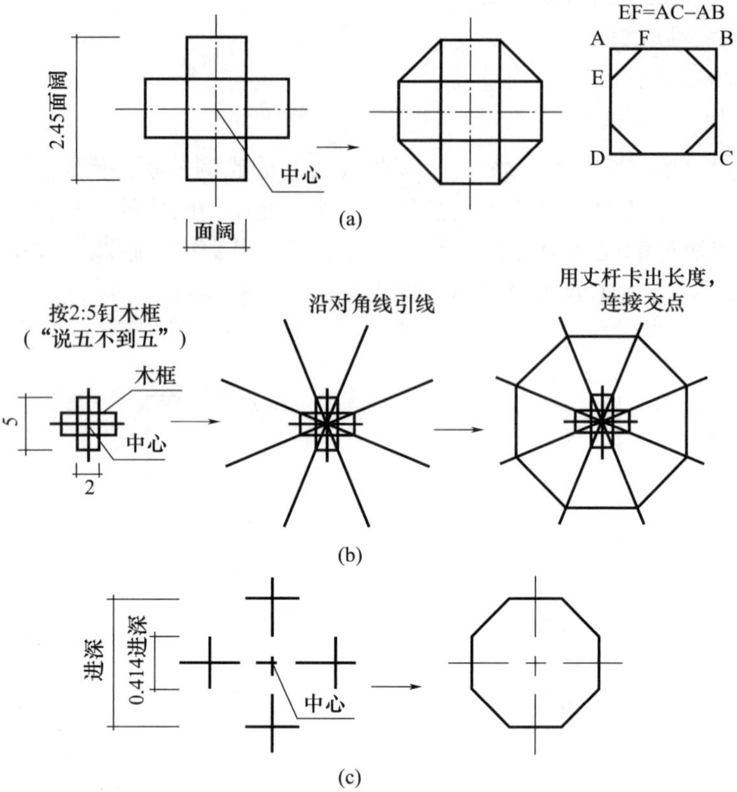

图 1-35　八边形台基放线示意图

③ 五边形台基定位放线

五边形的定位方法有两种：第一种方法的口诀是“一六当中坐，二八两边分”；第二种方法的口诀是“九五顶五九，八五两边分”。

这两种方法大同小异，第二种方法比较精确（图 1-36）。

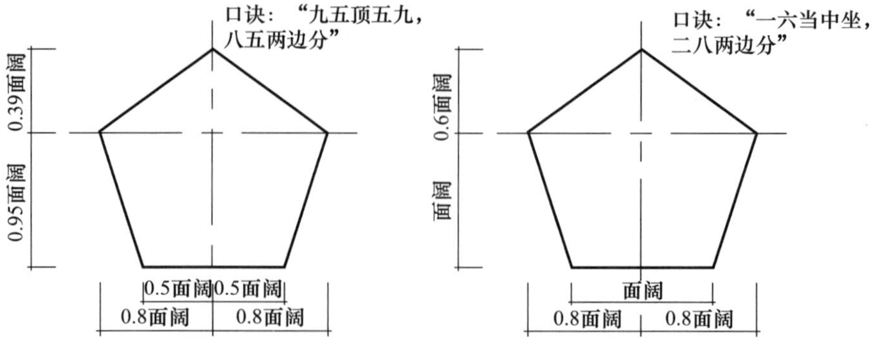

图 1-36　五边形台基放线示意图

④ 圆形建筑的台基放线方法

先定中心点，根据柱子的数目确定柱顶石的位置，如八柱圆亭可按八边形建筑的放线方法确定柱中位置。

思考与巩固练习

一、简答题

1. 简述古建筑台基式样分类；

2. 简述古建筑台基砌筑形式；

3. 简述古建筑台基构件名称。

二、练习题

1. 依据古建筑台基构件名称、权衡尺寸、平面关系与定位原则，绘制平立剖面图；

2. 完成台基的平水、定中实训与台基的定位放线实训。

1.3.4　构造一座古建筑的台阶

台阶是在建筑入口处，不同标高地面之间设置的踏步，俗称“阶脚”。台阶按做法不同，可分成踏跺和礓磜（又作姜磜）两大类。

1. 踏跺

（1）踏跺的式样类型

垂带踏跺：两侧做“垂带”的踏跺，是常见的踏跺形式。

如意踏跺：不带垂带的踏跺，从三面都可上人，是一种简便的做法。

御路踏跺：带御路石的踏跺，仅用于宫殿建筑。

单踏跺：房屋间数较多时，踏跺常对应在三间的位置上。当特指只做一间踏跺时，称为单踏跺。

连三踏跺：房屋的三间门前都做踏跺，且连起来做的，这是垂带踏跺中较讲究的一种做法。

带垂手的踏跺：三间都做踏跺，但每间分着做的。中间的称为“正面踏跺”，两边的称为“垂手踏跺”。带垂手的踏跺仅用于宫殿式建筑中。

抄手踏跺：位于台基或月台两侧面的踏跺。

莲瓣三和莲瓣五：莲瓣三指有3层台阶（不包括阶条石）的垂带踏跺；莲瓣五指有5层台阶的垂带踏跺。

云步踏跺：用未经过加工的石料（一般应为叠山用的石料）仿照自然山石码成的踏跺。云步踏跺多用于园林建筑，故应兼顾实用与观赏的双重功能。

（2）踏跺的组成部分

踏跺石构件组合方式如图1-37所示，踏跺的主要石构件见表1-2。

（3）踏跺的权衡尺寸

踏跺的每一层为一“踩”，有几层就为几踩。在一般情况下，每一踩的习惯厚度为一“阶”，即大式建筑厚5寸、小式建筑厚4寸。踏跺踩数的确定方法至少有3种。

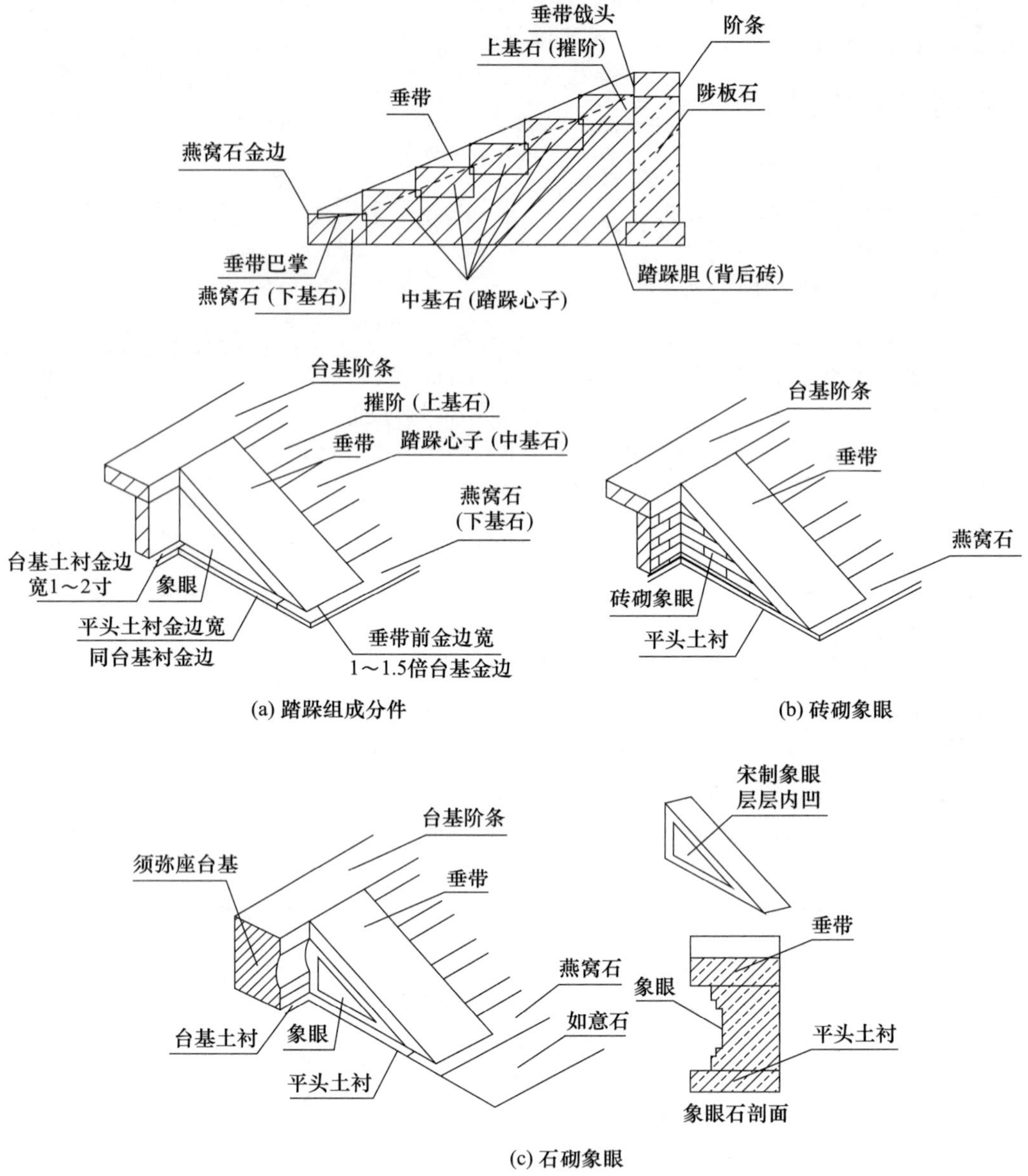

图 1-37　踏跺石构件组合示意图

表 1-2　踏跺石构件组成

名称	解释说明
燕窝石	垂带踏跺的第一层，又称“燕窝头”。台阶石活可通常称为“基石”，因此燕窝石又称为“下基石”。燕窝石与垂带交接处要按垂带形状凿出一个浅窝，称为“垂带窝”或“燕窝”
上基石	台阶最上面的一层。由于紧靠阶条石，因此俗称“摧阶”
中基石	上基石与燕窝石之间的都称中基石，俗称“踏跺心子”
如意石	宫殿建筑的台阶燕窝石前，常再放置一块与燕窝石同长的石构件，称为如意石。如意石应与室外地面高度相同

续表

名称	解释说明
平头土衬	台阶的土衬石，放在台基土衬和台阶燕窝石之间。平头土衬的露明高度及金边宽度应与台基土衬相同
垂带	位于踏跺两侧，垂带与阶条石（或上枋）相交的斜面称为“垂头”，垂带下端与燕窝石相交的斜面称为“垂带巴掌”。垂带的规格形状应通过放大样来决定。先在地上弹出踏跺的高度、进深及阶条（或上枋），然后画出垂带的侧面形状，并依此样制作出样板
象眼	垂带之下的三角形部分为象眼，用石料做成的称象眼石。象眼与垂带可由一块石料联办而成
御路石	放在御路踏跺的中间，将踏跺分成两部分。御路石的表面应做雕刻，雕刻的图案多为龙凤图案，如云龙、海水龙、龙凤呈祥等

第一种方法：在一般情况下，踏跺的燕窝石的水平高度是与台基土衬石的高度相同的。可用台高（台基土衬上皮至阶条石上皮之间的距离）除以阶条石（或须弥座上枋）的厚度，得数即为台阶的层数（包括燕窝石），如果阶条石（或须弥座）较厚，也可用台明高除以“一阶”（大式5寸、小式4寸），得数即为台阶的层数。当不能整除时，应适当调整厚度，但必须小于阶条石或须弥座上枋的厚度，直至得出的层数是整数为止。

如果在计算台阶层数的时候尚未最后确定台明的高度，也可适当调整台明的高度，以使台阶的层数能排出“好活”。

第二种方法：在台基没有土衬石或台阶没有平头土衬的情况下，可用台明高除以阶条石厚度或“一阶”，得数即为台阶的层数（包括燕窝石），未除尽的余数即为燕窝石的露明高度。

第三种方法：如意踏跺层数的确定与第一层的做法有很大关系，当第一层仅部分露出地面时，层数的确定方法为用台明高除以阶条石厚，得数即为台阶的层数（包括第一层），未除尽的余数为第一层露出地面的高度。

此外，如意踏跺第一层的另一种做法是全部露出地面。在这种情况下，可用台明高度减去阶条石厚，用得数除以阶条石厚（或“一阶”），得数即为台阶的层数。如不能整除时，应调整每层的厚度，直至能够除尽，得出整数为止。

2. 礓𥔲

礓𥔲又称马尾礓𥔲，其特点是剖面呈锯齿形。礓𥔲台阶既可供人行走，又便于车辆行驶，因此多用于车辆经常出入的地方，如官门、府门、过街牌楼等处。

与踏跺相同，礓𥔲也可分为“单礓𥔲”“连三礓𥔲”“抄手礓𥔲”等。礓𥔲还可以与踏跺混用，如“连三踏跺”中，中间的一间做成礓𥔲，两边做成踏跺。这种台阶既有富于变化的造型，又便于使用，可供车辆出入。

礓𥔲一般不用御路，但必须用垂带。“连三礓𥔲”应以垂带相分隔。

礓𥔲前的燕窝石有两种做法，一种与踏跺前的燕窝石做法相同，即应做出垂带窝来；另一种是不做垂带窝，整块石料完全露在垂带和礓𥔲外面，燕窝石的里皮与垂带及礓𥔲相邻。讲究的做法是在燕窝石的外面再放置一块如意石。礓𥔲石所用的每块石料长度不拘、宽度不限，但每路礓𥔲的宽度应相同（图1-38）。

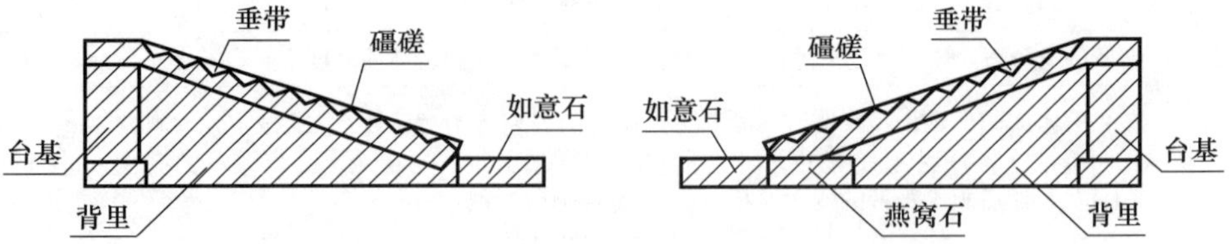

(a) 无燕窝石　　(b) 有燕窝石

图 1-38　礓礤剖面示意图

1.3.5　构造一座古建筑的栏杆

栏杆

梁思成先生在《中国建筑艺术图集》中对古建筑栏杆定义如下："栏杆是台、楼、廊、梯，或其他居高临下处的建筑物边沿上防止人物下坠的障碍物；其通常高度约合人身之半。栏杆在建筑上本身无所荷载，其功用为阻止人物前进或下坠，却以不遮挡前面景物为限，故其结构通常都很单薄，玲珑巧制、镂空剔透的居多。"

在宋代《营造法式》中初次明确了栏杆的构件比例。《营造法式》卷三，造勾阑之制如下：

"（重台勾阑）每段高四尺，长七尺。寻杖下用云栱瘿项，次用盆唇，中用束腰，下施地栿。其盆唇之下，束腰之上，内作剔地起突华版；束腰之下，地楸之上，亦如之。单勾阑，每段高三尺五寸，长六尺。上用寻杖，中用盆唇，下用地栿。其盆唇地栿之内作万字（或透空或不透空），或作压地隐起诸华（如寻杖远，皆于每间当中施单托神或相背双托神）。若施之于慢道，皆随其拽脚，令斜高与正勾阑身齐。其名件广厚皆以勾阑每尺之高积而为法。"

关于清式勾阑，梁思成先生的《营造算例》第七章第七节也有规定的比例，但远不如宋式的严格：

"（长身地袱）长按空当并面阔进深……宽按栏板厚二分。高同栏板厚。

（长身柱子）明高按台基明高二十分之十九。下榫长按见方十分之三。见方按明高十一分之二。柱头长按见方二份。如殿宇台基月台安做，高按阶条上皮至平板枋上皮高四分之一即是。

（长身栏板）长按柱明高十分之十一为明长，外加两头榫各长按本身高二十分之一。明高按柱子明高九分之五，下面加榫同两头，厚按明高二十五分之六。"

对比宋、清两式勾阑，宋式比较纤细［图 1-39（a）（b）］，而清式比较肥硕［图 1-39（c）］。

1. 古建筑石栏杆的式样类型

（1）寻杖栏杆：也称禅杖栏杆，其特点是在栏板上半部分按照一定比例掏空，余留部分雕凿一些花饰。在台基、桥梁、楼阁等需要加以拦护的位置上这种式样均比较常见。

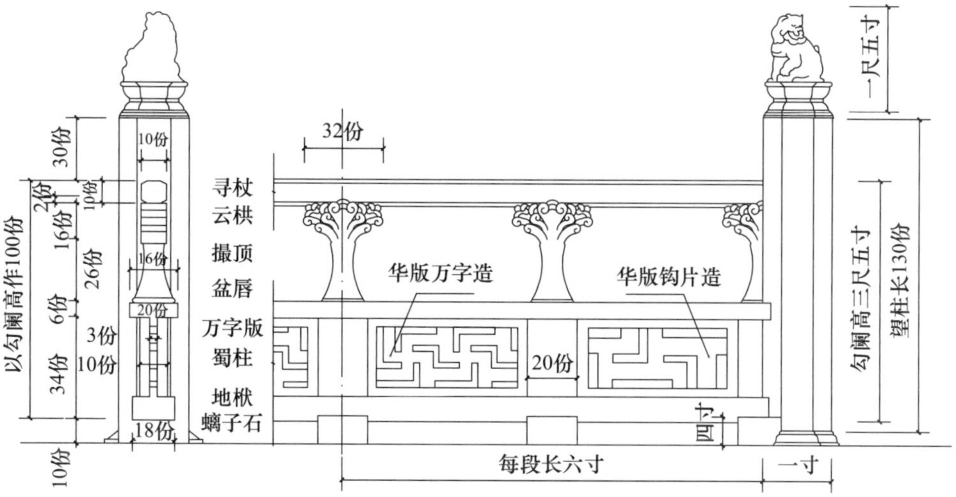

(a) 宋式单勾阑

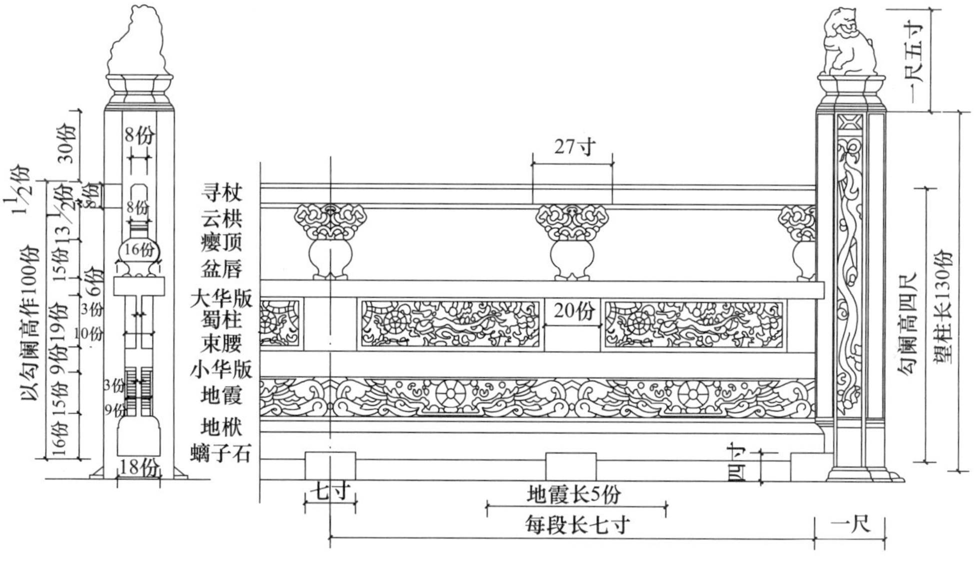

(b) 宋式重台勾阑

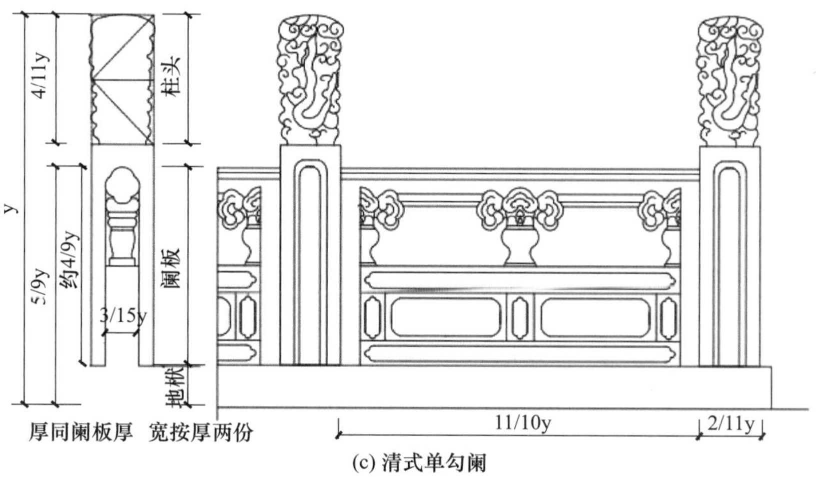

(c) 清式单勾阑

图 1-39　宋式、清式勾阑示意图

（2）栏板式栏杆：即只有望柱及柱间栏板而不用寻杖、宝瓶等物，栏板有的雕透空的花纹为卍字、卷草等，玲珑华丽；有的不透空雕刻龙、云、故事等；有的栏板则是光平无华；也有的在栏杆上下加横枋的（栏板雕花、上下枋光素），也很别致可爱。

（3）欞子式栏杆：这种栏杆只有望柱及立柱（欞子）而不用栏板，也觉得大方不俗。

（4）罗汉栏板：只有栏板而不用望柱的石栏杆叫罗汉栏板，这种式样常用在园林公园的石桥上。栏板两端并用抱鼓石，此种栏板颇为素雅而有园林氛围。

（5）石坐凳栏杆：在花园里或山中，庙内常用长石条搁在石墩子上或矮石柱侧，作为矮栏杆，可坐着休息及闲眺。此种栏杆在园林内常见。

2. 古建筑石栏杆的组成部分

以常见的寻杖栏杆为例，将各部位名称及比例关系、尺寸分述如下。

石栏杆由地栿、栏板和望柱组成。台阶上的栏杆由地栿、栏板、望柱（柱子）和抱鼓组成。栏板、柱子等位于垂带之上，故称为“垂带上栏杆”，分别有“垂带上柱子”“垂带上栏板”和“垂带上地栿”，也称“斜柱子”“斜栏板”和“斜地栿”。台基上的栏杆与垂带上的栏杆相应称为“长身柱子”“长身栏板”和“长身地栿”（图 1-40）。

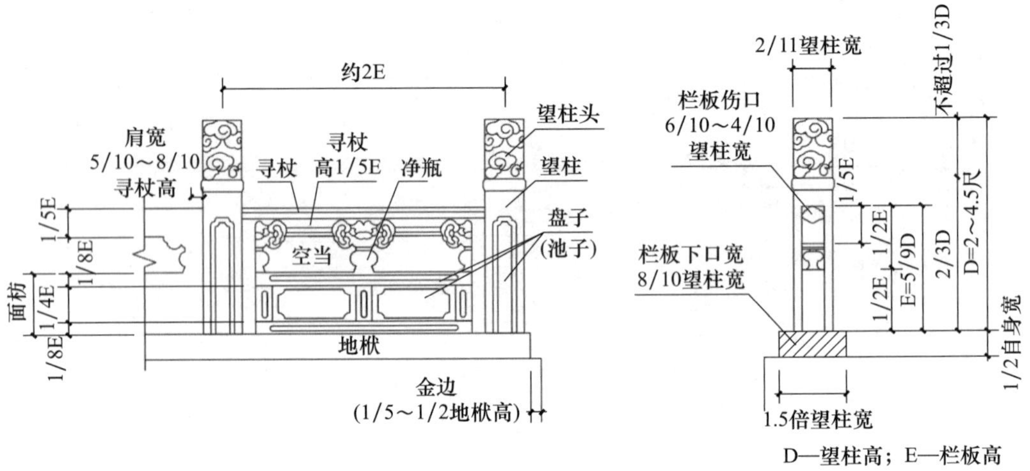

图 1-40　栏杆石构件组合示意图

（1）地栿

地栿是栏板的首层。地栿的上面须按望柱和栏板的宽度凿出一道浅槽来，即“落槽”，落出的槽又称“仔口”。槽内还应凿出栏板和柱子的榫窝。长身地栿的底面应凿出“过水沟”，以利流泻台基上的雨水。过水沟的位置应在望柱之间。在实际操作中，仔口、榫窝及过水沟可留待安装时再凿打。地栿的位置应比台基阶条石（或须弥座的上枋）退进一些，退进的部分叫“台基金边”或“上枋金边”，金边宽度约为 1/2～1/5 地栿厚。

（2）望柱

俗称柱子。柱子可分为柱头和柱身两部分。柱身的形状比较简单，一般只落两层“盘子”，又称“池子”。柱头的形式种类较多，常见的官式做法有莲瓣头、复莲头、石榴头、二十四气头、叠落云手、水纹头、素方头、仙人头、龙凤头、狮子头、马尾头（麻叶头）、八不蹭等。

地方风格的柱头更是丰富多变，如各种水果、各种动物、文房四宝、琴棋书画、人物故事等。选用柱头时应注意以下两点：

① 在同一座建筑上，地方风格的柱头可采用多种式样，而官式建筑的柱头一般只采用一种式样；

② 选择柱头式样时应注意与建筑环境的配合，如重要宫殿应采用龙头，与自然有关的（如地坛、天坛等），可采用二十四气头（取二十四个节气之意）。

柱子的底面要凿出棒头，柱子的两个侧面要落栏板槽，槽内要按栏板槽的位置凿出榫窝。在一般情况下，望柱的高度应比台基的高度略低，但台基超过 1.5m 或低于 0.18m 时，可不受此限制。多层须弥座的各层望柱高度一般均应与最上层的望柱高度相同。长身柱子的总块数应为双数，具体数量需结合栏板尺寸核算。

（3）栏板

栏板位于望柱与望柱之间，从侧面看，上窄下宽。

栏板的式样可分为禅杖栏板和罗汉栏板两大类。禅杖栏板也称寻杖栏板，按其雕刻式样又可分为透瓶栏板和束莲栏板。

在各种式样的栏板中，禅杖栏板较为常见，禅杖栏板中又以透瓶栏板最为常见。透瓶栏板由禅杖（寻杖）、净瓶和面枋组成。禅杖上要起鼓线。净瓶一般为 3 个，但两端的只凿做一半。垂带上栏板或某些拐角处的栏板，净瓶可为两个，每个都凿成半个的形式。净瓶部分一般为净瓶荷叶或净瓶云子，有时也改做其他图案，如牡丹、宝相花等，但外形轮廓不应改变。面枋上一般只“落盘子”，或称为“合子”。极讲究的做法，也可雕刻图案，在“合子”中雕刻者称为“做合子心”。

栏板的两头和底面要凿出石榫，安装在柱子和地栿上的榫窝内。

（4）垂带上栏杆

垂带上栏杆的尺寸应以长身柱子、长身栏板和长身地栿的尺寸为基础，根据块数核算出长度，再根据垂带的坡度，求出准确的规格。垂带上柱子的顶部与长身柱子做法相同，但底部应随垂带地栿做成斜面。

垂带上地栿的两端称为“垂头地栿”。上下两端的做法各不相同，上端称为“台基上垂头地袱”，下端称为“踏跺上垂头地袱”，踏跺上垂头地栿应比垂带退进一些，称为“地栿前垂带金边”，其宽度为台基上地栿金边的 1～2 倍，踏跺上垂头地袱之上的抱鼓退进的部分称为“垂头地栿金边”，其宽度为地栿本身宽度的 1～1.5 倍（图 1-41）。

垂带地袱可与垂带“联办”，甚至可与垂带下的象眼“联办”。

抱鼓位于垂带上栏板柱子的下方。抱鼓的太鼓内一般仅做简单的“云头素线”，但如果栏板的合子心内做了雕刻，抱鼓上也可雕刻相同题材的图案花饰。抱鼓的尽端形状多为麻叶头和角背头两种式样。抱鼓石的内侧面和底面要凿做石榫，安装在柱子和地栿的榫窝内。

1.3.6 构造一座古建筑的地面

1. 夯土地面做法

我国古代的夯土技术始于原始社会晚期，在奴隶社会时期获得了很大的发展，春秋时期已达到成熟阶段。据考古挖掘发现，河南汤阴县白营遗址圆屋地面就是采用夯筑的做法，夯土密实坚硬，这是目前所知最早的夯土地面实例。

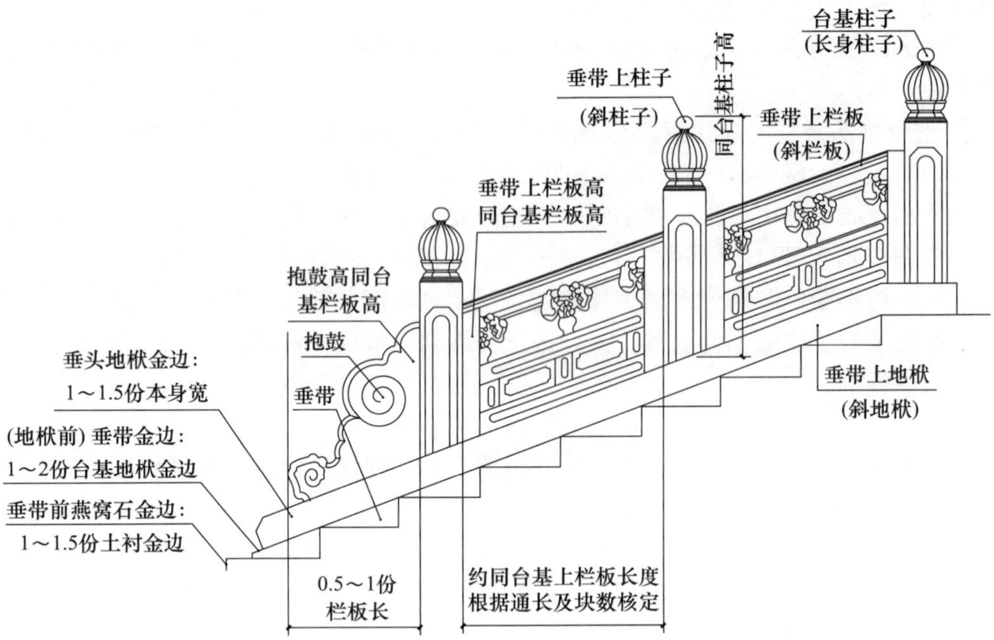

图 1-41　垂带上栏杆构造示意图

后来由于砖的出现，铺砖地面被广泛推广使用，夯土地面逐渐减少，但在做法简单的建筑中仍继续沿用。至今，夯土地面已不多见。

2. 砖铺地面做法

我国西周时期已有了铺砖地面，早期铺地砖都是异型砖。秦汉以后普遍应用方砖和条砖铺地。为了保证铺地的质量，古人常在方砖、条砖的外形上稍加处理。如考古挖掘发现，临潼区秦俑坑长廊内的铺地条砖的两端横断面略呈楔形，两砖相连，互相咬结，使砖铺地面十分牢固。古人还常在砖的背面刻下绳纹、文字、整个手印等各种纹样，这些都在构造上使铺地砖与基层有机结合，从而更好地保证了砖铺地面的质量。随着磨砖技术的出现和石灰被选作为建筑的胶结材料后，砖铺地面的质量有了很大的提高。到了唐宋，铺砖技术更加成熟。宋代《营造法式》对砖铺地面做法进行了规定，书中“卷十五”载：“铺砌殿堂等地面砖之制，用方砖，先以两砖面相合，磨令平，次斫四边，以曲尺较令方正，其四侧斫，令下棱收入一分”。这种砖铺地面的做法直到明清仍在沿用。明清建筑中的铺地工程已普遍采用白灰作为胶结材料。

用砖铺砌地面称为“墁地”，做法主要有以下几种。

（1）细墁地面

细墁地面多用于大式或小式建筑的室内，做法讲究的宅院或宫殿建筑的室外地面也可用细墁做法，但一般限于甬路、散水等主要部位，极讲究的做法才全部采用细墁做法。

细墁地面的做法特点是，砖料经过砍磨加工，加工后的砖规格统一准确、棱角完整挺直、表面平整光洁；地面砖的灰缝很细，表面经桐油浸泡；地面平整、细致、洁净、美观，坚固耐用。

(2) 淌白地面

淌白地面可视为细墁地面做法中的简易做法。

淌白地面的主要特点是墁地所用的砖料仅要求达到“干过肋”，不磨面；或者砖料只磨面但不过肋。总之，淌白地面的砖料的砍磨程度不如细墁地面用料那么精细，墁地的操作程序可与细墁地做法相同，也可稍微简化一些（如不揭趟），墁好后的外观效果与细墁地面相似。

(3) 糙墁地面

糙墁地面多用于一般建筑的室外地面，在做法简单的建筑及地方建筑中也用于室内地面。大式建筑中，多用城砖或方砖糙墁，小式建筑中多用方砖糙墁。普通民宅建筑中可用四丁砖、开条砖等条砖糙墁。

糙墁地面的做法特点是，砖料不需砍磨加工，地面砖的接缝较宽，砖与砖相邻处的高低差和地面的平整度都不如细墁地面那样讲究，相比之下，显得粗糙一些。

(4) 金砖墁地

金砖地面可视为细墁做法中的高级做法，其砖料应使用金砖，做法也更加讲究，多用于重要宫殿建筑的室内地面。

3. 石铺地面做法

(1) 仿方砖的石板铺地

将石料做成与方砖形状、规格相仿的石砖铺地，是以石代砖的一种地面做法。这种做法主要用于重要宫殿建筑的室内或檐廊地面，在室外多用于主建筑的路面、主入口处等部位，以示庄重。仿方砖的石板多为青白石，以颜色与质感近似方砖者为宜。其做法与细墁地面大致相同，但不刹趟、不墁水活，也不钻油。重要的宫殿建筑室内地面可采用花石板（俗称“五音石”）做法，花石板地面的表面可做烫蜡处理。

石板地须用硬基础，一般常在基础面铺设一定厚度的砂子，使石板地均衡受力。

(2) 海墁条石地面

以规格的条石做成的海墁地面。海墁条石的表面多以刷道或砸花锤交活，一般不剁斧或磨光，以起到防滑作用。

(3) 虎皮石铺地

适用于面积不大的平台或不规则的路面，多用于园林中，其艺术效果自然朴实。

(4) 鹅卵石铺地

用多种石色、形状大小不等的鹅卵石拼成各种图案铺成，主要用于园林内的路面。

项目实训

实训1 细墁地面技法实操

1. 实训目的

了解古建筑地面做法中室内细墁地面技法操作步骤、技术要点。

2. 实训原理

室内细墁地面一般都使用方砖。小式建筑的室外细墁地面多使用方砖，大式建筑的室外细墁地面除用方砖外，还常使用城砖。按照规格的不同，有“尺二细地”“尺四细地”等不同做法。

墁室内地面时，应将中间一趟砖安排在室内正中。砖的趟数应为单数，如有“破活”必须打砖时，应安排到里面和两端，门口附近必须见整活。

房屋周围的散水，其宽度应根据出檐的远近或建筑物的体量大小决定，从屋檐流下的水要保证能砸在散水上。散水要有泛水，即所谓“拿栽头”。里口应与台明的土衬石找平，外口应按室外海墁地面找平。由于土衬石为水平的，而室外地面并不水平，因此散水的里、外两条线不是在同一个平面内，即散水两端的栽头大小不同。

甬路一般用方砖铺墁，为单数列，如一趟、三趟、五趟、七趟、九趟等。甬路的宽窄按其所处位置的重要性来决定，最重要的甬路砖的趟数应最多，小式建筑的甬路一般不超过 5 趟。甬路一般应有泛水，即中间高、两边低，散水应更低，外侧与海墁地面同高。大式建筑的甬路，牙子可用石活，交叉和转角部位以十字缝为主。小式甬路多为“筛子底”和“龟背锦”做法，一般不用十字缝做法（图 1-42）。

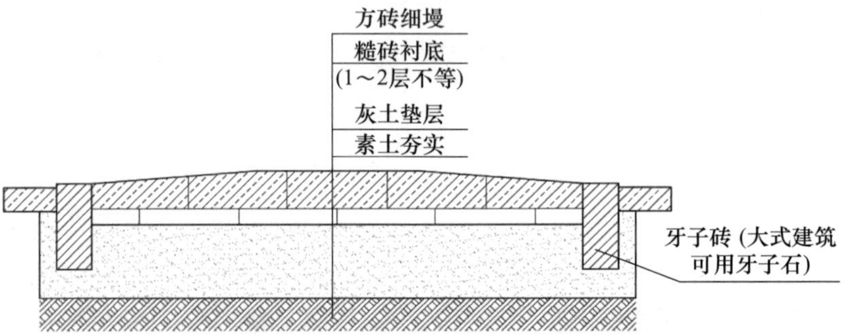

图 1-42　方砖甬路剖面示意图

室外墁地的先后顺序为先砸散水，再冲甬路，最后才做海墁。其中海墁地面应考虑到全院的排水问题。

方砖甬路和海墁的关系有“竖墁甬路横墁地”之说，即甬路砖的通缝一般应与甬路平行，而海墁砖的通缝应与甬路互相垂直。排砖应从甬路开始，如有“破活”，应安排到院内最不显眼的地方。

3. 实训操作

步骤 1：垫层处理。普通砖墁地面可用素土或灰土夯实作为垫层，大式建筑地面的垫层比较讲究，至少要用几步灰土作为垫层，重要的宫殿建筑地面常以墁砖的方式作为垫层。

步骤 2：按设计标高找平。

步骤 3：冲趟。在两端拴好曳线并各墁一趟砖即为“冲趟”，室内方砖地面应在正中再冲一趟砖。

步骤 4：样趟。在两道曳线间拴一道卧线，以卧线为标准铺泥墁砖。

步骤 5：揭趟。将墁好的砖揭下来，必要时可逐一打号，以便对号入座，泥的低洼之处可做必要的补垫，然后在泥上泼洒白灰浆。

步骤 6：浇浆。浇浆时要从每块砖的右手位置，沿对角线向左上方浇。

步骤 7：上缝。用木剑在砖的里口砖棱处抹上油灰（即“挂油灰”）。

步骤8：铲齿缝。又叫墁干活，用竹片将表面多余的油灰铲掉即“起油灰”，然后用磨头将砖与砖之间凸起的部分（相邻砖高低差）磨平。

步骤9：刹趟。以卧线为标准，检查砖棱，如有多出，要用磨头磨平。

每一行墁砖都需重复以上操作，全部墁好后，还要做以下工作。

步骤10：打点。砖面上如有残缺或砂眼，要用砖药打点齐整。

步骤11：墁水活并擦净。将地面凸凹不平处用磨头沾水磨平，磨平之后应将地面全部沾水揉磨一遍，最后擦拭干净。

步骤12：钻生。钻生即钻生桐油，如果条件有限可用麻刷蘸油仅将地面刷抹一面，称为“刷生”。宫殿建筑细墁地面可采用“钻生泼墨”做法，极讲究的细墁地面采用“使灰钻油”做法。

小知识：

1. 金砖墁地的操作方法与细墁地面的不同之处

（1）金砖墁地一般不用泥，而用干砂或纯白灰；

（2）金砖墁地，如果用干砂铺墁，每行刹趟后要用灰“抹线”，即用灰把砂层封住，使其不外流；

（3）金砖墁地，将钻生改为“钻生泼墨”做法，在泼墨后也可以不钻生而直接烫蜡。

2. 糙墁地的操作方法与细墁地面的不同之处

（1）糙墁地面所用的砖是未经加工的砖；

（2）糙墁地不抹油灰、不揭趟（称为“坐浆墁”）、不刹趟、不墁水活，也不钻生，最后用白灰将砖缝守严扫净。

实训2　焦渣铺地技法实操

1. 实训目的

了解古建筑地面做法中焦渣铺地技法操作步骤、技术要点。

2. 实训知识

焦渣须过筛，筛出的细焦渣用于面层，搅拌均匀后放置3天以上才能使用，以防生灰起拱。

焦渣灰可用泼灰与焦渣拌和，也可用生石灰浆与焦渣拌和，但生石灰浆经沉淀后也必须过细筛再用，以免石灰块混入焦渣灰内，底层用1∶4白灰焦渣，面层用1∶3白灰焦渣。

3. 实训步骤

步骤1：素土或灰土垫层按设计标高找平后夯实。

步骤2：将地面浇湿。

步骤3：铺底层焦渣灰，厚8～10厘米，铺平后用木拍子反复拍打，直至将焦渣拍打坚实，高出的局部应拍打平整。

步骤4：采用“随打随抹”做法的，不需再抹面层，而应在此基础上继续将表面打平，低洼处可做必要的补抹，趁表面浆汁充足时用铁拍子反复揉轧，并顺势将表面轧光，局部糙麻之处可撒一些焦渣浆，在适当的时候再用铁抹子反复赶轧3～4次，直至表面达到坚实、光顺、无糙麻现象为止。

采用抹面层做法的，应抹一层细焦渣灰，厚度以刚能把地面找平为宜，一般不超过1～2 厘米，先用木抹子抹一遍，然后用平尺板刮一遍，低洼之处用灰补平。

步骤 5：在焦渣灰干至七成时进行赶轧。

小知识：

做焦渣地面时需要进行必要的养护，地面要经常洒水，保持湿润，3 天之内地面不能行走，15 天之内不能用硬物磨蹭地面。

思考与巩固练习

一、简答题

1. 简述古建筑地面做法的种类；

2. 简述古建筑地面的一般施工程序。

二、练习题

1. 依据古建筑砖铺地面构成及权衡尺寸绘制平面图；

2. 完成细墁地面实训与焦渣铺地实训。

任务1.4　构造一座古建筑的墙体部分

任务要求

1. 知识目标：能够理解并记忆古建筑墙体的种类、规格、功能及其各自的工艺特征。

2. 能力目标：能够依据古建筑墙体的功能及工艺特征辨别其种类、规格。

3. 重点难点：重点——古建筑墙体名词解释；
　　　　　　难点——古建筑墙体砌筑形式。

4. 思政目标：在理论学习中把握建筑历史文脉，在实训操作过程中严格遵守实训室管理规章制度，培养吃苦耐劳、态度严谨、爱岗敬业、团队合作、勇于创新的职业素养。

知识准备

我国古代建筑的墙壁并不承重，只是起到分隔内外和加强整体建筑物刚性的作用。从所用材料来说，墙壁可分为土墙、砖墙、木壁墙等，其中以砖墙最多。古代建筑墙壁因做法不同，或做法近似而位置不同，或做法近似但功能不同等原因产生了许多不同的名称（表1-3、图1-43）。

墙体

表1-3　墙体位置分类

名称	解释说明
山墙	处于桁檩端头下方位置，属于房屋两侧的围护墙
檐墙	是处于檐檩下的围护墙。后檐位置的为后檐墙，前檐位置的为前檐墙；露出椽子的，称“老檐出”或“露檐出”；不露出椽子的，称“封护檐”或“封后檐”
槛墙	是窗户隔扇之下的墙
廊墙	处于廊子部位，指内墙这一侧。廊墙上身做落膛墙心装饰者，称廊心墙
囚门子	指木构架为排山柱做法的山墙内侧部分，并且做成落膛墙心装饰者
夹山	又称为隔断墙或截断墙，是与山墙平行的内墙
扇面墙	又称金内扇面墙，泛指金柱间的墙体，主要指前、后檐方向上的金柱之间的墙体
院墙	是院落的界墙
卡子墙	两栋房屋之间距离较近，有一段墙卡在两房之间，这段墙就叫作卡子墙。卡子墙常作为院墙使用

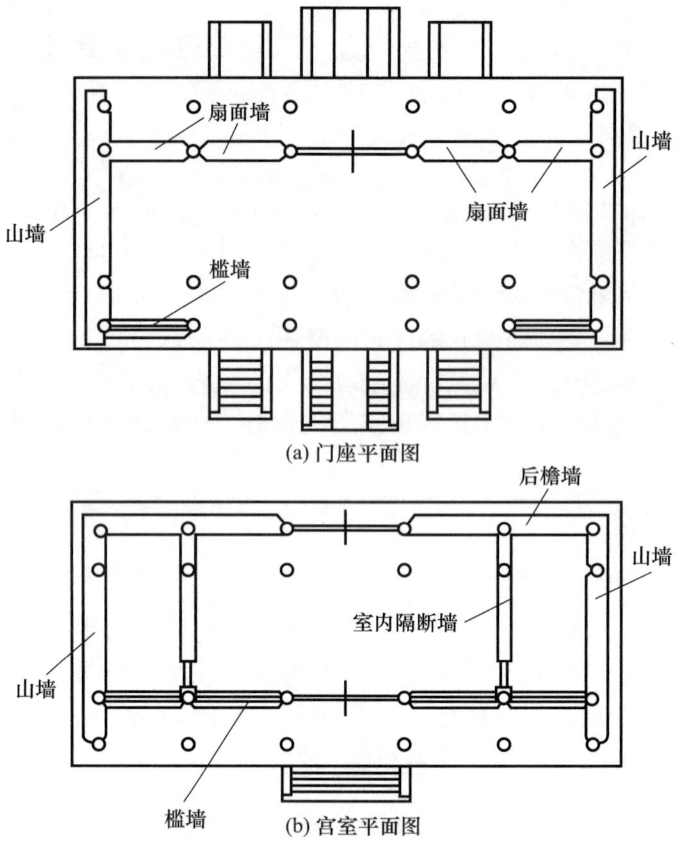

图 1-43　墙体位置分类示意图

1.4.1　古建筑土制墙体

土墙主要有夯土墙和土坯墙两种类型。

1. 夯土墙

我国古代就实体墙的发展而言，最早且最普遍的要数夯土墙。古代夯土技术始于原始社会晚期，在奴隶社会时期获得了巨大的发展，春秋时期已经达到成熟阶段，从商代开始出现了版筑夯土城墙，殷商时代无论宫室还是墓葬常用版筑来修建，战国时期也有许多城墙是版筑的，燕下都的版筑城墙如今还留存着。此后到元代，绝大多数的城墙仅在底部用砖包砌一段砖墙，其他部位仍为夯土墙，直至明代才开始出现用砖包砌夯土的砖砌城墙。著名的万里长城虽在明代多改为砖石垒砌，但是城墙内部仍为夯土墙，河南郑州和河北藁城台西的商代建筑遗址的土墙，是我们现知居住建筑中采用夯土墙的较早的实例。

夯土墙的做法直到今天仍在我国部分地区沿用。夯土墙常用材料主要是自然土壤，这可以说是“就地取材”，在夯筑墙的附近挖出土来，只要稍加些水，有潮气即可。但是有风化砂石的土不能用，因为使用这种土的墙体夯筑好后，经过一段时间，砂石块将会风化破碎，导致墙体毁裂。考古挖掘发现，西汉长安城是用纯黄土夯筑的，至今仍未大坏；后世逐渐使用灰土、三合土夯筑。

2. 土坯墙

据已知的考古发掘资料，最早的土坯墙见于河南省周口市淮阳区平粮台龙山文化遗址中，圆屋内壁是用土坯错缝陡砌，土坯间用黄泥浆黏结。奴隶社会时期，土坯被广泛应用，之后开始用土坯砌筑城墙、建造房屋。汉代土坯墙称为“土墼墙”，颜师古云：“墼者，抑泥土为之，令其坚基也”；《后汉书·酷吏列传》载：“纡廉洁无资，常筑墼以自给”；《旧唐书·李光弼传》载：“躬率士卒百姓于城外掘壕以自固，作墼数十万”。敦煌等处汉代土墼的亭障遗物现存较多。甘肃金塔县土墼修建的汉长城烽火台仍保存到现在，烽火台土墼长 35 厘米、宽 30 厘米、厚 18 厘米。在河南巩县出土的西汉土墼形状宽厚。从唐到宋，土坯墙一直在沿用；元代应用土坯墙非常广泛，如北京护国寺土坯殿、敦煌土坯塔等都是典型的实例。明清两代用土坯墙就更普遍了，有很多土坯墙建筑完整地保存至今，我国部分地区至今仍在沿用土坯墙技术。

(1) 土坯砌墙主要有 3 种砌法，包括立砌，即砌墙时将土坯立摆；平砌，即将土坯平摆砌筑；一立一平，即立摆一层土坯后再平摆一层土坯，是比较常用的砌法。

土坯墙主要有 5 种类型：

① 全土坯墙，即一堵墙里外上下全部用土坯砌筑；

② 土坯填心墙，即在一堵墙内，上下四面都用砖砌，只用土坯填心，也称填充壁；

③ 土坯空心墙，即在墙之内用土坯砌筑，全部做空心横砌；

④ 半土坯墙，即在一堵墙壁上，下半部分全用夯土墙，上半部分全用土坯砌筑，也称为“金镶玉”；

⑤ 土坯与砖混合墙，即在土坯墙上部分用砖包边或者是砖包皮，中间为土坯。

各种墙壁的厚度根据需要决定，砌筑土坯墙时一般用素泥，但泥内也可适当掺加白灰。

1.4.2　古建筑砖制墙体

砖墙一般指用条砖垒砌的墙身。从汉代开始，条砖被广泛应用，砖的规格逐渐趋向统一化。条砖的出现应与土坯制造工艺发展有关，故砖墙的出现应在土坯墙之后，但是完全使用条砖垒砌建筑物墙身的做法出现的时间却很晚。在明代以前，砖墙多数用于包砌，以保护夯土墙。除砖塔、砖顶结构建筑物的墙身全为砖砌以外，木构建筑中的墙体完全用砖垒砌大约是从明代初期开始的，至明中期以后才比较普遍，做法多是底部下碱磨砖精细，上部墙身糙砌，内外抹草泥或白灰。明代园林中已出现完全将砖露明不抹灰的清水砖墙，到了清代才比较广泛地应用。

1. 砖墙垒砌形式

古代建筑中砖墙的垒砌方式主要有以下几种。

(1) 平砖丁砌错缝

这是一种比较早的砖墙砌法，这种砌法的砖块上下错缝，互相交搭，墙体较厚。如考古挖掘发现的河南新郑市战国时期冶铁遗址的通气井和西安西汉长安礼制建筑的圜水沟拥壁下部墙基都是很好的实例。

(2) 平砖顺砌错缝

这种砌法均为单砖墙，墙体较薄，稳定性差，不能过高，在条砖汉墓中多见这种砌法的砖壁。

（3）侧砖顺砌错缝

这种砌法较少见，因这种墙壁壁体单薄，受力及稳定性都很差，故不可作为承重或受力结构墙体，但较为节省材料，一般采用此种砌法砌筑非承重墙体。

（4）平砖顺砌与侧砖丁砌上下层组合式

这种砌法在东汉时期已盛行于黄河流域，之后扩展到江南地区，并流传至今。这类砖墙在江南地区也称为“玉带墙”或“实滚墙”。

平砖顺砌与侧砖丁砌的组合方式有很多种，可在平砖顺砌错缝的墙体当中，每隔一层或二、三层加砌一层侧砖丁砌，有规律地轮换平摆砖的层数；或只在墙脚，或只在墙头用一道或二道侧砖丁砌，作为墙面装饰。

（5）席纹式

这种砌法为平砖顺砌与侧砖丁砌两者轮流砌一层后，上层砖的砌法则与下层（平、侧）相反，即单层砖的砌法与双层砖的砌法相反。这种墙体在江南一带也称为“实滚芦苇片”或“编苇式”墙。

（6）空斗式

这种砌法可以空砌，也可以实砌，北方称空斗墙为“丁抱斗”，但很少用；南方应用较为普遍，江南一带因空斗式的用砖结构不同，分单丁、双丁、大镶思、小镶思、大合欢、小合欢。小合欢与小镶思墙厚仅半砖长，只能用于砌筑隔墙或简易房屋。四川地区的空斗墙基本为一砖长的厚度，它的做法有“合合斗”“马槽斗”“高矮斗”等。一般空斗墙均在斗里装填泥土、碎石、碎砖等。西南地区的空斗墙只在下部填泥，上部仍做空斗（图 1-44）。

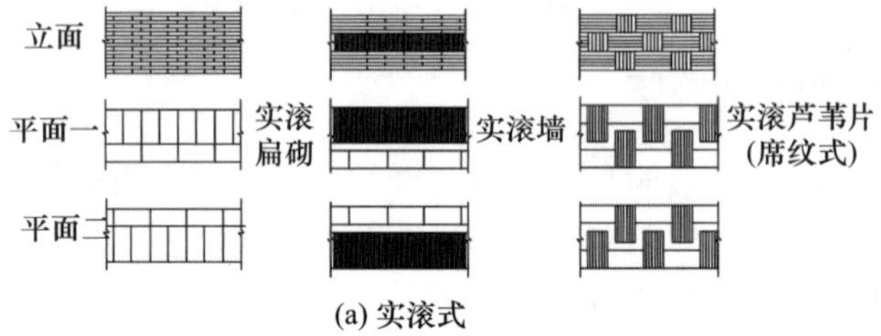

(a) 实滚式

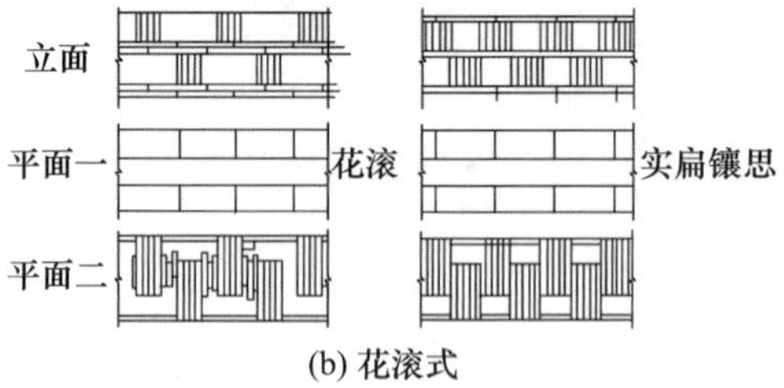

(b) 花滚式

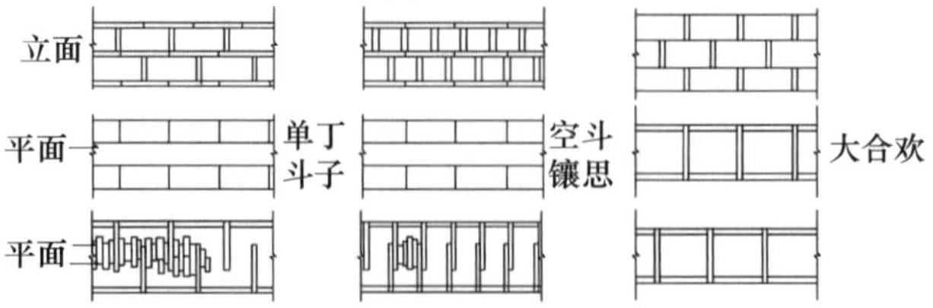

(c) 空斗式

图 1-44　空斗墙分类示意图

(7) 平砌式

这种砌法形式，以全用平砖顺砌者最为常见，全用平砖丁砌者较少见。唐宋以来，一般地面建筑物墙体下碱或槛墙都全用平砖顺砌，墙的上身每隔三、五层平砖顺砌加一层平砖丁砌。明清两代宫室建筑中仍多采用平砖顺砌的墙体。

平砌式的砖缝形式很多，有十字缝、三顺一丁（又称三七缝）、一顺一丁（又称丁横拐或梅花丁）、五顺一丁、落落丁和多层一丁等（图1-45）。

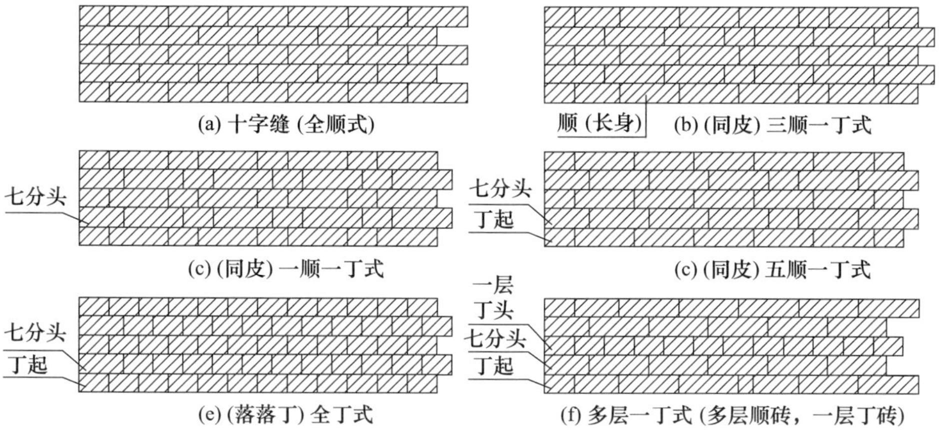

图1-45 平砌式砖缝分类示意图

2. 砖墙砌筑类型

按砖砌技术的粗细不同，可将砖墙的砌筑类型分为以下几种。

(1) 干摆

干摆砖的砌筑方法即“磨砖对缝”做法。磨砖对缝的砌法始于汉代，唐宋元明皆有实例，清代普遍应用。这种做法常用于较讲究的墙体下碱或其他较重要的部位，如梢子、博缝、檐子、廊心墙、看面墙、影壁、槛墙等。用于山墙、后檐墙、院墙等体量较大的墙体时，上身部分一般不采用干摆砌法。但在极重要的建筑中也可同时用于上身和下碱，称为“干摆到顶”。

干摆法多使用城砖或小停泥砖，分别称为“大干摆”和“小干摆”，大干摆做法适用范围较广，小干摆一般不用于府邸、衙署等规模较大的建筑中。除了大、小干摆以外，有时也用大停泥干摆、方砖干摆、斧刃砖陡板贴砌干摆、方砖陡砌干摆等。干摆砌法用于出挑部分时，如冰盘檐、梢子等，应称为“干推儿”而不称为干摆，如干推儿的冰盘檐、干推儿的梢子等。干摆墙大多用停泥砖，如用沙滚砖摆砌者，称为“沙干摆”，干摆墙要用“五扒皮”砖，如用“膀子面”者，也称为“沙干摆”。总之，沙干摆是干摆中的简易做法，故工匠中有“沙干摆，不对缝”的说法。

(2) 丝缝

丝缝做法又称为“细缝”“撕缝”，俗称“缝子”。丝缝做法是可与干摆做法相媲美的一种砌筑类型，但丝缝做法大多不用在墙体的下碱部分，而是作为上身部分与干摆下碱相组合。丝缝做法也常用作砖檐、梢子、影壁心、廊心等。用于墙体上身，丝缝砌法大多使用小停泥砖，但也可根据需要使用大型砖料。砖檐、廊心等常使用方砖。丝缝砌法多使用老浆灰，以求得灰砖青缝的效果。地方建筑中常使用白色灰膏，讲究灰砖白缝的效果。丝缝墙一般用停泥砖摆砌，如用沙滚砖者，称为“沙子缝”。丝缝墙用砖一般应砍成“膀子面”，如用“三缝砖”者，也称为“沙子缝”。也有人认为，丝缝墙应使用“五扒皮”，使用“膀子面”的，即为沙子缝做法。总之，沙子缝是丝缝墙中的简易做法。

（3）淌白

古建筑整砖墙的砌筑类型如果以砖料是否经过砍磨加工来分类，可归纳为细砖墙和糙砖墙两大类，淌白墙是细砖墙中最简单的一种做法。淌白做法所用的砖料，大式以城砖、大开条、大停泥为主，小式以大开条、四丁砖为主。

淌白墙又可分为以下 3 种做法。

第一种是仿丝缝做法，又称为“淌白缝子”，这种淌白做法的特点是灰缝较细，力求做出丝缝墙的效果。淌白缝子所用的砖料应为淌白截头（细淌白）。

第二种是普通的淌白墙，这种淌白做法是最常见的做法，所用砖料可以是淌白截头，也可以是淌白拉面（糙淌白）；墙面效果可以是灰砖灰缝，也可以是灰砖白缝。

第三种是白描缝，由于砖缝经烟子浆描黑，所以墙面对比很强烈。描缝做法所用砖料与普通淌白墙相同，砖料截不截头均可。

（4）糙砖墙

凡砌筑未经砍磨加工的整砖墙都属糙砖墙类。如按砌砖的手法分类，可分为带刀缝（又称带刀灰）和灰砌糙砖两种做法。

带刀缝做法是小式建筑中不太讲究的墙体做法中最常见的一种类型。由于这种做法的灰缝较小，故多用于清水墙。带刀缝做法除可施用于整个墙面外，还可作为下碱、墀头、墙体四角、砖檐部分，与碎砖抹灰等做法相组合。带刀缝做法所用的砖料以开条砖为主，有时用四丁砖代替。

灰砌糙砖与带刀缝做法的主要区别是带刀缝做法的铺灰方法是将灰挂在砖的四边上，即“打灰条”，而灰砌糙砖做法是满铺灰浆；带刀缝做法的灰缝较小，灰砌糙砖做法的灰缝较大；带刀缝做法以深月白灰为其材料，灰砌糙砖做法所用灰浆的颜色不限，但多以白灰膏为主；带刀缝做法多以开条砖等小砖为主，灰砌糙砖做法所用砖料规格不限。灰砌糙砖墙常用于建筑物的基础部分、墙体的背里部分、宫殿建筑上身的浑水墙（外抹红灰）以及不太讲究的大式院墙，用于大式院墙时多用城砖。

打灰条

（5）碎砖墙

碎砖墙为碎砖压泥做法。这种做法见于小式建筑中，用于不讲究的墙体、基础等，也常作为上身或墙心，与其他做法的下碱或整砖“四角硬”相组合。碎砖墙还可作为“外整里碎”墙的背里部分。

1.4.3 古建筑石制墙体

我国在原始社会时期就采用天然石块砌墙，汉墓中的四壁也有规整的石墙，但在重要的建筑中用石砌筑墙体并不多见，明清园林建筑中石墙则较多见。石墙主要有以下几种砌筑形式。

1. 虎皮石砌筑做法

虎皮石墙做法即花岗岩毛石墙做法，可用灰或掺灰泥砌筑。这种砌筑类型的应用比较广泛，如驳岸（护坡）、拦土墙、小式建筑的基础、追求田园风格的大小式建筑（一般用于下碱）、园林建筑、民居或具有村野风格的庙宇等。

虎皮石墙的色调多为单一的黄褐色。园林建筑中偶见“什色”虎皮石墙，这种虎皮石墙的砌筑方法和花岗岩虎皮石做法完全一样，但墙面的色调追求“五光十色”的效果，为此，石料可不局限于花岗岩。虎皮石墙砌完后，要顺石料接缝处做出灰缝。灰缝一般都是做成凸形宽缝，这样就勾勒出了墙体的虎皮特征。

2. 虎皮石干背山砌筑做法

这种做法类似砖墙的干摆砌法，是虎皮石墙中最讲究的做法。其特点是石料可经适当加工，砌筑时不铺灰，因此灰缝较细。干背山做法多用于府邸或宫殿建筑中仿地方手法的墙体。

3. 方正石和条石砌筑做法

方正石和条石是经加工的规格料石（但长度一般可较灵活），其表面可经粗加工，如蘑菇石或经打道处理等，也可经细加工，如剁斧或磨光等。砌筑时可铺灰，也可采用干背山砌法。方正石和条石砌筑多用于泊岸、拦土墙、地宫、高台建筑、城墙的下碱，重要建筑的下碱（仿城砖干摆做法）等。

4. 石板贴砌做法

石板贴砌又称碎拼石板，这种类型是园林建筑中的墙体装饰手法。具体可分为青石板做法和五色石板做法。碎拼青石板是将呈不规则形状的青石板贴砌在砖墙外，五色石板则是用红、黄、青、白、黑五色石板装饰于砖墙外，这种装饰手法只用于极讲究的皇家园林中。

5. 石陡板砌筑做法

石陡板砌法是将较大的石料立置砌筑。这种砌法给人以气势宏大的感觉，适用于宫殿、庙宇建筑等。但由于这种砌筑类型不适用于高大的墙体，故一般多用于石台基，偶用于石下碱和石槛墙。

6. 卵石砌筑做法

这种类型的墙体是用较大的卵形石砾砌筑的，多用于园林建筑及地方建筑中的台基、下碱等，具有强烈的民间风格。

1.4.4　古建筑墙体的营造技法

1. 古建筑檐墙

檐墙在前檐位置的称为前檐墙，在后檐位置的称为后檐墙。檐墙露出椽子的称为“露檐出”或“老檐出”，不露椽子的，称为“封护檐”或“封后檐”。清式建筑多做封后檐式。老檐出式的后檐墙与山墙后坡的墀头相交。封后檐式的后檐墙，两端没有墀头（图1-46）。

（1）下碱

下碱的高度同山墙的下碱高度一致，用料及砌法也应与山墙下碱相同，砖的层数应为单数。后檐墙的里皮也应留柱门，规格与山墙柱门相同。

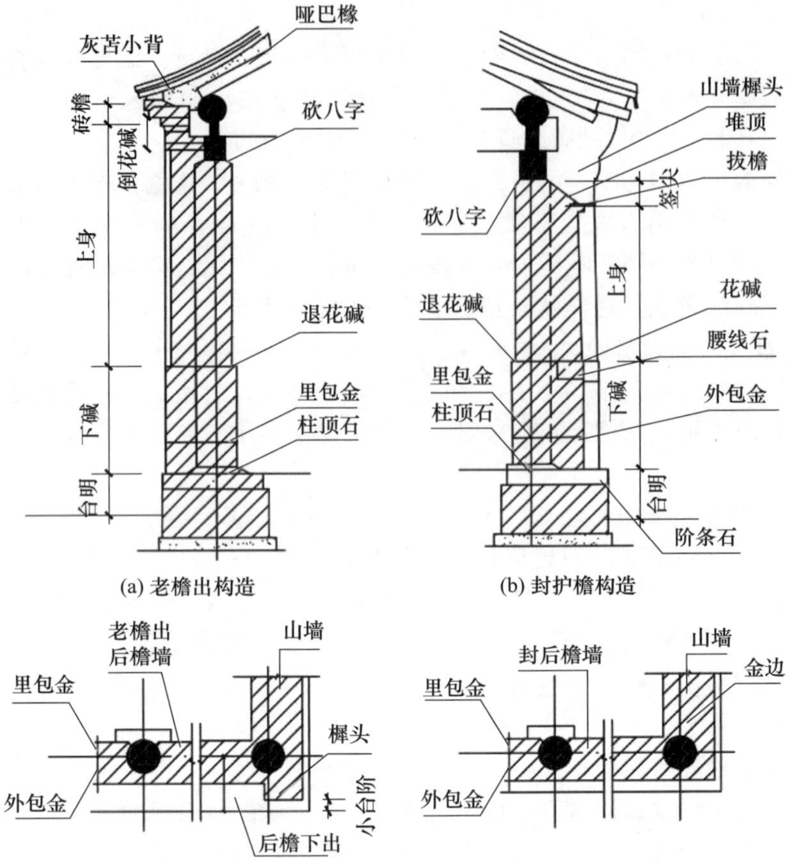

(a) 老檐出构造　　(b) 封护檐构造

(c) 老檐出后檐墙平面　　(d) 封护檐后檐墙平面

图 1-46　老檐出、封护檐构造示意图

（2）上身

上身应退花碱。里皮下碱如为抹灰做法，则上身里皮不退花碱。上身的用料及砌筑类型可与山墙上身做法相同，也可以稍糙。老檐出后檐墙的外皮上身有整砖露明抹灰做法、“五出五进”或“海棠池”等“软心四角硬”做法。“软心四角硬”做法的砖檐以下可以砌 3～5 层整砖，称为“倒花碱”。倒花碱的外皮应与“四角硬”的外皮在一条直线上，其用料及砌筑类型应与“四角硬”相同，砖缝形式应与下碱相同。

封后檐墙一般不设窗户，老檐出式的可设后窗。窗口的上皮应紧挨枋下皮，窗口的两侧和下端可用砖檐圈成“窗套”，其做法与签尖的拔檐砖相同。

（3）老檐出后檐墙的签尖

老檐出后檐墙的上端要砌一层拔檐砖并堆顶，称为“签尖”。签尖的高度约等于外包金尺寸，也可按大于或等于檩垫板的高度确定。签尖的最高处不应超过檐枋下棱。签尖的形式有馒头顶、道僧帽、蓑衣顶、宝盒顶，其中宝盒顶包括方砖宝盒顶和碎砖抹灰形式。讲究的方砖宝盒顶上还可以雕做花饰（图 1-47）。

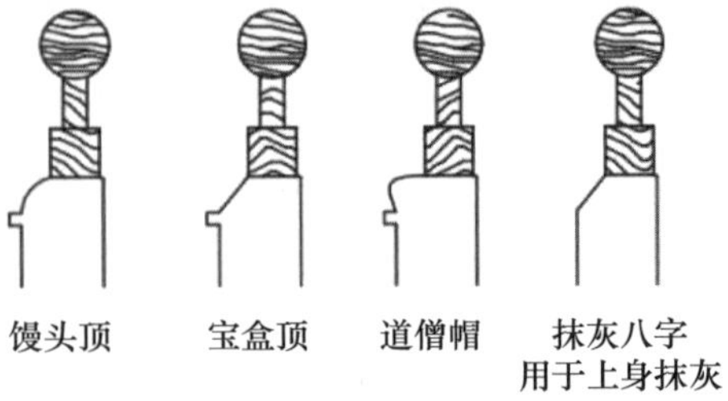

图 1-47　老檐出后檐墙签尖形式示意图

签尖的拔檐一般仅为一层直檐。大式建筑上身为抹灰做法的，签尖不做拔檐。

（4）封后檐墙的砖檐

封后檐墙不做签尖而做砖檐。砖檐的形式有菱角檐、鸡嗉檐、抽屉檐和冰盘檐（图1-48）。

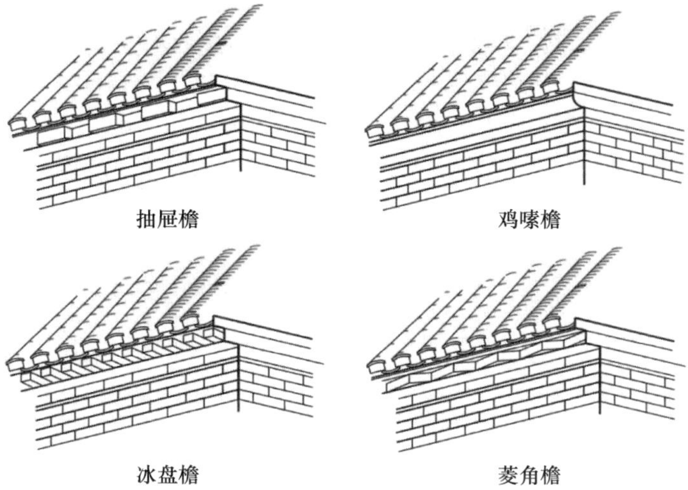

图1-48　封后檐墙砖檐形式示意图

2. 古建筑山墙

（1）悬山、庑殿及歇山式建筑的山墙

大式悬山建筑的山墙下碱多带有石活，上身一般为抹灰刷红浆做法，但也可用整砖露明做法。小式悬山建筑一般应全部为整砖露明做法，悬山山墙的立面造型有3种形式（图1-49）。

山墙

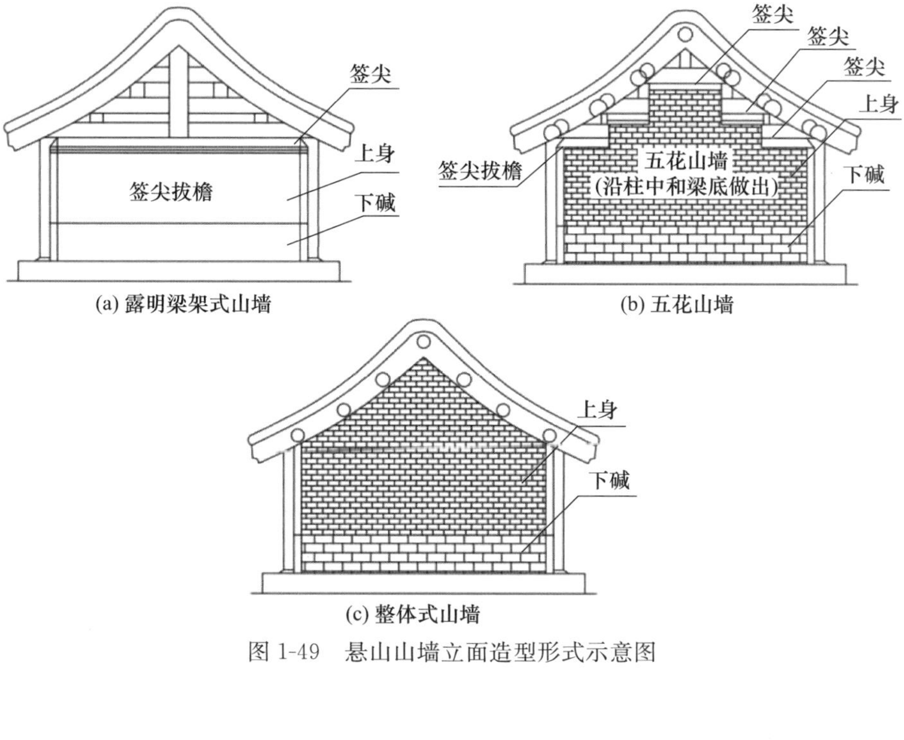

图1-49　悬山山墙立面造型形式示意图

① 整砖露明做法

墙砌至梁底，梁以上的山花、象眼处的空当不再砌砖，用木板封挡。

② 五花山墙

墙体沿着柱、梁、瓜柱砌成阶梯状，叫“五花山墙”（简称“五花山”），五花山墙的轮廓线应以柱子和瓜柱的中线为准。

其中，琉璃硬山五花山的下碱及上身和山尖里皮，与大式硬山墙做法一样，上身和山尖外皮则是用预制的琉璃砖仿照木屋架的样子砌筑起来的。下碱和琉璃砖之间用普通砖仿五花山墙形式砌成阶梯形后，抹灰并刷红土浆，与琉璃砖相接的地方要抹成“八字”。五花山墙外皮应比琉璃屋架宽 1/4 柱径，琉璃屋架之间及背后也要用普通砖砌筑，并在外皮抹灰刷红土浆。这段墙的外皮应比琉璃屋架退进若干，即应露出琉璃砖侧面的花饰。

③ 整体式山墙

墙体一直砌至椽子、望板。这种形式多见于唐宋时期的建筑中，明清时期的官式做法中已不多见。明清时期的悬山建筑已不是为了墙面防雨的功能需要，而是出于建筑式样变化的需要。

因此，悬山山墙做法以露出梁架的前两种做法为主，以获得形式新颖的立面效果。

（2）硬山式建筑的山墙

① 下碱

下碱又称下肩或裙肩，其高度可按檐柱高的 3/10 定。里皮靠柱子的砖要砍成六方八字形状，两块八字砖之间称为“柱门”。柱门最宽处应与柱径同宽。下碱应使用最好的材料和最细致的做法，并常带石活。下碱砖的层数应为单数。

② 上身

上身应比下碱厚度稍薄，退进的部分称为“花碱”。上身砌法和用料一般应比下碱稍糙，干摆、丝缝或淌白墙面为三顺一丁做法的，在中间正对正脊的地方宜隔一层砌一块丁头，称“座山丁”。糙砖墙可不必拘泥于此法。小式建筑中经常采用“五出五进”“圈三套五”及“池子”做法。里皮的用料和砌法可比外皮粗糙。如里皮用碎砖，称为“外整里碎”。里皮下碱如果也是抹灰做法，上身不退花碱。墙升的大小依照悬山、庑殿、歇山山墙有关规定来定（图 1-50）。

山墙里皮的曳线一般不要正升，如有排山柱，山柱与金柱之间的山墙里皮称为“囚门子”，囚门子的做法可以和普通山墙里皮做法相同，也可以同廊心墙做法相同，即采用落膛做法。如采用落膛做法，又称为“棋盘心”或“圈套子”。

③ 山尖

大式山墙的山尖拔檐以下与上身做法相同。为了防止木架糟朽，在山尖正中柁与柁之间的位置上应砌 1～2 块有透雕花饰的砖，称为“山坠”，又称为“透风”。带琉璃博缝的山墙一般都放 2 块有透雕花饰的琉璃砖，称为“满山红”。

小式山墙的上身如果是碎砖墙心，山尖外皮也可全部用整砖砌筑，称“整砖过河山尖”。过河山尖应从挑檐以上或荷叶墩同层开始，也可以根据“五出五进”能排上整活为准，过河山尖的缝子形式须同下碱一致。如采用“三顺一丁”摆法，山尖中间正对正脊的地方须隔一层砌一块“座山丁”。

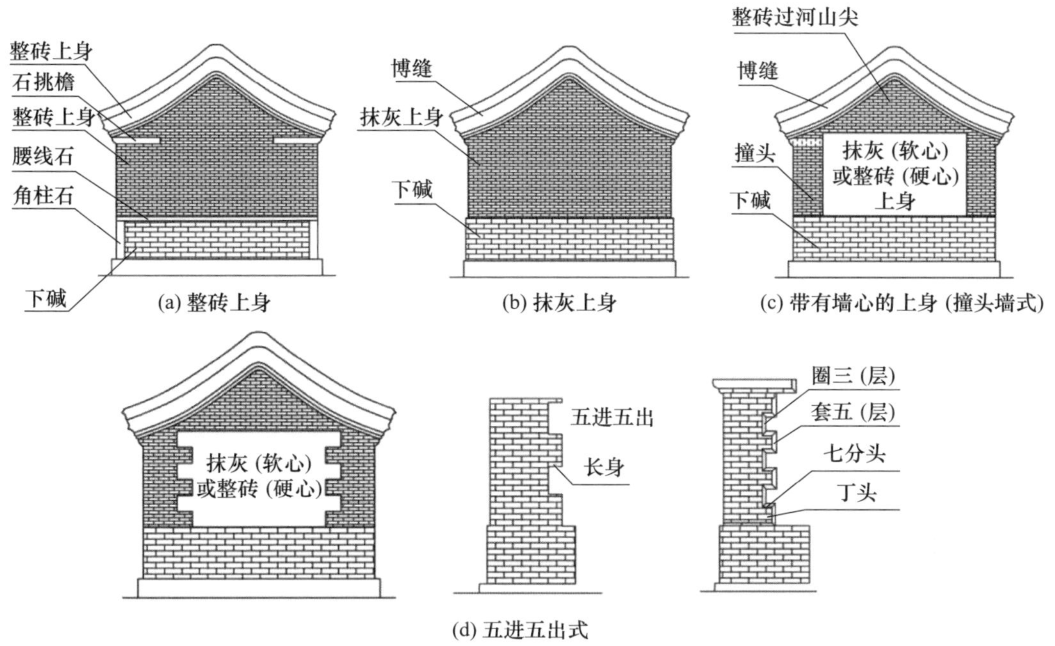

图 1-50 硬山山墙上身形式示意图

山尖的里皮线在梁（柁）以上时。瓜柱之间的矩形空当称为“山花”，瓜柱与椽子之间的三角部分称为“象眼”。山花与象眼部分的砌筑称为“点砌山花、象眼”，简称“点砌山花”。山花、象眼与梁下的内墙不同，它们的里皮线应退进一些。当山花、象眼露明（无顶棚）时，里皮线的位置一般可按柱中线加出 1 寸算；如山花、象眼不露明（有顶棚）时，里皮线可按柱中线定位。山花、象眼如为露明做法，应采用较细致的做法，形式有 3 种，包括：第一种丝缝墙面做法，砖缝应为十字缝；第二种做软活，即抹灰镂出假砖缝，为十字缝，四周应做成砖圈（详见廊心墙象眼部分）；第三种抹灰后刷烟子浆，镂出图案花纹。山尖也应有正升，山尖正升随山墙上身正升。山尖的式样称为“山样”，主要有 5 种式样（图 1-51）。

④ 墀头

墀头俗称“腿子”，它是山墙两端檐柱以外的部分。后檐墙为封后檐墙做法的，后檐没有墀头。庑殿、歇山、悬山墀头没有盘头（梢子）。硬山墙的墀头可分成 3 个部分，即下碱、上身和盘头（图 1-52）。

墀头下碱的外侧与山墙外皮在同一条直线上，里侧位置是在柱中再往里加上“咬中”尺寸的地方，知道了下碱宽度，再根据砖的规格，就可以决定墀头下碱的“看面”形式。墀头下碱和上身的看面形式一般分为马莲对、担子勾、狗子咬、三破中、四缝（又称“俩半”或“小联山”）、大联山。下碱应采用同一建筑中最好的砌筑方法和材料，如干摆、丝缝等。腿子下碱如用石活，角柱石至柱子这一段多用城砖或方砖（立置）砌筑。

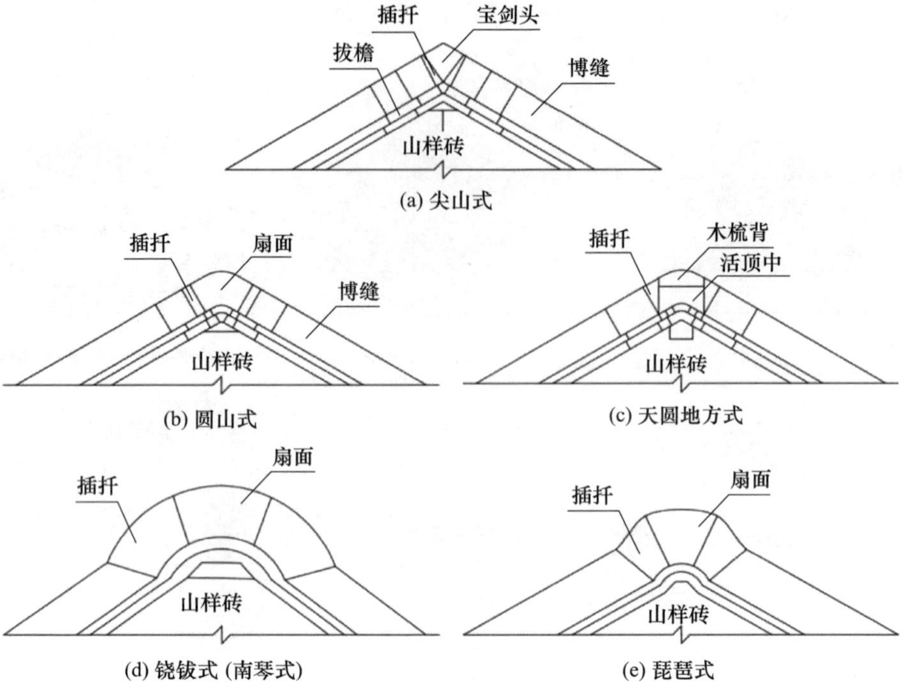

图 1-51　山尖式样示意图

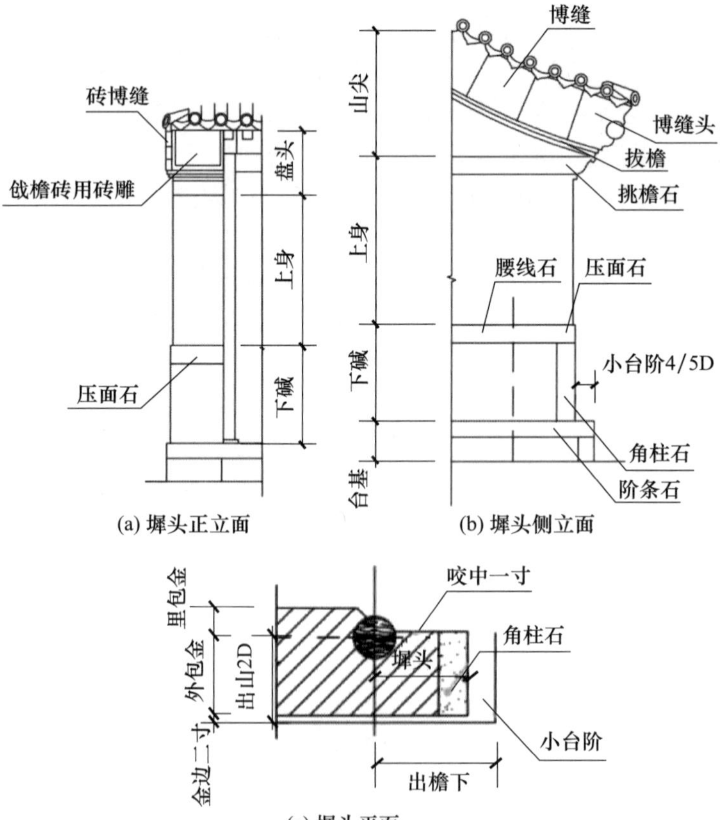

图 1-52　墀头构造示意图

墀头上身每边比下碱应退进一些，退进的部分称为“花碱”，上身看面形式的选择方法与下碱相同。

⑤ 盘头

盘头又称“梢子”，它是腿子出挑至连檐的部分。它的总出挑尺寸称为“天井”。

根据盘头的层数，可分为五盘头和六盘头。五盘头比六盘头少一层炉口。六盘头的逐层是：荷叶墩、混砖、炉口、枭砖、头层盘头、二层盘头和戗檐。这些分件一般用方砖砍制，小型盘头的分件也可用条砖砍制。

盘头各层出檐尺寸为：荷叶墩出檐1.5寸（4厘米、8厘米）；混砖出檐0.8～1.25砖本身厚；枭砖出檐1.3～1.5砖本身厚。

炉口出檐要小，只作为混砖和枭砖曲线连线的过渡，一般仅约0.5～2厘米，甚至可向内微收进。总之，炉口的形状以能使半混砖和枭砖连成优美的曲线为宜，“五盘头”的做法，无炉口这一层。

两层盘头共出檐约1/3砖厚，每层约出檐1/6砖厚。

戗檐的出檐应由戗檐砖自连檐以下的砖长和戗檐的“扑身”（即斜率）算出，戗檐砖自连檐以下的砖长可用博缝砖的高度减去博缝在连檐以上的部分得到。戗檐的扑身可由两层盘头的出檐得到，如果把两层盘头出檐的最远点连成一条直线，戗檐砖的外棱应与这两条直线重合。根据这个法则就可以得知戗檐的扑身，知道了戗檐砖在连檐以下的砖长和扑身，就可以算出檐砖的水平出檐尺寸了。

墀头梢子用挑檐石的，不做枭砖、混砖、炉口这3层砖，挑檐石的出檐可按1.2本身厚。

盘头各层构件的出檐总尺寸就是天井的尺寸。

（3）平台式建筑的山墙

平台式建筑的山墙没有山尖部分，它的下碱和上身部分的做法与起脊式建筑的山墙做法相同，山的上端应以砖挂檐结束。挂檐砖的高随挂板的高度，并应与挂檐板交圈。砖挂檐之上多做成冰盘檐，与前檐冰盘檐交圈。

山墙墀头的梢子与起脊式山墙的梢子做法可以相同，但这种做法实际上并不多见，这是由于平台式建筑的上檐出一般都比较小，所以平台式建筑山墙墀头的天井尺寸也很小。五盘头或六盘头式的梢子已不能相适应，因此往往只做成一层荷叶墩和一层戗檐的形式，砖多垂直立置或仅有微小的扑身。

3. 古建筑槛墙

槛墙是前檐木装修风槛下面的墙体。槛墙厚一般不小于柱径即可，槛墙高随槛窗，槛窗下的木板之下即为槛墙，如先定槛墙高，后做槛窗，一般可按3/10檐柱高定高，特殊情况例外。如净房（厕所）的槛墙可加高；书房、花房或柱子较高，槛墙的高度可适当降低。槛墙的两端，无论里外皮都要砍成八字柱门，但与山墙里皮或廊心墙下碱交接处应不留柱门。槛墙的层数可为单数，也可为双数。砌筑类型应与山墙下碱一致，即应使用本建筑中最讲究的做法，但砖缝的排列形式应为十字缝形式。槛墙多用卧砖形式，有时也用落膛形式或海棠池形式。重要的宫殿建筑可用琉璃槛墙。除琉璃卧砖外，还可以用琉璃贴落拼成图案。琉璃可在室内或室外一侧使用，也可以在两侧同时使用。无论建筑的等级高低或做法是否讲究，槛墙都很少采用抹灰做法，而均应为整砖露明做法。

4. 古建筑廊心墙

（1）下碱

廊心墙下碱的外皮与山墙里皮在同一条直线上，背里部分即山墙背里，下碱的用料和砌筑类型应与山墙下碱一致，下碱的高度应与山墙下碱相近，但可以有差别，要以廊心的方砖心能排出“好活”为主。下碱的缝子形式须为十字缝，两端的砖要砍成六方八字，但廊心墙下碱与槛墙相交处可不留八字柱门，两墙直槎砌严即可。

（2）上身

廊心墙上身较简单的做法是糙砌抹灰。这种做法虽然简单但等级较高，因此多用于大式建筑中。上身较细致的做法是落膛做法，用于廊心墙时通常称为廊心做法。这种做法比较常见，尤其是在小式建筑中。无论大式或小式建筑，廊心墙的上身都不采用卧砖墙面的做法。

如果廊心墙恰在游廊的通道上，称为“廊门桶子”或“闷头廊子”。闷头廊子用木板圈成一个矩形门洞，称为“吉门”，吉门上方的做法与廊心墙的廊心做法大致相同，只是不称为“廊心”而称为“灯笼框”。灯笼框以上做法则和廊心以上做法完全一样。游廊中的墙体与廊心墙完全一样，只是更加细致和考究，其廊心做法常采用砖雕（包括字画的雕刻）、琉璃、什样锦、彩绘及花瓦做法等（图 1-53）。

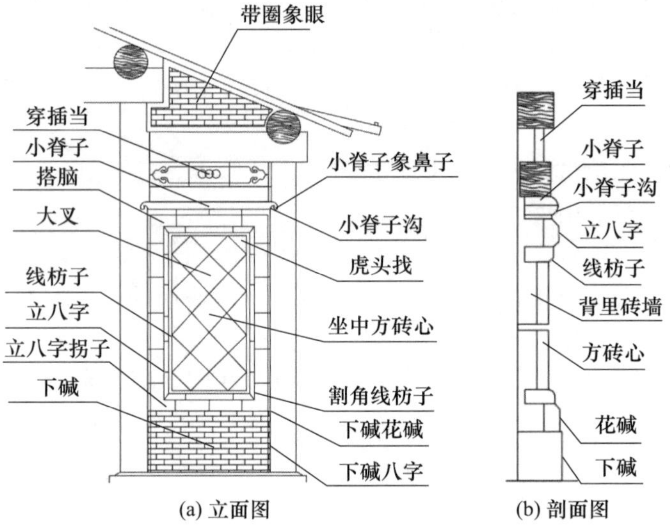

图 1-53　廊心墙构造示意图

5. 古建筑院墙

院墙是建筑群或宅院的防卫或区域划分用墙。在我国古代建筑中，凡有建筑群，就必有院墙。建筑越重要，院墙的做法就越细致，高度和宽度也越大。院墙可以分成 4 部分，即下碱、上身、砖檐和墙帽。

院墙的宽与高没有严格的规定，一般以不能徒手翻越为最低标准。如遇有屋檐，墙帽必须低于屋檐。院墙的宽度至少应在 24 厘米以上，院墙里外皮均应有正升，小式建筑的院的正升可按墙高的 5/1000～7/1000，大式院墙的正升更大，最大可加大到墙高的 10%。

1）下碱

小式院墙的下碱高度可为下碱和上身总高度的1/3；大式院墙的下碱高度一般不超过1.5米。院墙下碱用料及砌法一般应较山墙下碱粗糙，但也可一样。下碱砖的层数应为单数。

2）上身

院墙上身里外皮都应退花碱，花碱尺寸为0.6～1.5厘米（不包括抹灰厚度）。上身用料及砌法一般应较下碱粗糙。小式建筑的院墙上身多采用停泥砖、开条砖等小砖糙砌。大式建筑的院墙上身多采用城砖砌筑或糙砌抹红灰做法。园林建筑的院墙还可采用花墙子或云墙等形式。宫殿建筑的院墙，墙内可采用“哑巴过木”，以加强墙体的整体性。哑巴过木应横放与顺放相结合（十字卡口相交），过木间距约为2米。

3）砖檐

院墙砖檐的形式取决于墙帽的形式，二者之间常有较固定的搭配关系，极讲究的宫殿建筑的院墙可用琉璃砖斗拱做法，这种院墙大多用头层砖檐代替斗拱的平板枋，头层檐以上即为砖斗拱。砖斗拱之上再砌一层盖板，盖板之上就是瓦顶，有些坛庙等礼制建筑的院墙檐子部分不用砖檐而用木架代替。

（1）砖檐的式样类型

① 一层檐：一层檐包括一层直檐（俗称“箭杆檐”）、披水檐和随山半混。随山半混又称山混。

② 两层檐：多用两层普通直檐砖出檐，但用于讲究的山墙时，第二层的下棱往往倒成小圆棱，称“鹅头混”。

③ 菱角檐：以长身与丁头转角夹于盖板与头层檐之间，小砖的菱角檐多用于普通小式房屋的封后檐墙和小砖的蓑衣顶院墙，城砖菱角檐用于大式城砖的蓑衣顶院墙。

④ 鸡嗉檐：用于院墙，头层檐上置一层半混，半混上置一层盖板。

⑤ 抽屉檐：以形似抽屉的丁头夹于盖板与头层檐之间，是清代末年出现的做法，多见于普通民房的封后檐墙。

⑥ 冰盘檐：冰盘檐是各种砖檐中的讲究做法。多用于封后檐墙、平台房、影壁、看面墙、砖门楼及大式院墙。

冰盘檐的基本构造包括：直檐、半混、枭砖和盖板（直檐）等。除此之外，还可使用炉口、小圆混、连珠混（又称圆珠混）以及砖椽子（包括方椽、圆椽、飞椽），上述砖件可组成各种形式的冰盘檐，如四层冰盘檐、五层冰盘檐、六层冰盘檐、七层冰盘檐等。五层和六层冰盘檐可根据有无砖椽子分为五层带椽子冰盘檐和六层带椽子冰盘檐（图1-54）。

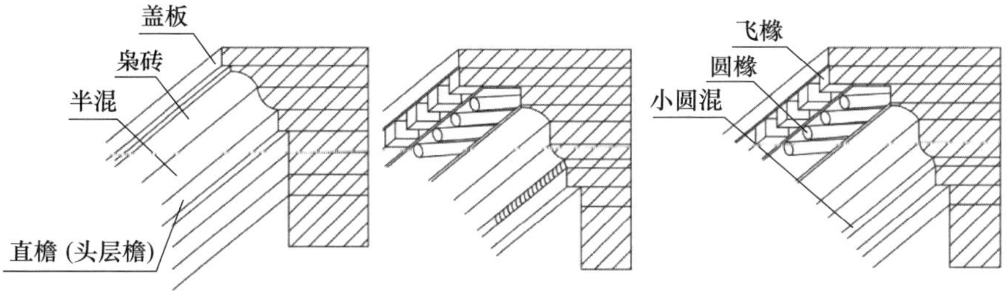

图1-54　冰盘檐基本构造示意图

冰盘檐按照砖的规格划分，可分为方砖冰盘檐、停泥或开条砖冰盘檐、城砖冰盘檐和琉璃冰盘檐。

冰盘檐用于墙帽或平台屋顶时不得使用砖椽子，用于封后檐墙、小型门楼、影壁及看面墙时，可使用砖椽子。城砖冰盘檐大多为四层或五层做法。琉璃冰盘檐颜色的确定原则为，瓦顶为黄琉璃瓦的，第一层檐子应为黄色，其余为绿色；瓦顶如为绿琉璃瓦的，冰盘檐也应为绿色。

⑦ 锁链檐：锁链檐又分为一层锁链檐和两层锁链檐，多用于地方建筑和做法简单的院墙。

⑧ 砖瓦檐：盖板砖与锁链瓦的组合，多用于地方建筑和鹰不落墙帽做法的院墙。

⑨ 大檐子：大檐子泛指冰盘檐的变化类型，其做法与冰盘檐相似，也是由枭砖、混砖、炉口、小圆混等组成，并常用枭舌子。各个层次之间的组合更加灵活多变。大檐子多用于讲究的铺面房、如意门以及讲究装饰效果的砖檐。

⑩ 其他类型的檐子：这类砖檐不是明、清官式建筑中的常见做法，多用于地方建筑及砖塔等，如多层直檐（叠涩）、多层菱角檐、灯笼檐等。有些砖件还可作其他形式的变化，如圆混变形为鸡子混，直檐变形为折子檐，连珠混变形为“八不蹭”等。

⑪ 带雕刻的砖檐：带雕刻的砖檐多为冰盘檐形式。雕刻的部位一般集中在头层檐、小圆混和砖椽子这三层砖上，较讲究的砖檐雕刻还可扩展到半混砖这一层上，极讲究的砖檐雕刻做法甚至将枭混这两层砖也凿成花活。

（2）砖檐子的出檐原则

① 檐子的总出檐尺寸应尽量多一些，在相同的出檐尺寸情况下，层数或厚度越小越好。

② 冰盘檐的出檐以“方出方入”为宜。方出方入是指总出檐的尺寸能接近砖的总厚度。带砖椽子的冰盘檐的出檐尺寸至少应尽量做到方出方入。

③ 头层檐的出檐应适度，一般控制在 1/2 砖厚即可。

④ 炉口是半混与枭砖的过渡，因此炉口的出檐应能使枭砖与混砖的曲线生动、富于变化、过渡自然，一气呵成。

⑤ 枭砖、砖椽及抽屉檐中的抽屉的出檐应明显多于其他层次。

⑥ 盖板出檐以少出为宜。

4）墙帽

院墙的砖檐和墙帽所采用的形式，要根据主体建筑的形式及院墙本身的高度来决定，其用料和做法的细致程度不应超过主体建筑。院墙越高，其砖墙的层数应越多，墙帽也就越大。反之，就要相应减少，否则就会给人以不协调之感。如果院墙的某段恰处在屋檐之下，而墙帽做法又为假硬顶等抹灰做法，则应考虑在墙帽上做“滚水”，以保护墙帽不受屋顶雨水的直接冲击（表 1-4、图 1-55）。

表 1-4　墙帽形式分类

名称	解释说明
宝盒顶	以抹灰做法将墙的顶部剖面做成形似宝盒的方角，讲究者可用方砖铺墁，甚至可在方砖上凿做花活，多用于小式建筑的院墙

续表

名称	解释说明
道僧帽	以抹灰做法将墙的顶部剖面做成道僧帽状，极少用于院墙，一般多用于后檐墙
馒头顶	以抹灰做法将墙的顶部剖面做成馒头状，圆弧如“泥鳅背”，多用于不太讲究的民居院墙
眉子顶	将墙帽脊部做成眉子脊，抹灰做法的称为“假硬顶”，露出真砖实缝的称为“真硬顶”，多用于小式建筑的院墙，讲究者多用真硬顶
蓑衣顶	叠涩形成墙帽，用于小式建筑院墙时须用小砖（如四丁砖）摆砌，用于大式建筑院墙时多用城砖摆砌
鹰不落	以抹灰做法将墙帽剖面做成内弧形，多用于小式建筑和民居院墙
兀脊顶	墙帽脊部以扣脊筒瓦摆砌而成，多用于大式建筑的女儿墙、护身墙、宇墙、琉璃花墙，很少用于院墙和后檐墙
花瓦顶	采用花瓦摆砌墙帽的做法，多用于小式建筑或园林建筑的院墙
花砖顶	采用花砖摆砌墙帽的做法，俗称“灯笼砖”，多用于小式建筑或园林建筑的院墙
瓦顶	用于大式建筑的院墙。形式与屋顶形式基本相同，但瓦面多采用筒瓦做法，偶尔也用合瓦做法。正脊除可做过垄脊以外，也可做较复杂的正脊，但应比房屋正脊做简化处理，如黑活瓦顶用皮条脊（无陡板）。琉璃活的正脊多以三连砖或承奉连砖代替脊筒子。垂脊上的小跑一般仅放1～3个

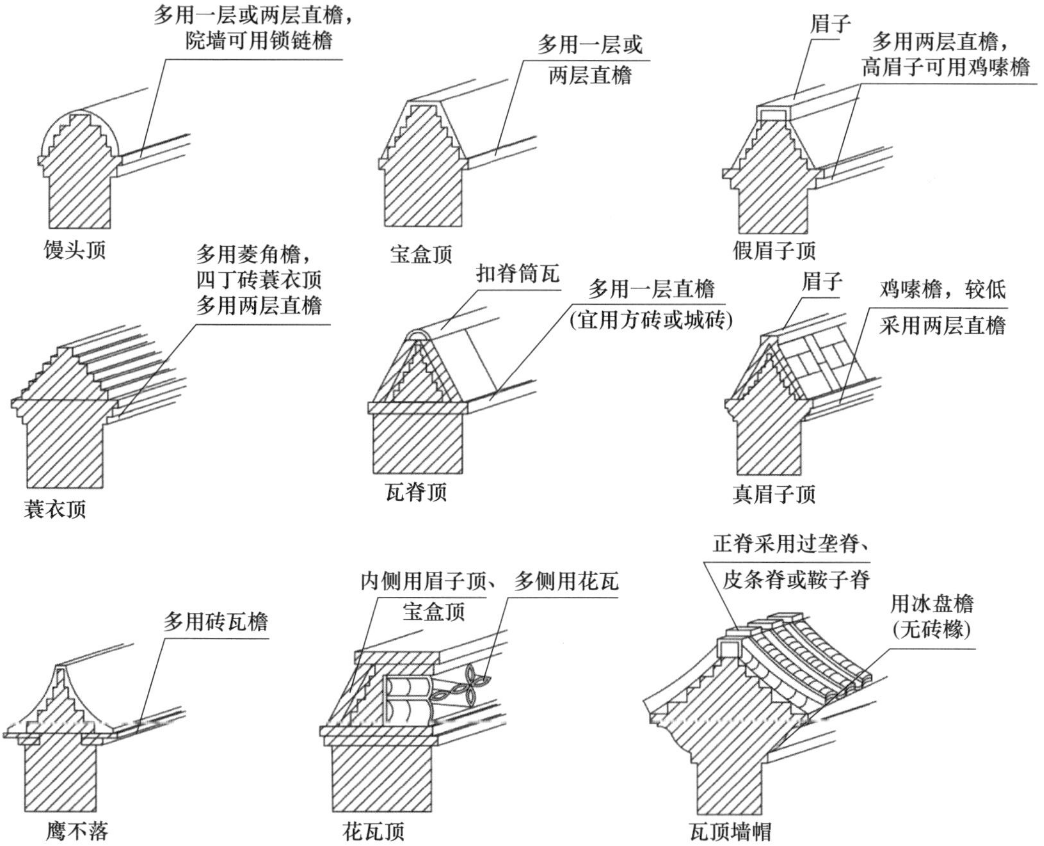

图1-55　墙帽形式示意图

项目实训

实训 1　干摆墙砌法实操

1. 实训目的

了解古建筑墙体砌筑工艺中的干摆墙砌筑技法及特点。

2. 实训知识

（1）专人“打截料”

干摆墙须使用“五扒皮”，摆砌过程中应有专人“打截料”，随时补充砍砖中的未尽事宜。

（2）柱顶石对砍砖的要求

遇有柱顶石时，砖要随柱顶鼓镜的形状砍制。具体方法是，把砖放在砌筑的位置上，然后把矩尺张开，一边顺着柱顶滑动，一边在砖上划出痕迹来，然后按划出的痕迹由打截料者砍制。

（3）打站尺

将平尺板的下面与基础上弹出的砖墙外皮线贴近，中间与卧线贴近，上面与罩线（又叫站尺线）贴近；然后检查砖的上、下棱是否也贴近了平尺板，如未贴近或顶尺，必须纠正。打站尺还可以横向进行，并可以多打几层，以确保有一个好的开端。

（4）背里、填馅操作要点

① 应尽量与干摆砖的高度保持一致，如因砖的规格和砌筑方法不同而不能做到每一层都保持一致时，也应在 3～5 层时与外皮砖找平一次。这一点实际上在确定背里材料的规格和确定砍砖尺寸时就应注意到，免得给施工带来麻烦。

② 背里或填馅砖与干摆砖不宜紧挨，要留有适当的“浆口”，浆口的宽度应为 1～2 厘米。

（5）逐层摆砌要点

① 摆砌时应做到“上跟绳，下跟棱”，即砖的上棱以卧线为标准、下棱以底层砖的上棱为标准。

② 摆砌时，砍磨得比较好的棱应朝下，有缺陷的棱朝上，因为缺陷可在刹趟时去掉。

③ 最后一层之上如果需退“花碱”（“墙肩”），应使用膀子面砖（膀子面朝上）。

④ 摆砖时如发现明显缺陷，应重新砍磨加工。露明部分的四个角若不在同一个平面上，允许将一个角凸出墙外，即允许“扔活”，但不得凹入墙内，否则将不易修理。

⑤ 干摆墙要“一层一灌，三层一抹，五层一墩”，即每层都要灌浆，但可隔几层抹一次线，摆砌若干层以后，可适当搁置一段时间（一般要经过半天）再继续摆砌。

3. 实训步骤

步骤 1：弹线。先将基层清扫干净，然后用墨线弹出墙的厚度、长度及八字的位置、形状等。

步骤 2：样活。根据设计要求，按照砖缝的排列形式（如三顺一丁排法）进行试摆，即“样活”。当然，为决定“五扒皮”砖的规格，真正的样活应在砍砖之前进行，此时的样活只是为了验证和进行适当的

干摆墙砌筑流程

调整。

步骤3：拴线。在两端拴的两道立线，叫作“拽线”。拽线之间要拴两道横线，下面的叫“卧线”，上面叫“罩线”（“打站尺”后拿掉）。

步骤4：衬脚。砌第一层砖之前要先检查基层（如台明、土衬石等）是否凹凸不平，如有偏差，应以麻刀灰抹平，叫作“衬脚”。

步骤5：摆第一层砖。在抹好衬脚的台明上进行摆砌，砖的立缝和卧缝都不挂灰。

步骤6：打站尺。摆完砖后要用平尺板逐块进行“打站尺”。

步骤7：背里、填馅。干摆可在里、外皮同时进行，也可只在外皮进行。如果只在外皮干摆，里皮要用糙砖和灰浆砌筑，叫作“背里”；如里、外皮同时干摆时，中间的空隙要用糙砖填充，即“填馅”。

步骤8：灌浆。灌浆要用桃花浆或生石灰浆，极讲究的做法用江米浆。浆应分三次灌，第一次和第三次应较稀，第二次应稍稠。灌浆之前可对墙面进行必要的打点，以防浆液外溢，弄脏墙面。第一次灌浆时一般只灌1/3，叫作“半口浆”。第三次叫“点落窝”，即在两次灌浆的基础之上弥补不足的地方。灌浆既应注意不要有空虚之处，又要注意不要过量，否则会将砖撑开。

步骤9：抹线。点完落窝后要用刮灰板将浮在砖上的灰浆刮去，然后用麻刀灰将灌过浆的地方抹住，即“抹线”，又叫“锁口”。抹线可以防止上层灌浆往下串面撑开砖，所以这是一道不可省略的工序。

步骤10：刹趟。在第一次灌浆之后，要用“磨头”将砖的上棱高出的部分磨去，即为刹趟。刹趟是为了摆砌下一层砖时能严丝合缝，故应同时注意不要刹成局部低洼。

步骤11：逐层摆砌（图1-56）。

图1-56　砖墙砌筑实训现场

步骤 12：打点修理。干墙砌完后要进行修理，包括墁干活、打点、墁水活和冲水，其中墁干活、打点、墁水活可随着摆砌的进程随时进行。

（1）墁干活，即用磨头将砖与砖接缝处高出的部分磨平。

（2）打点，即用砖面灰（砖药）将砖的残缺部分和砖上的砂眼填平。

（3）墁水活，即用磨头蘸水将打点过的地方和墁过干活的地方磨平，再蘸水把整个墙面揉磨一遍，以求得色泽和质感的一致。

（4）冲水，即用清水和软毛刷子将整个面清扫、冲洗干净，显出“真砖实缝”。冲水应安排在墙体施工全部完成以后，拆脚手架之前进行，以免因施工弄脏墙面。打点修理时严禁用青浆或深月白浆等涂刷墙面。

小知识：

1. 重要的宫殿墙面可“上亮”

先刷生桐油一遍，再用麻丝擦一遍灰油（一种古建油漆材料），然后刷一道熟桐油，最后刷一道靛花光油（熟油加广靛花）。

南方还有一种“刷色罩亮”的做法，用于讲究的宅院中。其做法是用近似砖色的纸筋灰将墙面缺损处补平。灰干后刷 2～3 遍轻煤水（类似青浆），再刷 2～3 遍淡轻煤水，干后将墙面扫净。待墙面干透后用丝棉蘸白蜡反复擦磨墙面直至墙面发亮。

2. 丝缝与干摆砌筑的不同之处

（1）丝缝墙的砖与砖之间要铺垫老浆灰。灰缝有两种做法，一种是越细越好，最大不超过 2 毫米；另一种灰较宽，一般为 3～4 毫米。

通常一手拿砖，一手用瓦刀把砖的露明侧的棱上打上灰条，在朝里的棱上打上两个小灰墩，称为“爪子灰”，这样可以保证在灌浆时浆汁能够流入。砖的顶头缝的外棱处也应打上灰条。砖的大面两侧既可以抹灰条，也可随意打上灰墩（叫作“板凳灰”）。上述这些操作，都应在砖的朝下一面上进行。为了确保灰缝的严实，还可在已砌好的砖层外棱上也打上灰条，叫“锁口灰”。砖砌好后要用瓦刀把挤出砖外的余灰刮去，但不必划缝。

（2）丝缝墙与干摆墙不同，要使用膀子面砖。摆砌时习惯上应将砖的膀子面朝下放置。

（3）丝缝墙一般不背撒，也不刹趟。

（4）如果说干摆砌法的关键在于砍磨得精确，那么丝缝砌法还要注重灰缝的平直、厚度一致以及砖不得“游丁走缝”。

（5）丝墙好后要“耕缝”。

3. 淌白缝子与丝缝砌筑的不同之处

（1）淌白缝子不墁干活和水活，也不用水冲，但应将墙面清扫干净。

（2）淌白缝子做法所用的砖料应为淌白截头砖。

（3）应注意砖棱的朝向问题。砌“低头活”和“平身活”时，砖的好棱应朝上；当砌“抬头活”时，好棱应朝下。

（4）在耕缝之前，应将砖缝过窄处用扁子作“开缝”处理。

（5）还有一种淌白缝子做法，做法为砌筑时灰缝可稍宽，耕缝之前先要把砖缝用灰抹平，灰干后的颜色应与砖色相近，然后把整个墙面刷 2～3 遍砖面水，在灰未干之前，用平尺板贴近砖缝位置，并用耕缝的专用工具“溜子”顺着平尺板在灰缝处耕出宽 2～

3 毫米的假砖缝，再用毛笔蘸烟子浆沿假砖缝描黑。

4. 普通淌白墙与淌白缝子的不同之处

（1）淌白墙可以用淌白截头砖也可用淌白拉面砖。

（2）淌白墙一般用月白灰。

（3）淌白墙砖缝厚度大于淌白缝子，一般应为 4～6 毫米。

（4）淌白墙砌完之后，可以“耕缝”，也可以“打点缝子”。

5. 糙砖墙与普通淌白墙的不同之处

（1）带刀缝墙的灰缝较大，一般为 5～8 毫米。

（2）带刀缝墙的砖料不经砍磨（一般为开条砖或四丁砖）。

（3）糙砖墙用灰为月白灰或白灰膏。

（4）糙砖墙砌筑完毕后，不用小麻刀灰打点弥缝，但要用瓦刀或溜子划出缝，缝子应深浅一致。

6. 碎砖墙

碎砖压泥做法，见于小式建筑，用于不讲究的墙体、基础等，也常作为上身或墙心，与其他做法的下碱或整砖“四角硬”相组合。碎砖墙还可作为“外整里碎”墙的背里部分。为了提高碎砖墙的质量，可做灌浆处理，尤其是四角硬做法的，交接部位更应灌浆。

实训 2　墙面勾缝技法实操

1. 实训目的

了解古建筑墙面的不同勾缝技法、操作步骤。

2. 实训知识

灰缝形状有平缝、凸缝和凹缝 3 种形状。凸缝又叫鼓缝，凹缝又叫洼缝。鼓缝可分为带子条、荞麦棱、圆线（用于虎皮石叫“泥鳅背”）。洼缝分为平洼、圆洼、燕口缝（较深的平洼缝）、风雨缝（八字缝）（图 1-57）。

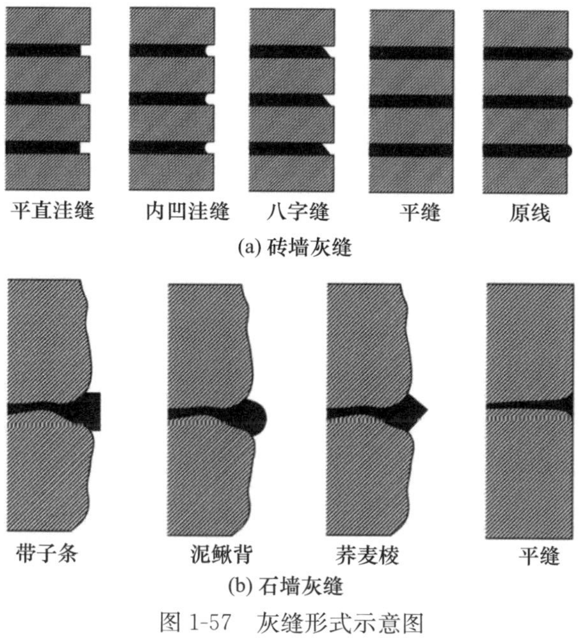

图 1-57　灰缝形式示意图

灰缝色调多与砖墙一致，故多以月白灰、老浆灰等深灰或灰色调的灰浆为主，但有时也追求灰墙黑缝或灰白缝的对比效果。琉璃砖墙的灰缝应根据琉璃的颜色定，黄琉璃应使用红灰，绿色等其他颜色的琉璃墙用深月白灰或老浆灰。石墙的灰缝有两种处理办法，一种是色调应尽量与石墙相近，另一种是造成对比效果，如虎皮石墙，多用深灰或黑色以使能勾勒出“斑斑虎皮”的特征。

具体而言，勾缝操作要求：

（1）灰缝应横平竖直（虎皮石、碎拼石板等除外），深浅应一致；

（2）灰缝接槎应自然光顺；

（3）灰缝应无明显裂缝、缺灰、“嘟噜灰”、后口空虚等缺陷；

（4）灰缝卧缝与立缝接槎应无搭痕。

3. 实训步骤

步骤1：准备工作。依据勾缝类型与墙面颜色，准备与之匹配的勾缝材料（灰浆、麻刀灰等，混合材料应遵循使用说明，于勾缝前特定时间搅拌均匀）与工具（瓦刀、鸭嘴、小抹子、溜子、扁子、毛刷、水桶等）。

步骤2：清理砖缝。使用毛刷等工具清理墙面，去除砖缝里的碎石、灰尘等杂质。如果墙面包含陈旧的勾缝材料，需清除干净。清理过程中凡发现墙面较干，恐灰附着不牢者，须用水将墙面洇湿。

步骤3：修整砖缝。墙面露明砖块如有残损缺角之处，事先应以水泥砂浆或砖料修复剂打点补齐，如有缝隙过窄、砖棱不方等明显缺陷者，要用扁子开缝，确保砖缝平直齐整。

步骤4：填料勾缝。使用瓦刀等工具将准备好的勾缝材料填入砖缝，保证填充均匀、充实。填充过程要注意控制好力度，避免破坏砖面。

步骤5：轧缝造型。使用鸭嘴、小抹子、溜子等工具将砖缝内的灰料串轧光顺，并做出造型（平缝、凸缝、凹缝）。

步骤6：清理墙面。灰缝加工完成后再次使用毛刷将墙面清扫干净。有经验的工人常说“三分砌七分勾（缝）、三分勾七分扫”，说明了清扫墙面的重要。

小知识：

勾缝要点归纳如表1-5所示。

表1-5　勾缝操作要点

勾缝技法	操作要点
耕缝	适用于丝缝及淌白缝子等灰缝很细的墙面做法； 所用的工具为将前端削成扁平状的竹片或用有一定硬度的细金属丝制成“溜子”； 灰缝如有空虚不齐之处，事先应经打点补齐。耕缝要安排在墁水活、冲水之后进行。耕缝时要用平尺板对齐灰缝贴在墙上，然后用溜子顺着平尺板在灰缝上耕压出缝子来。耕完卧缝以后再把立缝耕出来
打点缝子	砖墙打点缝子，一般用于普通淌白墙和琉璃砌体； 用于普通淌白墙时，多用月白灰或老浆灰，也有用白麻刀灰。用于琉璃砌体时，用红灰或深月白灰。打点缝子所用麻刀须为小麻刀灰，又称为“短麻刀灰”。用于重要的宫殿建筑，常以江米灰代替。用于淌白墙，常以锯末灰或纸筋灰代替； 打点缝子的方法为用瓦刀、小木棍或钉子等顺砖缝镂划，然后用溜子将小麻刀灰或锯末灰等“喂”进砖缝，灰可与砖墙“喂”平，也可稍低于墙面。缝子打点完毕后，要用短毛刷子蘸少量清水（蘸后甩一下）顺砖缝刷一下，叫“打水槎子”，这样既可以使灰附着得更牢，又可使砖棱保持干净

续表

勾缝技法	操作要点
打点缝子	石墙打点缝子，一般用于方正石、条石墙、虎皮石干背山的缝子； 宫殿石活或干背山石活常用白色的油灰打点缝子。叠山的石头，多用麻刀油灰。以抹灰工具鸭嘴将灰缝与墙面抹平
划缝	主要用于带刀缝墙面，也用于灰砌糙砖清水墙，有时还用于淌白墙； 特点是利用砖缝内的原有灰浆，因此也称作“原浆勾缝”； 划缝前要用较硬的灰将缝里空虚之处塞实，然后用前端稍尖的小木棍顺着砖缝划出圆洼缝来
弥缝	用于墙体的局部，如灰砌墀头中的梢子里侧部分、某些灰砌砖檐； 具体做法是以小抹子或鸭嘴把与砖色相近的灰分两次把砖缝堵平，即“弥”住，然后打水茬子，最后用与砖色相似的稀月白浆涂刷墙面； 弥缝后的效果以看不出砖缝为好
串缝	只用于灰缝较宽的墙面，故多用于灰砌城砖（糙砖）清水墙，或小式石活，如台明、阶条、石板墙等； 串缝所用灰一般为月白麻刀灰或白麻刀灰（只用于部分砖墙）； 以小抹子或小鸭嘴挑灰分两次将砖缝堵平（或稍洼），串轧光顺
做缝	将缝子着意做出艺术形式，如把灰缝做成“带子条”“荞麦棱”“圆线”； 一般施用于虎皮石墙。清代末年，墙面勾缝中出现了细灰缝做黑色或白色的圆线缝，但这种做法并不十分常见； 由于“做缝”十分强调灰缝的效果，所以做缝所使用的灰的颜色都应与墙面形成较大的反差对比，如虎皮石用深灰或灰黑色，砖墙用白色或黑色； 灰缝应做得细致，必要时要用专用工具
描缝	用于淌白描缝墙面，所用材料为烟子浆； 先将缝子打点好，然后用毛笔蘸烟子浆沿平尺板将灰缝描黑。为防止在描的过程中墨色逐渐变浅，每两笔可以相互反方向描，如第一笔从左往右描，第二笔从右往左描（两笔要适当重叠）。这样可以保证描出的颜色深浅一致，看不出接槎。描缝时应注意修改原有灰缝的不足之处，保证墨线的宽窄一致、横平竖直
艌缝	用于重要宫殿建筑的防水工程，一般用于石活； 缝所用材料有油灰、艌麻和生桐油； 操作时先用生桐油将缝口刷湿，然后用掺好艌麻的油灰（应稍硬）填入缝口内。灰要塞实塞严，最后用生桐油反复涂制缝口，直至饱和为止
抹灰做缝	抹青灰做假砖缝，简称“做假缝”，用于混水墙抹灰； 特点是远观有干摆或丝缝墙的效果； 做法为先抹出青灰墙面，颜色以近似砖色为好。趁灰未完全干的时候，用竹片或薄金属片（如钢锯条）沿平尺板在灰上划出细缝
	抹白灰刷烟子浆镂缝，简称“镂活”，多用于廊心墙穿插当、山花、象眼等处； 常见的形式不仅有砖缝，还可镂出图案花卉等； 其方法是先将抹面抹好白麻刀灰，然后刷上一层黑烟子浆，等浆干后用錾子等尖硬物镂出白色线条来。根据图面的虚实关系，还可轻镂出灰色线条
	抹白灰（或月白灰）描黑缝，简称“抹白描黑”； 偶见于庙宇中的内檐或无梁殿的券底抹灰； 做法是先用白麻刀灰或浅月白麻刀灰抹好墙面，按砖的排列形式分出砖格，用毛笔蘸烟子浆或青浆顺平尺板描出假砖缝

思考与巩固练习

一、简答题

1. 简述古建筑檐墙结构的特征；

2. 简述古建筑山墙结构的特征；

3. 简述古建筑院墙结构的特征。

二、练习题

1. 绘制古建筑各部分墙体平立剖面图；

2. 完成古建筑干摆墙砌筑实训；

3. 完成古建筑墙面勾缝（平缝、凸缝、凹缝）实训。

任务 1.5　构造一座古建筑的屋面部分

任务要求

1. 知识目标：能够理解并记忆古建筑常见屋顶的式样、瓦面与屋脊构造。

2. 能力目标：能够依据古建筑常见屋顶的式样、瓦面与屋脊构造绘制平、立、剖面图。

3. 重点难点：重点——古建筑常见屋脊构造；

难点——绘制古建筑常见屋面平、立、剖面。

4. 思政目标：在理论学习中把握古建筑历史文脉，在实训操作过程中严格遵守实训室管理规章制度，培养吃苦耐劳、态度严谨、爱岗敬业、团队合作、勇于创新的职业素养。

知识准备

屋顶式样，早在原始社会时期已有两坡顶、四坡顶和圆锥顶等类型。到奴隶社会时期，四坡顶成为统治阶级殿堂建筑的屋顶专用式样。到了秦、汉时期也大体如此，重要建筑物的屋顶用四坡顶，一般民居建筑用悬山顶。唐代及以后出现了重檐庑殿顶，为最高等级建筑物的屋顶式样，直到清末仍是如此。硬山顶出现较晚，大约在元末明初开始使用，明以后使用比较普遍（图 1-58）。

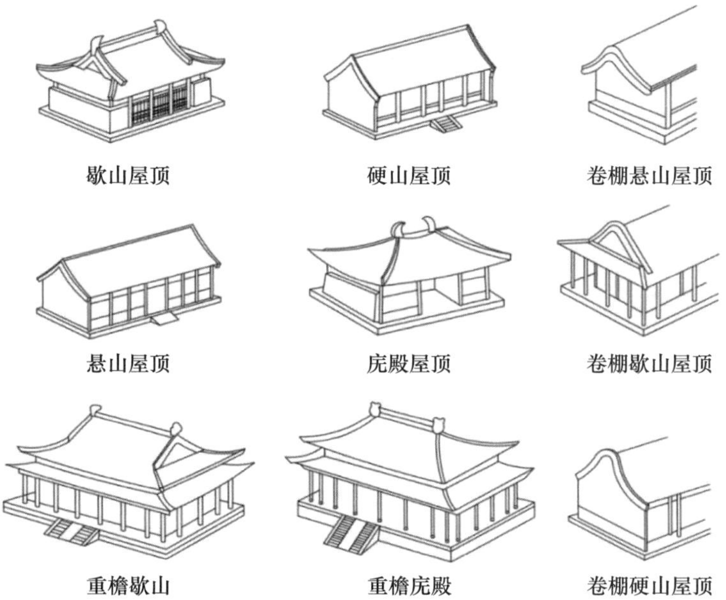

图 1-58　屋顶形式示意图

具体而言，我国古代建筑屋顶的式样主要有硬山顶、悬山顶、歇山顶、庑殿顶、攒尖顶 5 种基本式样；除此之外还有单坡顶、平顶、囤顶、盝顶、盔顶、圆顶等以及由这些屋顶式样组合而成的各种组合形式屋顶，如两个或三个硬、悬山屋顶前后连在一起，可组成“勾连搭”，两个屋顶勾连搭又称“一殿一卷”；把两个矩形屋顶横穿在一起就组成了“十字顶”等。

1.5.1 古建筑屋顶的式样与构造

1. 常见屋顶的式样与构造

（1）硬山和悬山式屋顶构造

硬山屋顶和悬山屋顶都是两坡顶，两者区别并不大，只是在山面木檩有挑出与无挑出的区别，硬山顶建筑的山面木檩不挑出山墙外，即所谓“封山下檐”；悬山顶建筑的山面木檩挑出山墙以外，即所谓“出梢”。除此，屋面构造基本相同，由两坡瓦屋面、一条正脊和四条垂脊等组成。

硬山和悬山屋顶根据屋面的形式又可分为尖山和卷棚两种形式。

① 尖山式屋顶

建筑物屋顶的剖面轮廓为尖顶形，由前、后两坡瓦屋面相交组合成“人”字形尖顶，称为“尖山”。

② 卷棚式屋顶

建筑物屋顶的剖面轮廓为圆弧形，也称为“罗锅形”，前后两坡瓦屋面由圆弧形正脊连接成整体，称为“过垄脊”。

（2）歇山式屋顶构造

歇山顶也称为“九脊殿”。将一座硬山或悬山建筑取其山尖以上部分（包括山尖），再向四周伸出屋檐，就是歇山形式。歇山建筑屋顶两侧坡面也称“撒头”，歇山的山尖部分称为“小红山”。歇山式屋顶有单檐歇山屋顶和重檐歇山屋顶两种做法。

① 单檐歇山屋顶

单檐歇山屋顶是指只有一层屋檐的歇山式屋顶，有尖山顶和卷棚顶两种形式。是由前、后两坡瓦屋面、两山的坡瓦屋面、一条正脊、四条垂脊、四角的戗脊和小红山的博脊等组成。

② 重檐歇山屋顶

重檐歇山屋顶是指在单檐歇山顶的屋檐下再增加一层四坡屋檐的一种屋顶式样，也有尖山顶和卷棚顶两种形式。其顶层屋顶的构造同单檐歇山屋顶的构造完全相同，下层檐的屋面构造是由四坡瓦屋面、四条戗脊和四条围脊等组成。

（3）庑殿式屋顶构造

庑殿顶是四坡形屋顶，故又称“四阿顶”，也俗称“五脊殿”，其前后坡两侧的坡瓦屋面称为“撒头”，式屋顶有单檐庑殿屋顶和重檐庑殿屋顶两种形式。

① 单檐庑殿屋顶

单檐庑殿屋顶的构造是由前后两坡瓦屋面、两山坡瓦屋面、一条正脊和四条垂脊组成。

② 重檐庑殿屋顶

重檐殿屋顶是指在单檐庑殿屋顶的屋檐下再增加一层四坡屋檐的一种屋顶式样。其顶层屋顶的构造与单檐庑殿屋顶的构造完全相同，下层屋檐的屋面构造是由四坡瓦屋面、四条戗脊和四条围脊等组成。

（4）攒尖式屋顶构造

攒尖式屋顶是指将屋顶的所有坡瓦屋面顶端都攒在一起，在顶部交汇于一个顶点所得的屋顶。攒尖屋顶分为多边形和圆形两大类，每一类有单檐攒尖顶和重檐攒尖顶两种形式。

① 多边形攒尖屋顶

多边形单檐攒尖屋顶的常见形式有四、五、六、八方亭形式，其屋顶构造是由 n（边数）块三角形坡瓦屋面、n 条垂脊和一个宝顶等组成。

多边形重檐攒尖屋顶是指在单檐攒尖屋顶的檐子下再加一层屋檐的一种屋顶式样，其屋顶构造是由单檐屋顶、n（边数）块梯形坡瓦屋面和 n 条戗脊等组成。

② 圆形攒尖屋顶

圆形单檐攒尖屋顶的构造是由一个锥形坡瓦屋面和一个宝顶组成。

圆形重檐攒尖屋顶是指在单檐圆形攒尖屋顶的檐子下再加一层屋檐的一种屋顶式样。其屋顶构造是由单檐屋顶、一个圆台形坡瓦屋面和一条围脊等组成。

2. 屋顶瓦面种类

（1）琉璃瓦屋面

在我国，琉璃的使用在战国时就已发现，不过是琉璃珠之类的制品，并非用在瓦件上的釉料。瓦上带釉见于汉明器，到南北朝时琉璃瓦已正式应用在最主要的宫殿建筑上，以后则是越来越多，主要以黄、绿为主色，至元、明、清以来，琉璃瓦件颜色增多。在我国古代，琉璃瓦只用于宫殿建筑中，如清代就有严格的规定，亲王、世子、郡王王府建筑中只能用绿色琉璃瓦或绿剪边，只有皇宫和庙宇中的建筑才能用黄色琉璃瓦或黄剪边，离宫别馆和皇家园林建筑可以用黑、蓝、紫、翡翠等颜色及由各颜色的琉璃瓦组成的“琉璃集锦”屋面。其规格大小从二样至九样共有 8 种。

削割瓦一般指琉璃瓦坯子素烧成型后“焖青”成活，而不再施釉的一种瓦件。削割瓦的外观虽然接近布瓦，但其做法却遵循琉璃瓦屋面规矩，削割瓦虽无釉面，但从等级和做法角度讲，属于琉璃瓦屋面。

（2）布瓦屋面

布瓦屋面又称为“黑活屋面”。布瓦是颜色呈深灰色的黏土瓦，其规格从特号至十号共有 5 种。布瓦屋面有多种做法，用弧形片状板瓦做底瓦垄，用半圆形的筒瓦盖住两垄底瓦垄间缝隙的屋面做法称为“筒瓦屋面”。如底、盖瓦垄都用板瓦的屋面做法称为“合瓦屋面”或“阴阳瓦屋面”。如仅用板瓦直接铺成屋面，而不再做盖瓦的屋面做法称为“干槎瓦屋面”。如在两垄底瓦的接缝处用灰堆出梗条的做法称为“仰瓦灰梗屋面”（图 1-59）。

（3）其他做法的屋面

除了琉璃瓦屋面和布瓦屋面之外，还有一些不常见的屋面做法。

① 坡屋顶屋面用石板瓦（以薄石片代替瓦件）。

② 合瓦屋面中间及下半部改做灰背或石板瓦的称为“棋盘心”。

③ 平顶采用抹灰或焦渣背做法的称为“灰平台”。

④ 采用较纯净的黄土（或掺少量白灰）掺入麦秆或稻草等覆盖的屋面，称为“滑秸泥背屋面”。

⑤ 采用麦秆、稻草或茅草覆盖的屋面，称为“草顶屋面”。

⑥ 金瓦顶屋面，其突出特点是瓦面具有金灿灿、明晃晃的外观效果，具体包含 3 种：第一种名为金瓦，实为铜瓦，多见于皇家园林建筑；第二种是铜胎镏金瓦，多见于皇家园林、藏传佛教建筑；第三种是在铜瓦的外面包“金页子”，见于藏传佛教建筑。

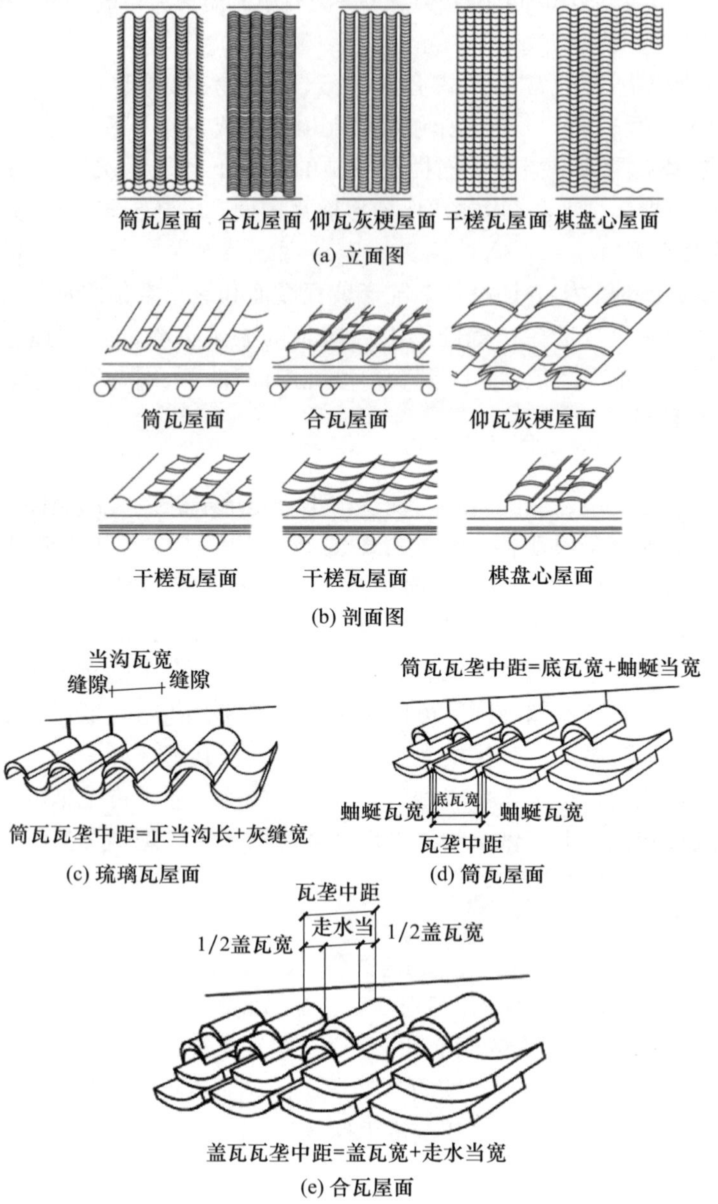

图 1-59　屋顶瓦面种类示意图

⑦ 明瓦做法，用玻璃覆盖屋面的做法就称为“明瓦做法”，宫殿建筑中也有用云母片加工而成的。

3. 常见的古建筑屋脊构造

不同瓦面种类所对应的屋脊构造亦有所差异，现以相对复杂的大式琉璃屋脊为例，拆解中国古代建筑中的屋脊构造，反映传统建筑的权衡与通则。

1）硬、悬山建筑琉璃屋脊的组成部分

（1）卷棚式硬、悬山建筑琉璃屋脊的组成部分

① 正脊：卷棚式硬、悬山建筑琉璃屋面的正脊为过垄脊做法。过垄脊的做法比较

简单，前、后坡只用三或五块“折腰瓦”，一或三块“罗锅瓦”相互连接。

② 垂脊：硬、悬山建筑琉璃屋面的垂脊俗称“排山脊”。如做排山勾滴则称为“铃铛排山”。卷棚式的垂脊俗称为“箍头脊”或“罗锅卷棚脊”。

③ 垂脊兽前：垂脊兽前放仙人和小兽。小兽又称走兽、小跑或小牲口。小兽的先后位置顺序是：龙、凤、狮、天马、海马、狻猊、押鱼、獬豸、斗牛、行什。工匠称之为：“一龙二凤三狮子，四天马五海马，六狻七鱼八獬九吼十猴。在小兽之后安放一块筒瓦，即兽后筒瓦。”在兽后筒瓦之后、压当条之上安放兽座，在兽座之上安放垂兽并安好兽角。垂兽一般应在正心桁（无斗栱的为檐檩）位置上。

④ 垂脊兽后：在垂兽之后、压当条之上安放“垂通脊”（俗称为“垂脊筒子”）。兽座如果不是“联办兽座”，其后面的脊筒子应使用“搭头通脊”。在通脊砖上安放“盖脊筒瓦”（又称为“扣脊筒瓦”）。屋面两坡相交处的垂脊分件，应是罗锅形状的，否则就不能做成“卷棚式”（图1-60）。

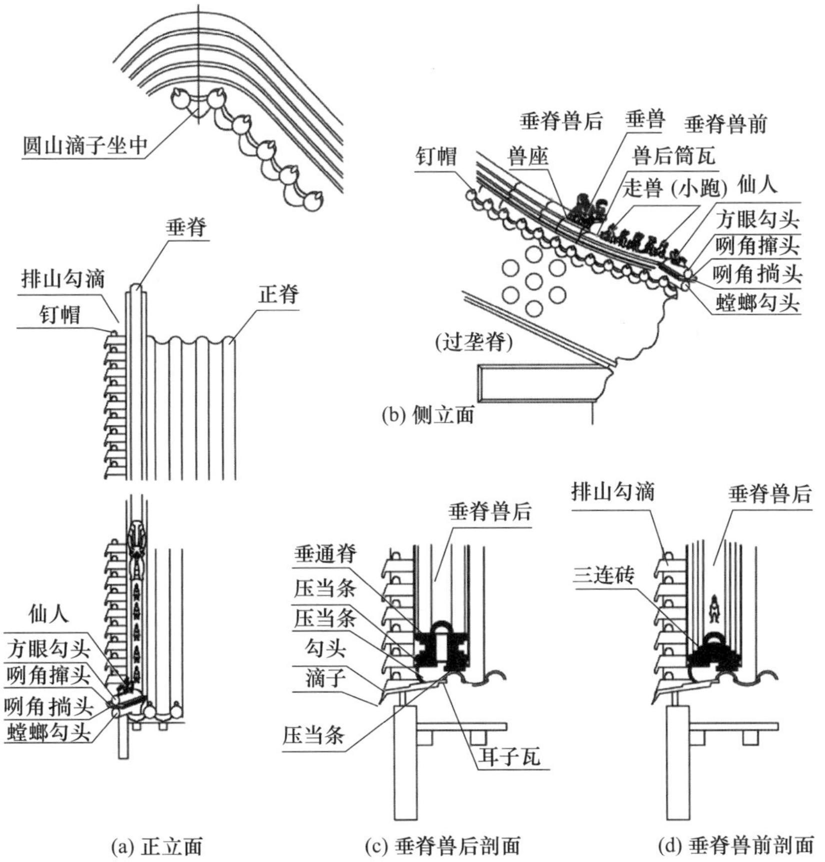

图1-60 硬、悬山建筑琉璃屋脊构造示意图

（2）尖山式硬、悬山建筑琉璃屋脊的组成部分

① 正脊：正脊由压当条、群色条、正通脊、扣脊筒瓦、吻座、正吻等构件组成。为了突出正脊的高大，正脊的瓦件样数可以比其他脊的瓦件大一样，如垂脊用六样，正脊可以用五样。城楼或某些府第建筑屋顶的正吻常改为“正脊兽”，也称为“望兽”，俗

称为“带兽”，其形象与垂兽相同，放置时应将兽的嘴唇朝外。

② 垂脊：尖山式垂脊与卷棚式垂脊的做法基本相同。不同的是，卷棚式垂脊是前后坡相通的，在脊部做卷棚状，而尖山式垂脊被正吻或正脊兽隔开。垂脊与正吻相交处，要使用一块“戗尖脊筒子”。当瓦面坡长很短（如院墙），并为披水排山做法时，可以不做兽前，垂脊做到垂兽为止。兽座下放“托泥当沟”，卡在边垄与梢垄之间（图 1-61）。

吻

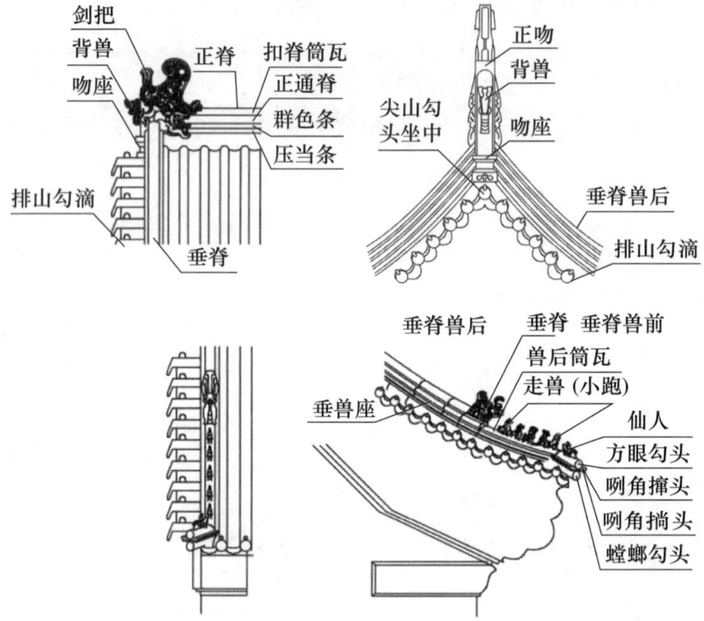

(a) 正立面　(b) 侧立面

图 1-61　尖山式硬、悬山建筑琉璃屋脊构造示意图

2）歇山建筑琉璃屋脊的组成部分

（1）正脊

歇山建筑正脊可分为过垄脊和大脊两种做法，卷棚式歇山建筑即为过垄脊［图 1-62（a）（b）］，尖山式歇山建筑即为大脊［图 1-62（c）（d）（e）（f）］。

（2）垂脊

正脊做过垄脊的，垂脊就应做罗锅卷棚脊（箍头脊）；如正脊做大脊的，垂脊做法与尖山式硬、悬山建筑屋面垂脊兽后的做法相同。

（3）戗脊

歇山脊又称为“岔脊”，分为戗兽前和戗兽后两部分，戗兽前一般由斜当沟、压当条、三连砖、小兽、仙人组成；戗兽后一般由斜当沟、压当条、戗脊筒子、扣脊筒瓦组成。

八样琉璃瓦屋面的戗脊，戗兽后一般不用脊筒子，而改用连砖做法，如戗兽后用大连砖（又称承奉连砖），戗兽前用三连砖；或戗兽后用三连砖，戗兽前用小连砖。九样琉璃瓦屋面的戗脊由于更加矮小，所以戗兽后多使用三连砖或小连砖，戗兽前的压当条以上仅用平口条，平口条以上直接放小兽，撺、淌头改用三仙盘子。

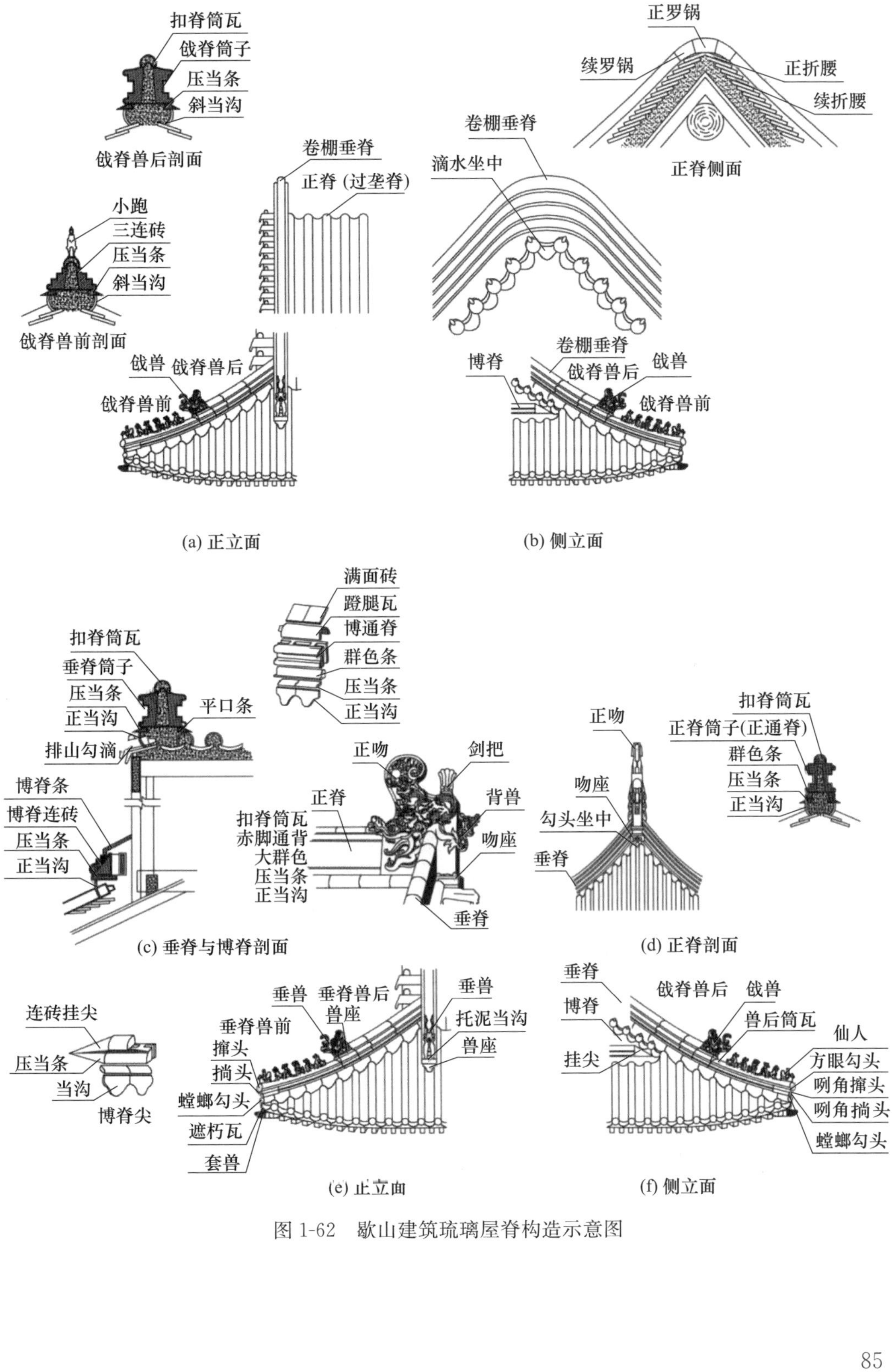

(a) 正立面　(b) 侧立面

(c) 垂脊与博脊剖面　(d) 正脊剖面

(e) 正立面　(f) 侧立面

图 1-62　歇山建筑琉璃屋脊构造示意图

（4）博脊

在歇山撒头瓦面和“小红山”相交的地方所做的屋脊称为“博脊”。博脊两端隐入排山勾滴的部分称为“博脊尖”，俗称为“挂尖”。

博脊一般应由下列脊件组成：正当沟、压当条、博脊连砖和博脊瓦（俗称“滚水”）。五样以上琉璃瓦件，应将博脊连砖改为承奉博脊连砖。

3）庑殿建筑琉璃屋脊的组成部分

（1）正脊

庑殿建筑屋顶正脊与尖山式硬山建筑屋顶正脊基本相同，但因庑殿建筑无排山勾滴，所以吻座应放在“吻下当沟”之上。

（2）垂脊

庑殿建筑屋顶垂脊与硬、悬山建筑屋顶垂脊基本相同。不同的是庑殿建筑屋顶垂脊应使用斜当沟，垂兽位置在角梁上，咧角撺头、淌头改用撞、淌头（图 1-63）。

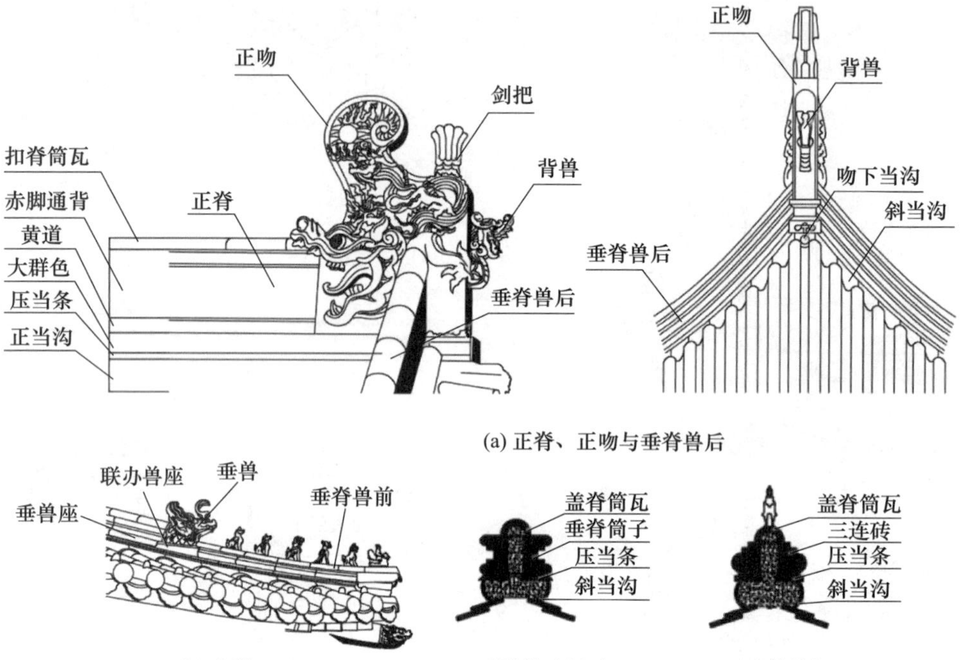

(a) 正脊、正吻与垂脊兽后

(b) 垂脊　(c) 垂脊兽后剖面　(d) 垂脊兽前剖面

图 1-63　庑殿建筑琉璃屋脊构造示意图

4）攒尖建筑琉璃屋脊的组成部分

攒尖建筑屋顶只有宝顶和垂脊两种屋脊，圆形攒尖建筑屋顶只有宝顶而无垂脊。

琉璃宝顶的造型大多为须弥座上加宝珠的形式，也有做成其他形状的，如宝塔形、鼎形等。

宝顶的常见形式可分为宝顶和宝珠两部分，无论建筑物屋顶平面是什么形状，琉璃宝顶的顶座平面大多为圆形，顶珠也多为圆形，但也有做成四方形、六方形或八方形等。小型的顶珠多为琉璃制品，大型的顶珠常做成铜胎镏金的。

宝顶除可用在攒尖建筑屋顶上，也可用在建筑物屋顶正脊上，但不常见。

攒尖建筑琉璃屋顶垂脊做法与庑殿建筑屋顶垂脊做法基本相同，但小型攒尖建筑屋顶的垂脊，常把脊筒子改为承奉连砖或三连砖（图1-64）。

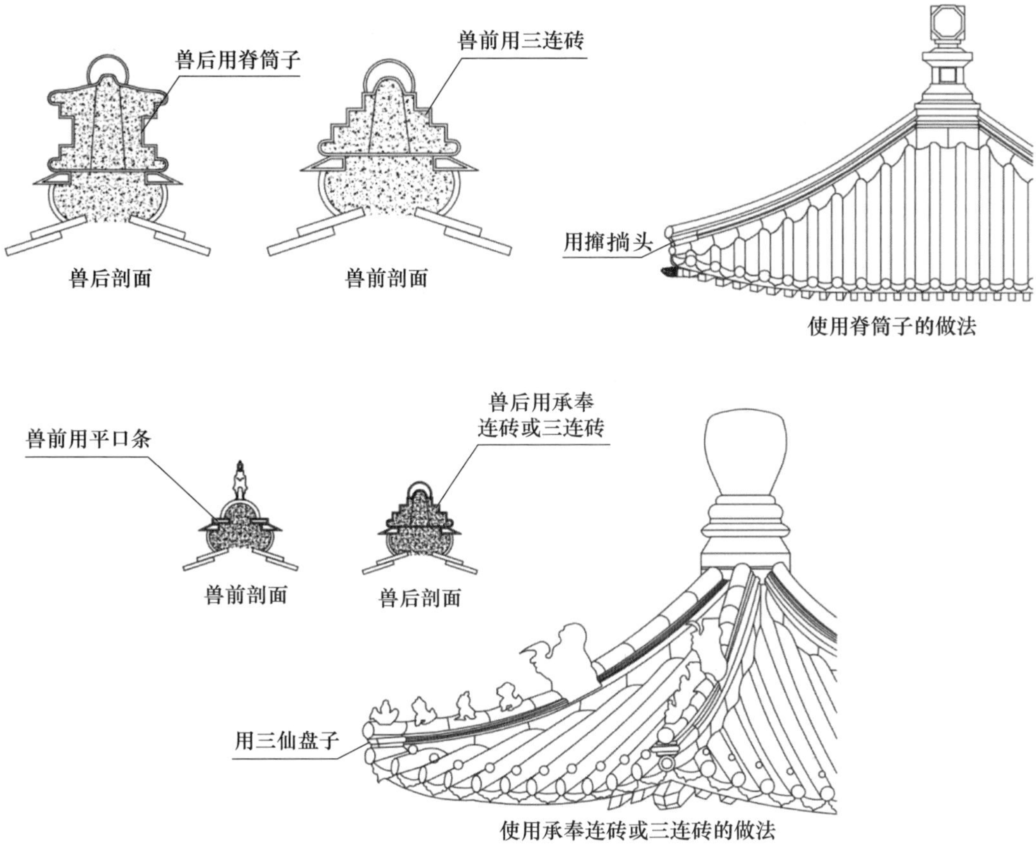

图1-64　攒尖建筑琉璃屋脊构造示意图

5）重檐建筑琉璃屋脊的组成部分

重檐建筑屋顶的上层檐屋脊，与庑殿、歇山或攒尖建筑屋顶的屋脊构造完全相同。无论上层檐是哪种屋面形式，下层檐的屋脊做法都是相同的，即采用围脊和角脊做法（图1-65）。

（1）围脊

围脊的构造一般由下列构件组成：当沟、压当条、博通脊（围脊筒子）、蹬脚瓦和满面砖。当建筑物的体量较大时，比如屋顶瓦件在四样以上，可加一层群色条。当围脊需要降低时，可将博通脊、蹬脚瓦及满面砖改做博脊连砖和博脊瓦。

合角吻安放在围脊四角的压当条之上，如有群色条，应放在群色条之上，然后安放合角剑把。当上层檐的正吻改为正脊兽做法时，合角吻也应改为合角兽。

（2）角脊

角脊的做法与歇山建筑屋顶戗脊的构造做法基本相同。不同之处在于囊要小，或者可以没有囊；与合角吻相交处的通脊（戗脊筒子）要用一块燕尾形的脊筒子。

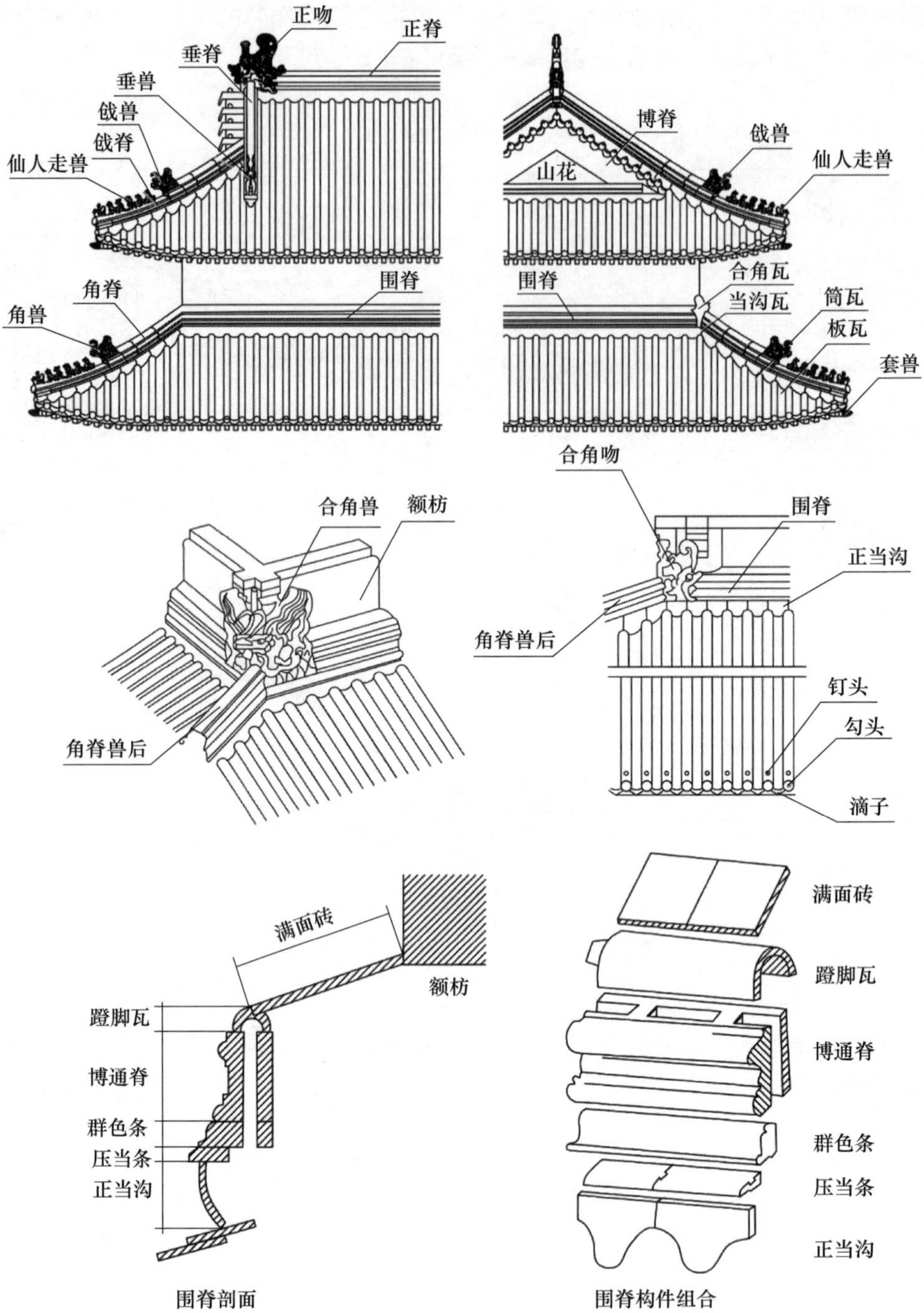

图 1-65　重檐建筑琉璃屋脊构造示意图

1.5.2　古建筑屋顶的基层与苫背

1. 古建筑屋顶的基层种类

苫背一般从木望板开始，普通民宅也可用席箔和苇箔代替（檐椽部位用席箔，檐椽以上不露明的部位用苇箔）。除了木望板和席箔、苇箔做法外，还可采用荆芭、瓦芭、砖芭和石芭做法。荆芭是以荆条编成的片状物作为灰背的基层，多见于地方建筑。瓦芭、砖芭和石芭的说法由荆芭而来，瓦芭做法是将板瓦铺搭在木椽子上，瓦与瓦的对缝处应勾抹素灰膏。这种做法既可用于无顶棚的建筑中，也可作为修缮时旧料利用的一种手段。砖芭又叫“砖望板”或“望砖”，是宋代建筑的常见做法，明、清时期北方已不多见。望砖是一种较薄的条形砖，使用时直接铺在椽子上，砖缝之间要勾抹白灰膏。石芭是以薄石板代替木望板铺在椽子上的做法，多见于地方建筑。凡琉璃大脊或屋面有吻兽者，在苫背前应在扶脊木（或檩）上钉好脊桩、吻桩或兽桩。

2. 古建筑屋顶的苫背技术

古建屋架多以木结构为主要结构，屋顶任何部位短期内的漏雨都可能造成木材的腐朽，所以屋顶的防水性能与古建筑的寿命有着非常密切的关系。而屋顶（尤其是灰背顶）防水性能的强弱与灰的质量有着直接的关系，所以灰背的质量往往决定了古建筑的寿命。灰背质量的优劣固然与采用何种做法有关，但也与操作工艺的质量有关。从技术角度来说，在相同的做法条件下，不同的做法也会对灰背的密实度和强度、水流是否通畅，甚至能否保证不裂等产生很不相同的影响。所以只是决定了采取何种做法并不能最大限度地提高灰背的质量。下面分别就具体操作中的各种因素谈谈如何才能提高灰背的质量（图 1-66）。

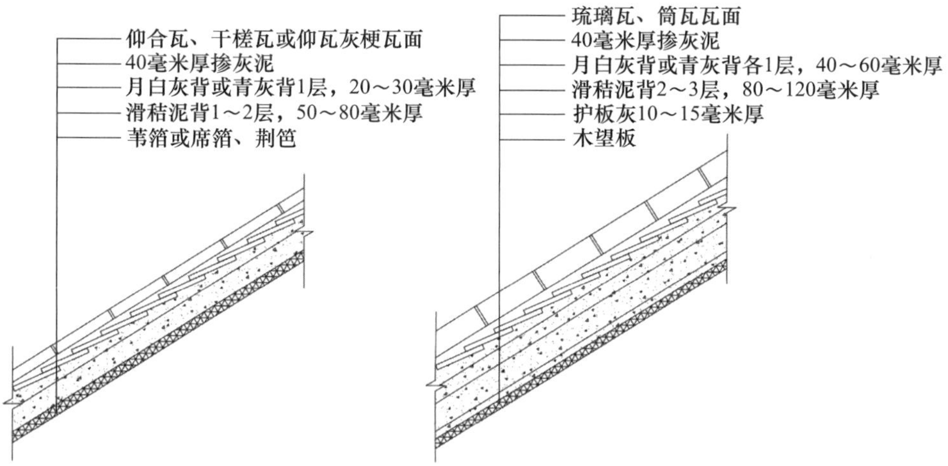

图 1-66　普通小式（左）、大式（右）建筑屋面构造示意图

1）备料

（1）泼灰

麻刀灰是苫背的主要材料，泼灰的质量直接影响着灰背的质量。

正确的泼灰应分次进行，每次数量不可太多，粉化之后的体积一般不超过 0.4 立方米（俗称“一泡”）。每泡灰都要按以下步骤分两次泼。

① 把清水淋在生灰块（氧化钙）上，水量不宜过大，也不宜对某一处连续泼洒。水量和间隔时间都要与生灰块粉化的速度相符，不可操之过急。为了保证质量，在实际操作中应由两人同时进行，一人淋洒清水，一人用三齿不断地翻倒生灰块。如果用皮管子接通水源泼灰，水量应控制在合适的程度，并要不停地移动泼洒的位置。严禁将管头插入灰中大流量地定点冲刷。

② 待生灰块完全粉化以后，开始第二次泼灰。用三齿将已粉化了的灰扒开，然后泼洒清水。这一次要把灰泼成颜色呈青白色的湿粉状。泼时一定要随翻随泼，对于比较“生”的部分更要保证泼透。经过第二次翻泼以后，要把灰翻倒到另外一个地方（场地应无生灰），并堆积起来。经过这一“倒”（拌和）一“闷”（催化），偶存的“生”“熟”不匀的现象就再一次地得到了改善。闷至半个小时左右，这泡灰的泼灰全过程就算完成了。

在泼灰过程中，要着重注意以下 4 点：一是泼洒时要均匀，水量要适度；二是灰的“成色”应保持在既不“涝”又不“生”之间，第二次泼洒后的直观效果以既不呈纯白色的干粉状、又未达到湿漉漉的成色为好；三是泼灰时要分两次泼，一次泼成的灰很难保证质量；四是泼完之后要重视最后的一“倒”一“闷”。

泼成的灰叫“泼灰”，泼灰的化学成分为氢氧化钙。由于氧化钙变成氢氧化钙的化学反应过程需要一定的时间，所以绝不能急于求成。总之，灰泼得太生，会造成灰背起拱；泼得太涝，会降低灰背的强度。以后每一“泡”灰都要严格按上述要求泼。全部泼完后要用网眼不超过 0.5 厘米宽的筛子把灰筛一遍。筛灰时主要应注意，严防已筛好的泼灰里混入灰渣子，灰渣子中常含有未能及时粉化的生灰块——慢性灰，如果筛灰时发现粉尘极易飞扬，感觉灰呛难忍，则说明灰泼得“生”了，应再泼至合适，或与“涝”了的部分掺和在一起。

（2）泡青浆

青浆是由青灰加水搅拌调制而成的。观察青浆质量好坏，除了看它是否含有渣子外，还要看它的色泽是否浓重，其色泽是否浓重要由青灰的质量、青浆中青灰的含量和兑水的次数决定，所以稠的青浆不一定色泽浓重。在实际操作中，常以浆中是否浮有一层油性物质为标准，浮有油性物的为上乘优质青浆。为了能制取色泽浓重的优质青灰，首先要尽量使用优质青灰，同类产品宜用青灰块，不宜用青灰粉。其次，要保证水中含有足量的青灰。另外还要经常补充新的青浆，因为普通的青灰在兑水 2～3 次以上时青浆的色泽就较淡了。青浆应过细筛后使用，否则会降低灰背的强度。用于制作泼浆灰或麻刀灰的，可经网眼宽度不超过 0.5 厘米的筛过滤或经沉淀后使用。用于顶层刷浆轧亮的，要经网眼宽度不超过 0.2 厘米的筛子过滤。根据不同的使用要求，青浆的成色要有相应的变化。用于制作泼浆灰的青浆可以较稠，用于刷第一次浆的应较浓，刷第三次以上时青浆应较稀，以后应越刷越稀。如果灰背表层沉积了过多的青灰，在赶光轧亮时，黏稠的浆液往往会粘住抹子，以致造成表层局部翻起。

（3）浆灰

把青浆分层泼在泼灰上叫作“浆灰”。泼灰筛好后要移至不受雨淋且没有生灰和灰渣子的地方堆积起来。如在现场，将场地清扫干净并要搭棚子或用苫布盖严。堆积时要逐层依次进行，每铺至 15～20 厘米时可成为一层，每层要摊平，并要泼上一层较浓的青浆。如此层层浆灰，直到全部浆完为止。通过浆灰制成的灰叫作“泼浆灰”。

无论是泼浆灰还是泼灰都至少要存放半个月以上才能用于苫背。从大约半个月以后算起，存放的时间越短，质量越好。一般说来，存放时间超过半年以上的泼浆灰或泼灰就不宜再用于苫背了，所以在实际操作中应根据工程的进度，合理安排泼灰和浆灰的时间。

（4）择麻刀

首先对麻刀进行挑选。发霉变质的麻刀不可用于苫背，麻刀应越干净越好。麻刀一定要全部拆散，否则与灰掺和后会结成疙瘩。麻刀蛋会造成灰中的灰、麻比例不均，麻刀比例太大的部分会降低灰背的强度，麻刀比例较小的部分又容易开裂，从而影响灰背的质量。为了确保灰背的质量，必须把灰和匀。只有把麻刀拌匀，才有可能把麻刀和匀。从操作角度讲，择得越匀越松散，和起来也就越省力。所以在和灰之前，必须先把麻刀择好备用。

（5）和灰

灰的调制叫作“和灰”，苫背用的大麻刀灰是以泼灰或泼浆灰加麻刀（100∶5质量比）再加水（或泼浆灰加青浆）调和而成的，和灰应注意以下几点：

① 先加水（或浆）后再放麻刀；

② 灰不可和得太稀，稀灰虽然和起来省力，却会降低灰背的强度；

③ 放麻刀时要均匀分散地放入，不要造成局部过密，未择松的麻刀切不可放入，放入一层麻刀后要及时调匀，以后不断放入麻刀并不断地搅拌均匀，直至灰麻之比确实达到了100∶5为止；

④ 若为手工和灰，不得以铁锹拌和的方式，最好也不使用三齿搅拉，一般应使用拉麻刀灰的专用工具——二齿进行操作，这样既省力又能保证质量；若为机械和灰，每次投入的麻刀量越少越好。

2）苫背

传统做法强调灰背要分层苫成，每层厚度约为3厘米，并要拍实轧光，以增加灰背的密实度。苫背的总厚度不可太薄，至少应在6厘米以上，尤其是以泥背代替灰背更应较厚，否则很难具备灰背应有的效能。

苫背时每层要尽量一次苫完，尤其是顶层灰背更要尽量一次苫完。如果面积较大，实在不能一次苫完时，应注意对接槎部分（俗称“槎子”）进行如下处理：必须留斜槎，不能留直槎；槎子宽度不小于20厘米；槎子部分不刷浆；槎子必须为“毛槎”，以用木抹子剁出的毛槎效果较好，最忌将槎子赶轧光亮；如果在接槎时感觉槎子“老”（干）了，要用水洇湿并用木抹子把槎子槎一遍。

苫背时要特别注意处理好水流问题。一般应掌握下列几点。

（1）流速越快越好

就是说灰背的高低差越大越好。为增大这种差别，要最大限度地增高灰背最高处的高度和降低最低处的高度。除了可在灰背的厚度上进行调整外，还要靠其他工序或工种在操作时就预先考虑得当，如把砖檐或水沟眼的位置降低至最低点，在可能的情况下尽量把水导向两个以上沟眼，即尽量不做成“一出水”的形式，尽量抬高灰背最高处的木架垫层等。

（2）沟眼要尽量留得大一些

沟眼大可以保证水流通畅。沟眼与附近的灰背之间要有尽可能大的高低差，力求造成最大的势能，以防止日久泥沙、植物等堵塞沟眼后可能出现渗漏。

（3）抹灰抹平防止局部积水

不但要保证整个灰背的水流通畅，还要注意不出现局部积水的现象。积水现象的发生大多是由于把灰抹成了局部凹凸不平所致，所以要用较大的抹子（如木抹子或大铁抹子）抹灰。可以弹线的要弹线，然后按线抹。在抹的过程中要用平尺随时检查。

（4）其他

尽量不要把水的主流水道安排在临近墙体或瓦檐的地方（图 1-67）。

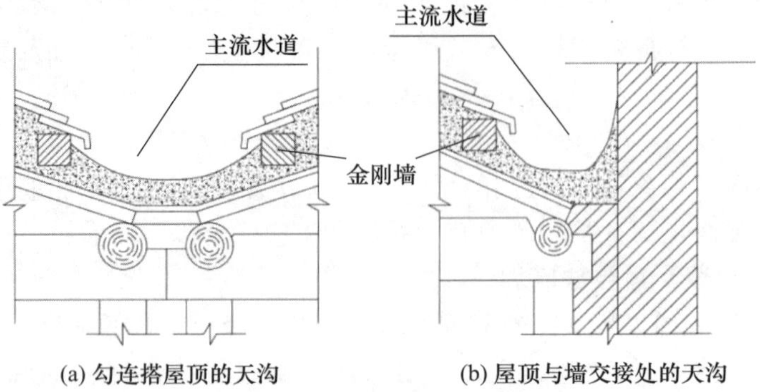

图 1-67　天沟剖面示意图

此外，苫背过程中还经常碰到如何处理槎子的问题。槎子处理得是否妥当与灰背是否漏水有极大的关系。灰背槎子的情况比较复杂，即使是同一种情况也可有不同的处理方法，虽无一定之规，但效果却往往相差很大。概括说来，应满足下面几个必要条件。

① 要防止槎子翘起，灰背下面应干净、湿润，必要时应做相应的处理。

② 要防止槎子开裂。灰背与墙体夹角处最易发生裂缝，此处宜用稍硬的灰，或在夹角处砌围脊或“胎子砖”。

③ 槎子尽量要“藏”起来。当槎子不得不裸露在表面时，收尾要抹得极薄，然后要用水刷子勒刷并用轧子轧实。切不可抹成直槎。

④ 尽量不做戗槎（逆槎）。

⑤ 尽量少留或不留槎子。比如平台屋顶上往往砌有女儿墙，在这种情况下如果先苫背后砌墙，可以保证灰背的完整性。但砌筑时应采取必要的措施对灰背进行保护，以免硬物划伤未完全凝固的灰背表层。如果屋面是灰背顶做法，檐头又有椽望连檐时，灰背在连檐以上的部分一定要抹出连檐以外，否则雨水会沿瓦檐的缝隙钻入檐头望板内，致使连椽、望板糟朽。

苫背还要注意季节性。如在深秋季节操作，至少要在上冻前一个月把背苫好，因为未完全干透的灰背一经冻结就会极大地降低灰背的强度，甚至造成彻底的毁坏。夏季施工应避免雨水可能造成的冲刷，一般不宜安排在雨季苫背，如果不得不在雨季苫背时，应在大雨来临之前用苫布将灰背盖好。

3）轧活

轧活时不能穿硬底鞋（如皮鞋）上房。当灰背较软时，要用较大的抹子轧活，并要将抹子放平，以避免轧成凹凸不平。待灰背稍硬时，可改用双爪抹子或轧子赶轧，但也应将抹子放平。随着轧活次数的增加，抹子移动的距离要相应缩短，抹子根部也应逐渐抬起，以减少抹子和灰背的接触面积。同时，人的脚跟应稍稍抬起，使身体的重心从脚部移至手与脚之间。采取上述做法，不但可以加大轧子对灰背的压强，从而增大灰背的密实度，还可以使原来没有得到充分赶轧的较低洼的地方轧光。

最后轧出的抹子花以窄短为宜，宽度可保持在 1.5 厘米左右，长度可保持在 50 厘米左右。在轧活中除了要注意抹子花宽度的变化外，还应注意轧活的次数。轧活的次数越多，灰背的密实度越高，所以一定要反复赶轧。每次赶轧之前都要刷浆，浆要一次比一次稀，直至灰背干了为止，即一定要“轧干”，绝不可“等干”。讲究的轧活方法是当灰背基本干了以后还要再刷清水（或淡浆）轧活，这样除了可以使灰背更加密实外，还利于灰背的养护，从而使灰背的强度得到充分的提高。总之，传统做法在轧活的次数上要讲究一个“多”字。青浆的稀稠度则要随次数的增多由稠变稀，由浓变淡。

苫背全部完成之后最好能进行养护，尤其是在干燥的季节。常用的养护方法是用草席铺在灰背上，并使草帘经常保持湿润。养护期可为 1～3 个星期。

处于瓦檐滴水之下的平台灰背或天沟等由于经常受到整个屋面的雨水的直接冲砸，因此这一段灰背的表层容易被水冲坏，应该采取必要的保护措施。简便而有效的方法是沿着雨水冲砸的路线扣放 1～3 排板瓦，这样可使雨水先碰在板瓦上再流到灰背上，从而减弱雨水的冲击力量。

项目实训

实训 1　瓦顶苫背技法实操

1. 实训目的

了解古建筑瓦面工序中瓦顶苫背的制作技术。

2. 实训知识

（1）泥背原理

古代重要的宫殿建筑往往不苫泥背，而以纯白灰背代替，认为这样做的质量会更好。实际上这是古人的一个误解，掺灰泥硬结后生成硅酸钙，麻刀灰硬结后生成碳酸钙。硅酸钙的强度、抗冻性能及柔性，均比碳酸钙好得多，所以泥背做法是一种值得肯定的苫背材料。

（2）青灰背表面的常见防滑措施

① 打拐子与粘麻：在大麻刀青灰背干至八成时，要在灰背上“粘麻打拐子”，如果不是重要建筑，可以只打拐子不粘麻。粘麻打拐子的方法是用梢端呈半圆状的木棍在灰背上打出许多圆形的浅窝，拐子常为 5 个一组（称为梅花拐子），下腰节以上每组拐子之间相距 5 组拐子的宽度，即要“隔 5 一打”，中腰节以上要“隔 3 一打”，上腰节以上要“隔 1 一打”，每组拐子之间要粘麻，待瓦瓦时把麻翻铺在底瓦泥（灰）上。

② 搭麻辫：用于坡面高陡的屋顶，每苫完一段大麻刀青灰背，趁灰背较软时将麻匀散地搭在灰背上，然后将麻轧进灰背里。搭麻应从脊上开始，两端最好能搭至瓦面的中腰节附近。

3. 实训步骤

步骤 1：在木望板上抹一层深月白麻刀灰，厚度为 1～2 厘米，这层灰叫“护板灰”。护板灰可比普通麻刀灰稍软一些，灰中的麻刀含量也可少一些，主要用于保护望板和椽子，如果苫背基层为席箔、苇箔等其他做法，则不用护板灰。

步骤 2：在护板灰上苫 2～3 层泥背。宫殿建筑多用麻刀泥，小式建筑多用滑秸泥，每层泥背厚度不超过 5 厘米。中腰节附近如泥背太厚，可事先将一些板瓦反扣在护板灰上，这些瓦叫作“垫囊瓦”，垫囊瓦既可以减轻屋面的重量，又可以防止因泥背太厚而造成开裂。

步骤 3：每苫完一层泥背后，用“杏儿拍子”进行“拍背”，时间应选择在泥背干至七八成时。拍背可以使泥背层变得密实，是一道十分关键的工序。

步骤 4：在泥背上苫 2～4 层大麻刀灰或大麻刀月白灰，每层厚度不超过 3 厘米。每层苫完后要反复赶轧坚实后再开始苫下一层。

步骤 5：在月白灰背上苫青灰背。青灰背也用大麻刀月白灰，但须反复刷青浆和轧背，赶轧的次数不少于“三浆三轧”。

步骤 6：苫完背以后要在脊上抹“轧肩灰”。抹轧肩灰时应拴一道横线作为两坡轧肩灰交点的标准，线的两端拴在两坡博缝交点上棱。前、后坡轧肩灰各宽 30～50 厘米，上面以线为准，下脚与灰背抹平。

步骤 7：苫背全部结束后要适当“晾背”，再开始瓦瓦。晾背对防止木望板糟朽是很有好处的。

实训 2　平顶苫背技法实操

1. 实训目的

了解古建筑瓦面工序中平顶苫背的制作技术及施工步骤。

2. 实训知识

平顶苫背拍麻刀的做法需要使用“麻刀绒”，制作麻刀绒需先将一堆麻刀择成松散状，然后用一根富有弹性的细棍轻轻拍打已择好的麻刀，当麻刀变得更加松散柔软时，用手拈出其中最柔软的部分，这次拈出的麻刀就叫作“麻刀绒”。用青浆泼洒灰背时为了不致把麻刀绒冲走，操作者应一手拿浆桶，一手拿抹子，桶中青浆要经抹子背部的阻挡后再泼到灰背上。

3. 实训步骤

步骤 1：在木望板上抹 1～2 厘米厚的护板灰。如果苫背基层为席箔、苇箔等其他做法，则不用护板灰。

步骤 2：在护板灰上苫 2～3 层泥背，宫殿建筑用麻刀泥，小式建筑用滑秸泥。每层泥背厚度不超过 5 厘米。

步骤 3：每苫完一层泥背后用“杏儿拍子”进行“拍背”。

步骤 4：在泥背上苫 2～4 层大麻刀灰或大麻刀月白灰。每层灰背的厚度不超过 3 厘米，苫完后反复赶轧坚实再开始苫下一层。

步骤 5：苫青灰背，用大麻刀月白灰，厚 2～3 厘米，应分段苫抹，每次不要抹得太宽。

步骤 6：拍麻刀。将麻刀绒均匀地铺在已经苫好的一段灰背上，然后用铁抹子将麻刀绒拍进灰背里，拍打时若发现局部不匀，应及时重新补铺麻刀绒，并将麻刀绒拍进灰背中去。

步骤 7：用青浆泼洒灰背（槎子部分不泼浆）。

步骤 8：用铁抹子赶轧灰背。

步骤 9：全部苫完后要及时再次刷浆赶轧，这一次一定要把麻刀绒全部轧入灰背里，不可露麻，然后反复刷浆和赶轧直至轧干为止。

小知识：

民间有时在平台灰背的表面撒一层铁粒，然后把铁粒拍进灰背里去。经过这样处理的灰背表面具有较高的硬度，不怕硬物（如铁锹）的碰撞。因此，粮店、煤铺等需要在屋顶堆晒物品的铺面房往往采用这种做法。

思考与巩固练习

一、简答题

1. 简述古建筑屋顶的基层种类；

2. 简述古建筑苫背技术的要点。

二、练习题

1. 完成瓦顶苫背实训；

2. 完成平顶苫背实训。

1.5.3　古建筑屋顶的瓦面与瓦瓦

瓦瓦

1. 屋面定位

1）硬、悬山做法

（1）分中

“底瓦坐中”是明清官式建筑做法中的重要法式，早期虽有盖瓦坐中做法，但后来已极少采用。除了因风水方面的原因有意采用盖瓦坐中（又称为“子午垄”），或某些聚锦做法的琉璃屋面外，绝大多数情况下都应遵循这个法式。在檐头找出整个房屋的横向中点并做出标记，这个中点就是屋顶中间一趟底瓦的中点。

确定了屋面中间一趟底瓦中点以后，再从两山博缝外皮往里返大约两个瓦口的宽度，并做出标记。琉璃瓦应按正当沟长加灰缝定瓦口尺寸。黑活、走水当不小于底瓦宽的一半，以此决定瓦口尺寸。决定了这两个瓦口的位置，也就固定了两垄边垄底瓦的位置（其中一垄只有一块割角滴子，以上为排山勾滴）。上述这种做法适用于铃铛排山做法，如为披水排山做法，应当先定披水砖檐的位置，然后从砖檐里口往里返两个瓦口，这两个瓦口就是两垄边垄底瓦的位置。

（2）排瓦当

在已确定的中间一趟底瓦和两端瓦口之间赶排瓦口，如果排不出“好活”，应调整某几垄“蚰蜒当”的大小（两垄底瓦之间的距离）。具体做法是，用小锯将相连的瓦口适当截断，即“断瓦口”，瓦口位置确定后，将瓦口钉在连檐上。钉瓦口时应注意退雀台，即应比连檐略退进一些。瓦口钉好后，每垄底瓦的位置也就确定了。

（3）号垄

将各垄盖瓦（注意是盖瓦不是底瓦）的中点平移到屋脊扎肩灰背上，并做出标记。

2）庑殿做法

庑殿式屋顶分为 3 个部分：前后坡、撒头和翼角。

(1) 前后坡分中号垄

① 找出正脊的横向中点；

② 从两端扶脊木尽端往里返两个瓦口并找出第二个瓦口的中点；

③ 将这 3 个中点平移到前、后坡檐头，并按中点在每坡钉好 5 个瓦口；

④ 在确定了的瓦口之间赶排瓦当，并钉好瓦口；

⑤ 将各垄盖瓦中点号在脊上。

(2) 撒头分中号垄

① 找出扶脊木中线，并在撒头灰背上做出标记，这条中线就是撒头中间一趟底瓦的中线；

② 以这条中线为中心，放 3 个瓦口，找出另外两个瓦口的中点，然后将 3 个中点号在灰背上；

③ 将这 3 个中点平移到连檐上，按中点钉好 3 个瓦口。由于庑殿撒头只有一垄底瓦和两垄盖瓦，所以在分中的同时，就已将瓦当排好并已在脊上号出标记了。前后坡和两撒头的 12 道中线是庑殿屋顶各项工作的标准。

(3) 翼角不分中

在前后坡和撒头钉好的瓦口与连檐合角处之间赶排瓦当。应注意前后坡与撒头相交处的两个瓦口应比其他瓦口短 2/10～3/10，否则勾头就压不住割角滴子瓦的瓦翅(图 1-68)。

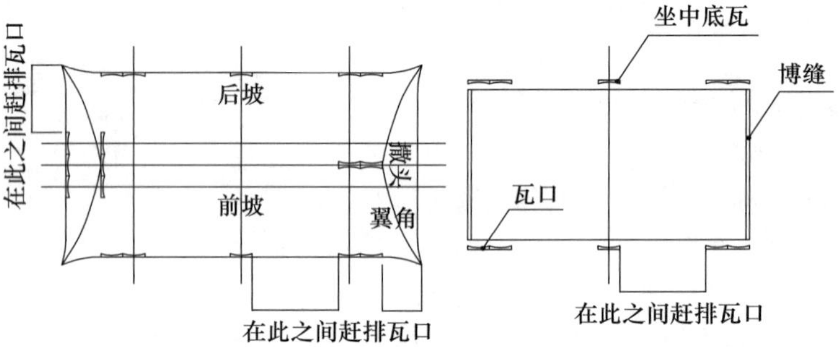

图 1-68　硬、悬山屋顶(右)与庑殿屋顶(左)分中号垄示意图

3) 歇山做法

(1) 歇山前后坡分中号垄

① 在屋脊部位找出屋顶正中点，此点即为坐中底瓦的中点；

② 两端从博缝外皮往里返活，找出两个瓦口的位置和第二块瓦口的中点，这个中点就是边垄底瓦中；

③ 将上述 3 个中点号在脊部灰背上；

④ 将这 3 个中点平移到檐头连檐上，并钉好 5 个瓦口；

⑤ 在钉好的瓦口间赶排瓦当。

(2) 撒头分中号垄

① 量出前后坡檐头边垄中点至翼角转角处的距离，按照同样的距离向撒头量出撒头部位边垄中；

② 撒头正中即为撒头坐中底瓦中；

③ 按照这 3 个中，钉好 3 个瓦口；

④ 在这 3 个瓦口之间赶排瓦当；

⑤ 将各垄盖瓦中平移到小红山附近，并在灰背上号出标记。

（3）翼角分中号垄

与庑殿翼角做法相同（图 1-69）。

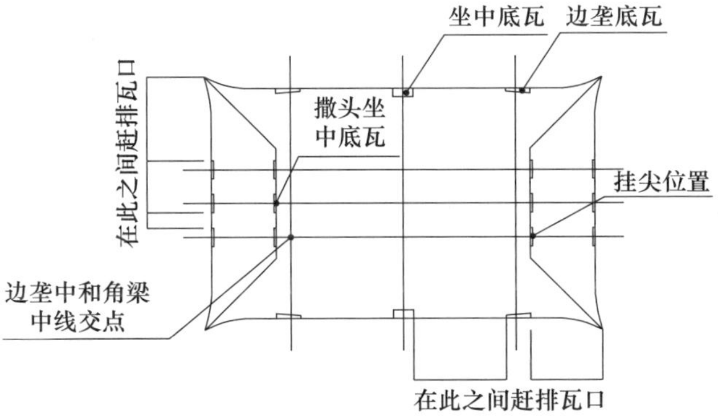

图 1-69　歇山屋顶分中号垄示意图

4）攒尖做法

攒尖建筑，无论是四方、六方还是八方等，每坡均只分一道中，这个中即坐中底瓦之中，然后往两端赶排瓦当，钉瓦口。

至翼角端头时的最后一个瓦口，其长度应为 2/3 瓦口长。

5）重檐建筑

重檐建筑的下檐分中号垄方法与上层檐相同，上、下檐的中线要垂直对齐。

由于下层檐常比上层檐的瓦件规格稍小，如上层檐用五样瓦，下层檐用六样瓦，因此排瓦时应予以注意。

2. 瓦面找边

在每坡两端边垄位置拴线、铺灰，各瓦两趟底瓦、一趟盖瓦。

硬、悬山或歇山建筑要同时瓦好排山勾滴。披水排山做法的，要下好披水檐，做好梢垄。两端的边垄应平行，囊（瓦垄的曲线）要一致，边垄囊要随屋顶囊。

在实际操作中，瓦完边垄后应调垂脊，调完垂脊后再瓦瓦。

3. 瓦垄拴线

以两端边垄盖瓦垄“熊背”为标准，在正脊、中腰和檐头位置拴 3 道横线作为整个屋顶瓦垄的高度标准。

脊上的叫“齐头线”，中腰的叫“楞线”或“腰线”，檐头的叫“檐口线”。脊上与檐头的两条线又可统称为“上下齐头线”，如果坡长屋大，可以拴 3 道楞线。

项目实训

实训 1　前后坡瓦琉璃瓦技法实操

1. 实训目的

了解古建筑屋面构造技术中前后坡瓦琉璃瓦摆放流程。

2. 实训知识

（1）瓦件的挑选以敲之声音是否清脆，观察其是否不破不裂，并判断其是否有隐残，敲之作“啪啦”之声的即为次品。外观应无明显扭曲、变形，无粘疤、掉釉等缺陷。颜色差异较大的，可用于屋面不明显的部分。

（2）滴子瓦的出檐最多不超过本身长度的一半，一般在 6～10 厘米之间。

勾头出檐为瓦头“烧饼盖”的厚度，就是说勾头要紧靠着滴子，勾头的高低以檐线为准。

滴子瓦蚰蜒当，即勾头之下应放一块遮心瓦（可以用碎瓦片代替）。遮心瓦的作用是遮挡勾头里的盖瓦灰。然后用钉子从勾头上的圆洞上钉入灰里，钉子上扣钉帽，内用麻刀灰塞严。在实际操作中，为防止钉帽损坏，往往最后扣安。为操作方便，瓦檐头勾滴瓦可随瓦每垄瓦进行。

（3）瓦底瓦时，“三搭头”和“压六露四”的说法是就一般瓦面而言，檐头和靠近脊的部位则应“稀瓦檐头密瓦脊”，檐头的三块瓦一般只要“压五露五”即可，脊根的三块瓦常可达到“压七露三”（或“四搭头”）。

瓦底瓦时还应注意“喝风”与“不合蔓”的问题。“不合蔓”是指瓦的弧度不一致造成合缝不严；“喝风”是泛指合缝不严，既包括瓦的不合蔓，也包括由于摆放不当造成的合缝不严。在操作中应注意避免由于摆放不当而造成的喝风，对于明显不合蔓的瓦，应尽量选换。

（4）瓦盖瓦时，如果瓦的规格不十分一致，应特别注意不必每块都“跟线”，否则会出现一侧齐、一侧不齐的情况，工匠称此要领为“大瓦跟线，小瓦跟中”。

如果不是宫殿式建筑，还可用掺灰泥瓦盖瓦，但应在盖瓦泥上再铺一层月白灰，叫“驮背灰”。

3. 实训步骤

步骤 1：审瓦。在瓦瓦之前应对瓦件逐块检查，这道工序叫“审瓦”，尤其是筒瓦、板瓦更应严格检查。

步骤 2：冲垄。冲垄是在大面积定瓦之前先瓦几垄瓦，实际上，“瓦边垄”也可以看成是在屋面的两侧冲垄。冲垄必须以拴好的“齐头线”“楞线”和“檐口线”为标准。边垄“冲”好以后，按照边垄的曲线（囊）在屋面的中间将三趟底瓦和两趟盖瓦瓦好。

前后坡琉璃瓦苫背瓦瓦流程

步骤 3：瓦檐头勾滴瓦。瓦檐头勾头和滴水瓦要拴两道线，一道线拴在滴水尖的位置，滴水瓦的高低和出檐均以此为标准。第二道线即冲垄之前拴好的“檐口线”，勾头的高低和出檐均以此为标准。

步骤 4：瓦底瓦。瓦底瓦主要包括以下 4 个步骤。

（1）开线

先在齐头线、楞线和檐线上各拴一根短铅丝（叫作“吊鱼”），“吊鱼”的长度根据线到边垄底瓦翅的距离定。然后“开线”，按照排好的瓦当和脊上号好垄的标记，把线的一端拴在一个插入脊上泥背中的铁钎上，另一端拴一块瓦，吊在房下。这条瓦瓦用线叫作“瓦刀线”（一般用帘绳或“三股绳”）。瓦刀线的高低应以“吊鱼”的底棱为准，如瓦刀线的囊与边垄的囊不一致时，可在瓦刀线的适当位置绑上几个钉子来进行调整。底瓦的瓦刀线应拴在瓦的左侧（瓦盖瓦时拴在右侧）。

（2）瓦瓦

拴好瓦刀线后，铺灰（或泥）瓦底瓦。如用泥（指掺灰泥）瓦，还可在铺泥后再泼上白灰浆，此做法为“坐浆瓦”。底瓦灰（泥）的厚度一般为4厘米。底瓦应窄头朝下，从下往上依次摆放。底瓦的搭接密度应能做到“三搭头”，又叫“压六露四”，即每三块瓦中，第一块与第三块能做到首尾搭头，或者说每块瓦要保证有6/10的长度被上一块瓦压住。底瓦灰（泥）应饱满，瓦要摆正，不得偏歪（俗称为“侧偏”），底瓦垄的高低和直顺程度都应以瓦刀线为准，每块底瓦的“瓦翅”、宽头的上棱都要贴近瓦刀线（图1-70）。

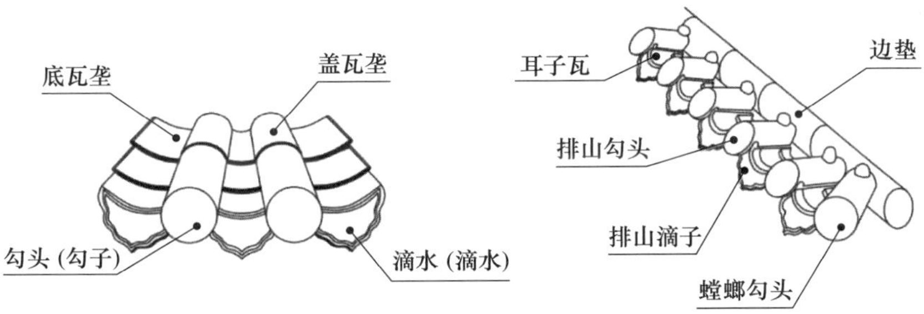

图1-70　筒瓦、板瓦示意图

（3）背瓦翅

摆好底瓦以后，要将底瓦两侧的灰（泥）顺瓦翅用瓦刀抹齐，不足之处要用灰（泥）补齐，“背瓦翅”一定要将灰（泥）“背”足、拍实。

（4）扎缝

“背”完瓦翅后，要在底瓦垄之间的缝隙处（称作“蛐蜒当”）用大麻刀灰塞严塞实，这一过程叫作“扎缝”，扎缝灰应能盖住两边底瓦垄的瓦翅（图1-71）。

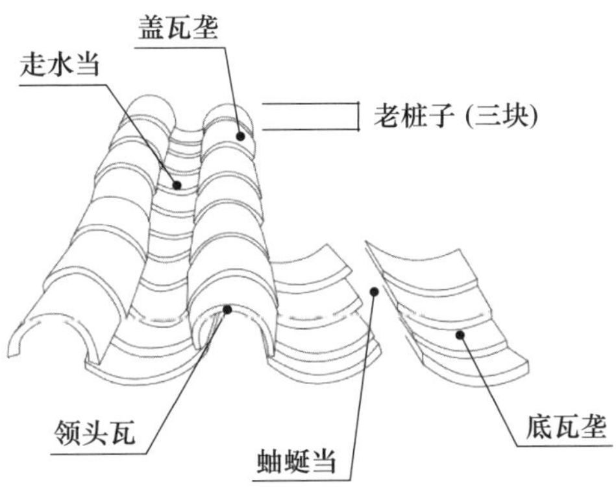

图1-71　瓦垄各部位名称示意图

步骤5：瓦盖瓦。按楞线到边垄盖瓦瓦翅的距离调好“吊鱼”的长短，然后以吊鱼为高低标准“开线”。瓦刀线两端以排好的盖瓦垄为准。盖瓦的瓦刀线应拴在瓦垄的右侧（宽底应拴在左侧），故此侧称为“细肋”。盖瓦灰应比底瓦灰稍硬，盖瓦不要紧挨底瓦，它们之间的距离叫“睁眼”。“睁眼”的大小不小于筒瓦高的1/3。盖瓦要熊头朝上，从下往上依次安放，上面的筒瓦应压住下面筒瓦的熊头，熊头上要挂素灰，即抹“熊头灰”（又叫“节子灰”）。熊头灰应根据琉璃瓦的颜色掺色（黄色琉璃瓦掺红土粉，其他掺青灰）。熊头灰一定要抹足挤严。盖瓦垄的高低、直顺都要以瓦刀线为准，每块盖瓦的瓦翅都应贴近瓦刀线。

步骤6：捉节夹垄。将瓦垄清扫干净后用小麻刀灰（掺色）在筒瓦相接的地方勾抹，这项工作叫“捉节”，然后用夹垄灰（掺色）将睁眼抹平，叫“夹垄”。夹垄应分糙、细两次夹，操作时要用瓦刀把灰塞严拍实。上口与瓦翅外棱抹平，叫作“背瓦翅”，瓦翅一定要“背”严、“背实”，不得开裂、翘边，不得高出瓦翅，否则很容易开裂而造成渗水。夹垄时应将夹垄灰赶轧光实，下脚应直顺，并应与上口垂直，与底瓦交接处无小孔洞（俗称“蛐蛐窝”）和多出的灰（俗称“嘟噜灰”）。

步骤7：清垄擦瓦。瓦垄内应清扫干净，釉面应擦净擦亮。

小知识：

1. “星星瓦”

星星瓦上有一孔洞，用于坡陡的屋面。使用时板瓦上的孔要用钉子钉入灰背中，筒瓦上的孔钉入钉子后还要加盖钉帽。各垄钉帽的位置应排列整齐。星星瓦的位置应在屋面的中腰或上腰部位。

2. 瓦筒瓦与瓦琉璃瓦的不同之处

（1）瓦筒瓦在瓦瓦之前除应“审瓦”（检查质量）以外，还应“沾瓦”，即用生石灰浆浸沾底瓦的前端（露头的一侧），沾浆的部分应占瓦长的2/3。

（2）瓦筒瓦在清垄后要用素灰将底瓦接头的地方勾抹严实，并用刷子沾水勒刷，叫作“勾瓦脸”，也叫“挂瓦脸”或“打点瓦脸”。其先后顺序为，先打点瓦脸后瓦盖瓦。

（3）瓦筒瓦捉节夹垄用灰及熊头灰等要用月白灰。

（4）瓦筒瓦时除捉节夹垄做法外，还可用裹垄做法，即先在两肋夹垄，夹垄时应注意下脚不要大，然后在上面抹裹垄灰，最后用浆刷子沾青浆刷垄并用瓦刀赶轧出亮。垄要直顺，下脚要干净，灰要“轧干”不得“等干”，至少要到“三浆三轧”。赶光轧亮时不宜用铁撸子，否则会对灰垄质量产生不好的影响。

（5）瓦完筒瓦后，整个屋顶应刷浆提色。瓦面刷月白浆，檐头、眉子、当沟刷烟子浆（内加适量胶水和青浆）。为保证滴水底部能刷严，可在瓦瓦前沾瓦时就用烟子浆把滴子瓦沾好。

实训2　前后坡瓦合瓦技法实操

1. 实训目的

了解古建筑屋面构造中前后坡瓦合瓦搭建操作规范。

2. 实训知识

合瓦又称为“阴阳瓦”，合瓦屋面的盖瓦多使用2号板瓦或3号板瓦；合瓦屋面的盖瓦也应沾浆，但应沾大头（露明面），即“底瓦沾小头，盖瓦沾大头”。此外，沾浆也略有区别，底瓦应沾稀白灰浆，而盖瓦应沾月白浆。

底瓦的搭接密度要做到“压六露四”（“三搭头”），底瓦泥应饱满，不得“侧偏”或“喝风”，瓦翅要背严，蛐蜒当要“扎缝”，“瓦脸”要勾严。此外，为加大走水当和减少蛐蜒当的宽度，宜将底瓦加大一号，如2号瓦的合瓦房，其底瓦宜使用1号瓦。

盖瓦与底瓦相反，要凸面向上、大头朝下，瓦与瓦的搭接密度也应做到“三搭头”，盖瓦的睁眼约为4厘米，瓦垄与脊根“老桩子瓦”搭接要严实。灰要堵严塞实，并用瓦刀拍实，夹腮灰要直顺，下脚应干净利落，无小孔洞（俗称“蛐蛐窝”），无多出的灰（俗称“嘟噜灰”），下脚要与上口垂直，盖瓦上应尽量少沾灰，与瓦翅相交处要随瓦翅的形状用瓦刀背好，并用刷子沾水勒刷（“打水槎子”），最后反复刷青浆和用瓦刀轧实轧光（图1-72）。

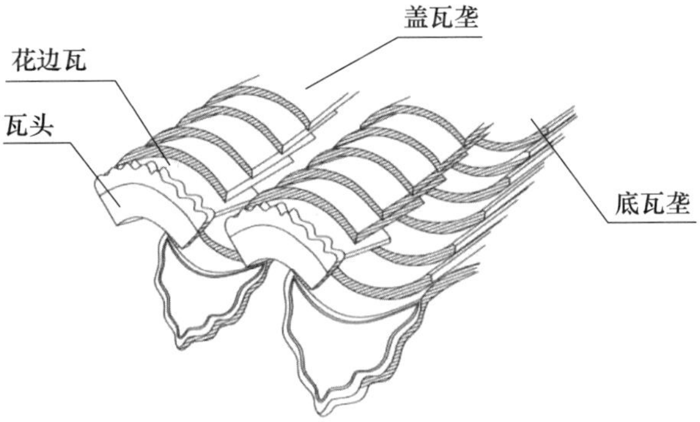

图1-72　合瓦做法示意图

3. 实训步骤

步骤1：审瓦。

步骤2：沾瓦。

步骤3：冲垄。

步骤4：瓦檐头瓦。合瓦屋面的头瓦叫作“花边瓦”，花边瓦之间不放遮心瓦。

步骤5：开线、瓦底瓦。

步骤6：拴线，瓦盖瓦。

(1) 在檐头打盖瓦泥，将花边瓦粘好“瓦头”

瓦头是事先预制的，它的作用是挡住蛐蜒当，如无预制品，可以用2～3块瓦圈叠在一起，放在两块底瓦花边瓦中间，前面用灰抹平。

(2) 铺盖瓦泥，开始瓦盖瓦

(3) 句缝

盖瓦瓦完后在搭接处用素灰勾缝（“勾瓦脸”），并用水刷子沾水勒刷（“打水槎子”）。

(4) 夹腮

先用麻刀灰在盖瓦睁眼处糙夹一遍，然后再用夹垄灰细夹一遍。

(5) 屋面刷青浆

檐头瓦不用烟子浆“绞脖”，刷青浆。这与筒瓦屋面需在檐头绞脖的做法是不同的，应特别注意。

实训 3　前后坡瓦干槎瓦技法实操

1. 实训目的

了解古建筑屋面构造中前后坡瓦干槎瓦操作技术。

2. 实训知识

干槎瓦瓦料在规格上要求很严，因为它不像其他做法的底瓦垄之间有蛐蜒当，而是紧密无间，所以如果同一垄中的瓦料规格不一样就无法操作。因此，瓦干槎瓦之前，也应“审瓦”，但不“沾瓦”，再加一道“套瓦”工序。

干槎屋面的“分中”只需找出中间一趟瓦垄的中线，而不必找出边垄的中，也没有“排瓦当”和“号垄”程序，其瓦垄位置是通过瓦老桩子瓦（脊上的两块）决定的。设中间一垄为 A 垄，第二垄为 B 垄，第三垄为 C 垄，第四垄为 D 垄……每垄领头瓦为 A1、B1、C1、D1……以上为 A2、B2……A3、B3 等。相邻的干槎瓦的瓦翅要互相交错叠压，如 B1 压 A1，A2 压 B2，B2 压 A2，A3 压 B3……同一横直线上相隔的瓦架住相邻上方瓦，同时又被相邻下方瓦架住，如 A2 和 C2 架 B2，A3 和 C3 架 B3……C2 被 B1 和 D1 架住，C2 被 B2 和 D2 架住……除了领头瓦外，相邻的瓦要相互错开，相隔的瓦要在一条横直线上，如 A2 和 B2 相错，C2 和 D2 相错……A2、C2……在同一横直线上，B2、D2……在同一条横直线上。

3. 实训步骤

步骤 1：套瓦。将瓦料清点一遍，找出最有代表性的一种规格或几种规格的瓦件作为样板，再用样板瓦将所有的瓦件一一核对，和样板瓦规格一样的（误差在 0.2 厘米之内），就是可用的瓦料。可用的瓦料应单独存放，如果样板瓦不是一种，则几种瓦料一定要分种分别堆放整齐并标明记号。如果经挑选，可用的瓦件总数仍然不够，可在被“淘汰”的瓦料中按上述方法重新挑选，但应注意每种规格瓦料的数目最少不能少于一垄瓦的总数。在操作中，凡规格不一的瓦料绝对不能在同一型中使用，规格一样的应一次集中用，数量最多的应用在最显眼的地方。

步骤 2：苫背。干槎瓦屋顶苫背方法与普通瓦房的苫背做法基本相同，但应注意泥背须适当加厚，滑秸也应适当多加，以增强泥背的刚性。泥背坡度适当加大，倾角一般应大于 30°，操作中可以在脊上放扎肩瓦和抹扎肩泥。泥背囊要小，也可以不要囊。泥背应干透后再开始瓦瓦。

步骤 3：分中、瓦老桩子瓦。

（1）在老桩子瓦的位置拴两道横线作为老桩子瓦的高低标准，然后从屋面正中往两边瓦。先放中间一垄的两块瓦，瓦下要放一块反扣的瓦代替屋面瓦和瓦瓦泥所占的高度，这块瓦叫“枕头瓦”。枕头瓦在瓦瓦瓦至老桩子瓦时撤去，中间一垄（第一垄）的两块老桩子瓦要大头朝下。

（2）放第二垄的两块瓦（不放枕头瓦）。先放一块大头朝下的，这块瓦应架在第三垄和第一垄的第一块瓦的瓦翅上。再放一块小头朝下的，这块瓦应盖住第一垄和第三垄的第二块。这一块小头朝下是为了使两垄瓦在脊上高低一致。除此之外，整个屋顶瓦垄的瓦都是大头朝下。

（3）第三垄和第一垄相同，第四垄和第二垄相同。以后如此循环。

（4）右边和左边对称，做法相同。

第1、3、5、7……垄的瓦应在同一条横线上，第2、4、6、8……垄的瓦应在同一条横线上。相邻的两块瓦不在同一条横线上。瓦好老桩子瓦以后将各垄的中点平移至檐头木连檐或砖檐上。

步骤4：瓦瓦。

（1）拴“瓦刀线”（这一过程又叫作“开线）。瓦刀线的上端以老桩子瓦的瓦翅为标准，下端以檐头瓦的瓦翅为标准。瓦刀线应拉直，或仅有微小的“囊”。每次“开线”瓦两或三垄瓦。拴好瓦刀线以后，从檐头开始向上瓦瓦，铺泥瓦中间一趟和左边（或右边）一趟。先瓦第一块领头瓦并应将第三垄的领头瓦摆好。B1应架在A1和C1的瓦翅上。

（2）从檐头瓦继续向上瓦。应注意A2和B2不在一条横线上，A2应压住A1的8/10。B2应压住B1的6/10，A2应压住A1的瓦翅。B2应压住A2的瓦翅。

（3）瓦A3和B3。A3应压住A2的6/10，B3应压住B2的6/10。A3瓦翅搭在B2的瓦翅上，B3瓦翅搭在A3的瓦翅上。A3和B3仍不在同一条横线上。

（4）往上瓦法以此类推。瓦到脊上时，将枕头瓦撤出，用灰铺抹后再将瓦切实插入。

瓦瓦时应注意，瓦要摆正摆平，瓦翅要跟线。瓦与泥的接触面应达到100%。抹好瓦瓦泥以后，还要在瓦瓦泥上再浇一层白灰浆。这样可以加强泥与瓦的黏结能力，而且也强化了瓦面的防水能力。由于板瓦的形状是一头大一头小，所以小头的搭接不必像大头搭接得那样紧密，否则就会使瓦偏歪，以致在瓦下两垄的时候，小头就无法搭接了。此外，檐头、中腰和脊上的瓦的松紧程度必须一致。若上、下不一致会造成瓦垄歪斜，而上、下紧中腰松（或上、下松中腰紧）会造成瓦垄弯曲，所以在瓦瓦的时候一定要注意上、中、下的松紧程度的一致。所谓“逢松必紧，逢紧必松”。就是说，在瓦瓦的时候，如果感到瓦垄间的缝隙大了，就说明前几垄瓦的缝隙过小，这时如果过分追求瓦垄缝隙的紧密，倒反而会造成瓦垄弯曲。如果感到瓦垄间的缝隙紧了，就说明前几垄瓦的缝隙松了。这时应该尽量使缝隙紧密些，否则也会使瓦弯曲。所以“逢松”说明“必紧”，“逢紧”说明“必松”，遇到这种情况时应该“逢松要松，逢紧要紧”，这样才能把误差矫正过来。

（5）头两垄瓦瓦好以后，开线铺泥，瓦第三、第四垄。同时应将E垄的领头瓦瓦好。D1和B1的瓦翅要压住C1的左右瓦翅。

（6）瓦C2和D2。C2和A2应在同一条横线上，即C2也应压住C1的8/10，C2两边瓦翅应架在B1和D1的瓦翅上，同时又被B2和D2的瓦翅压住。B2和D2应在同一条横线上。

（7）瓦C3和D3。C3与A3，D3与B3应在同一条横线上。C3的两边瓦翅应压住B2和D2的瓦翅，D3和B3的瓦翅压在C3的左右瓦翅上。

（8）往上以此类推（图1-73）。

（9）第五、六垄同第三、四垄，以下以此类推。

（10）右侧与左侧对称，做法相同。

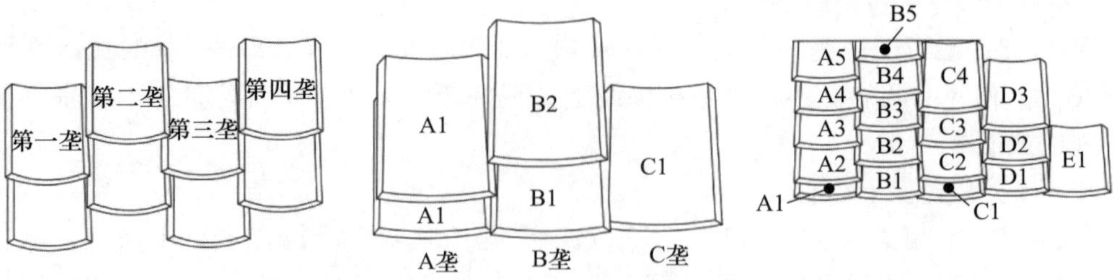

图 1-73　干槎瓦老桩子瓦（左）、檐头瓦（中）、瓦垄（右）摆法示意图

（11）檐头“捏嘴”“堵燕窝”。每垄领头瓦的瓦翅上要抹少许麻刀灰，做成三角形或半圆形，两边下脚搭在瓦翅上，并用水刷子蘸清水勒刷灰与瓦的接槎处。最后刷青浆、赶轧出亮。这一做法称为“捏嘴”。领头瓦下面的空隙要用麻刀灰堵严抹平，并刷青浆赶轧出亮，即为“堵燕窝”

（12）整个瓦面瓦完后，要将瓦面清扫干净，然后刷浆。瓦面刷月白浆，檐头刷烟子浆（“绞脖”），梢垄和砖檐刷烟子浆。

思考与巩固练习

一、简答题

简述古建筑瓦瓦的准备工作。

二、练习题

1. 完成古建筑前后坡瓦琉璃瓦实训；

2. 完成古建筑前后坡瓦合瓦实训；

3. 完成古建筑前后坡瓦干槎瓦实训。

项目 2　修缮一座砖石作古建筑

任务 2.1　学习古建筑修缮保护原则与方案设计

任务要求

1. 知识目标：理解并记忆古建筑砖石修缮遵循的国际性原则与相关法律法规。

2. 能力目标：依据古建筑保护修缮原则，对损坏的古建筑进行修缮方案设计、施工。

3. 重点难点：重点——古建筑修缮过程中需要遵循的主要原则；
难点——古建砖石筑病害勘察与修缮方案实施。

4. 思政目标：要保护好前人留下的文化遗产，包括各种文物古迹，历史文化名城、名镇、名村，历史街区，历史建筑，工业遗产以及非物质文化遗产，不能搞“拆真古迹、建假古董”那样的蠢事。在古建筑修缮过程中树立起“精益求精、尊重原貌、诚信为本”的价值理念，以科学的态度、精湛的技艺、务实的作风认真修缮每一处古建筑。

知识准备

文物的价值首先在于它的存在，只有将文物保存下来才有艺术价值、科学价值、文化价值和历史价值。通过保护、保养、维修手段才能确保文物建筑健康地存在下去，这是文物保护工作者的神圣使命。中国古建筑是一种不可移动文物，它由木材、石材、砖、瓦等建筑材料，经工匠精心制作、精心安装而成，年长日久难免会有一些构件、部位发生损坏、缺失，在维修中更换构件是不可避免的，这是保护古建筑的一项重要工作，只有把不能再用的构件更替下来，才能使建筑整体得到安全、有效、长久的保护。更换的新构件需要按照原材料、原形制、原手法、原工艺去制作和施工，并巧妙融合于文物建筑的整体当中，最大程度地保留文物建筑所蕴含的丰富的历史文化信息，从而实现让古建筑“延年益寿”的目的。

2.1.1　古建筑修缮保护应遵循的原则

我国建筑文化源远流长，最早的古建筑大多为木结构，但由于木材易被虫蛀、易老化、易受雨水侵蚀等特性，使木结构建筑难以长时间维持原有风貌，对其修缮保护工作也更显艰难。虽然我国古建筑修缮保护工作开始时间较晚，但自 1961 年的《文物保护管理暂行条例》的颁布开始，我国古建筑修缮保护工作日益完善，但还存在很大的提升空间。《威尼斯宪章》《雅典宪章》《马丘比丘宪章》等国际性文件的

中国古建筑
保护修缮内容

发布，为中国古建筑修缮保护工作提供了指导性。结合中国古建筑的实际情况，我国于1982年颁布了更具有针对性的《中华人民共和国文物保护法》，分析总结后形成更具有针对性的修缮方式。我国古建筑保护修缮需遵循的主要原则如下。

1.“最小干预原则”

文物保护修复日常工作过程中就要特别注意对“最小干预原则”的理解和把握，“最小干预原则”指在保证古建筑安全的基本前提下，通过最低程度的介入来最大限度地维系古建筑历史上的原本面貌，保留其文物的历史、文化价值，以实现延续现状、降低保护性破坏的目标。《威尼斯宪章》规定，“任何添加均不允许，除非它们不至于贬低该建筑物的有趣部分、传统环境、布局平衡及其与周围环境的关系”，同时提出要避免过度使用修复材料，避免对保护对象造成不必要的损伤。《威尼斯宪章》以尊重客观史实为干预的前提条件，强调各个时代的历史痕迹都应予以保护，在保护过程中控制保护的限度和范围，不得凭空想象进行干预，尽可能少地介入，以保证文物的历史真实性，为世界文化遗产的保护工作提供了国际公认的纲领性的保护准则。《意大利修复宪章》延续了《威尼斯宪章》最小干预原则的指导思想，其中提到“适应性利用工作应限于最小限度，一丝不苟地保护外部形式，避免对古迹的类型性特征、结构性有机体、内部流线顺序进行敏感改动”，“应从实质性保护的角度审视所有的修复操作，尊重后来添加的元素，且无论如何应避免翻新式或复建式干预”。在后来修订版本中更加突出了最小干预等文物保护原则的重要性，并强调“干预应当限制在保证文物古迹安全的限度上，必须避免过度干预造成对文物古迹价值和历史、文化信息的改变”。

2.“不改变文物原状”的原则

古建筑修缮应该遵循“不改变文物原状”的原则。首先，要保护古建筑特色部位，主要是保护它的文物价值，即保护它的历史、科学和艺术价值。这些价值是通过现存的建筑实体体现出来的。因此，保护建筑特色部位的根本就是要保护现存的历史建筑实体，具体地说，就是要保护该建筑内部特色部位的形制、结构方式、构件质地以及制作工艺。任何一个历史古建筑内部的特色部位一经破坏就不可能重建，它的文物价值也就随之消失。对历史文化遗产的保护，其最珍贵的地方就是要保存这些文化遗产在保存的历程中所产生的有价值的文化、精神价值，保护文化遗产的真实性和原真性，不仅是保护文化遗产自身，更是保护包括它周围在内的历史环境。其次是完整性，文化遗产保护中所指的完整性，是指遗产本身及其周围环境整体的完整性，即古建筑需要尽量按照历史原貌，保持结构上的完整性，不会形成断裂带及割裂感，与古建筑所处历史环境达到和谐统一，有形的建筑与无形的文化价值保持完整和真实。

“不改变文物原状”原则是针对文物建筑的健康状况而言，不是指衰败破旧的状况，更不是岌岌可危的状况。现状不等于原状，“不改变原状”不等于不改变现状。对于改变了原状的文物，要坚持恢复原状，不应总是维持现状。但恢复原状要有充分的科学依据，不能凭主观臆断。要保证文物修缮“不改变原状”，除去要做精心细致的勘察调研，把好定案这一关外，还必须坚持按原形制、原材料、原流程、原工艺进行施工，坚持把古代流传下来的工艺技术继承下来、传播下去，确保传统工匠技术一脉相承。而在古建筑文物的修缮中如果在隐蔽部位采用新材料新技术，也必须是在保证不改变文物原状前提下进行。现代材料和技术只能对文物的保护起保证作用和辅助作用，而不能取代传统的材料和做法。

3.“可识别性”原则

“可识别性”原则。慎重对待古建筑所蕴含的动态的历史文物信息的遗失和增建部分，对不可避免添加和缺失部分的修补必须与整体保持和谐，但同时需区别于原作，以使修缮不歪曲其艺术或历史见证。

坚持可识别原则同时也应兼顾以下几方面。第一，艺术完整性和新旧可识别的差异性之间存在不可调和的矛盾。第二，“可识别”存在着多种类型和程度，如直接可识别和间接可识别，直接可识别还可分人眼可识别和仪器可识别，间接可识别则可以采用绘图和影像资料来提供证据。第三，今日可直接识别不意味着未来一段时间老化后还能直接识别。从这里可以看出，文物保护原则应是伴随着人们认识的发展而与时俱进的。

4.“可逆性”原则

古建筑在修缮过程中运用的修缮、改建措施应尽量做到日后可以撤除而不损害古建筑本身，修缮新添加的材料其强度应不高于原始材料，新旧材料要有物理、化学兼容性。为将来采取更科学、更适合的修缮留有余地。

“可逆性”修缮原则应注意以下几点。第一，可逆性是想表达施加到古建筑上的外部材料还可以去除，同时不影响古建筑或破坏古建筑及其历史信息。对古建筑进行简单的覆盖或支撑这类方法的可逆性或许成立的话，对更多的，如渗透加固等则很难实现其可逆性。第二，若考虑到施加和去除操作都不影响古建筑本体，则可以说这种保护操作不是必须的。第三，即使某个处理操作当时存在可逆性，而随着时间发展，材质退化，就会发现原来的可逆操作已不可行；或者今日来看某些保护操作看似不可逆，但随着科技的发展，将来未必不能把这种操作造成的影响去除。

对古建筑中的文物信息来说，其作用和价值主要是社会科学方面的，保护的目的是保证其社会科学方面的价值，而采取的保护手段则是自然科学技术的。面对历史文物，为了保留完整的原始历史信息，最好是维持文物原状而不要人为干预，但若这样文物就会自然老化，或者由于内部或环境的因素加速其老化；当然也可采取某些技术手段对文物进行保护处理使文物延长寿命，但这样可能就会失去部分信息或干扰历史信息的准确获取，文物保护工作就经常处在这种两难境地。因此，人们制定一些文物保护原则，尽最大可能在两方面进行平衡以期获得最好效果。

5.其他原则

古建筑修缮保护工程中还应当注意以下一些原则。

“慎重原则”：修缮之前要对历史建筑做全面深入的研究，在对其价值的认知和评估上应秉承客观的态度反复求证，在修缮中详尽记录维修过程；谨慎采用现代修缮材料和技术。

“合理利用原则”：其利用的功能和使用程度，要以古建筑不受损伤、公众安全不受危害为前提，同时不应为当前的利用需要而损害古建筑的价值；为社会公共利益或是建筑所有人自身利益，在落实古建筑保护要求的同时，对其加以合理的利用，有利于古建筑的保护。

“安全性原则”：目前国内民间的古建筑大多拥有百年及以上的悠久历史，在长期的使用过程中，即便是石构件也会出现一定程度的风化与损坏等情况，因此在进行修缮处理过程中还需要严格遵循安全性原则来开展古建筑的修缮施工。

“风格统一原则”：古建筑还承载着传承民族历史文化的重要职责，古建筑的风格与类型也是我国传统民族文化的具体体现，因此在修缮过程中还要采用风格统一原则，在经过修缮之后，要求古建筑能够保持原有的色彩与外貌。

“修旧如旧原则”：在进行古建筑的修缮过程中，一般需要采用原用或者性能相似的材料，还需要遵循修旧如旧原则，这样才能够让古建筑在修缮之后的文化价值得到充分保留。

“预防性修缮为主原则”：在进行古建筑修缮过程中，因为古建筑的修理是治标不治本，因此还需要预先进行修缮方案的合理制定，对造成古建筑损害的根源进行明确，随后采用针对性的修缮方案。

2.1.2 常见古建筑砖石作病害勘察与修缮设计

1. 台基、月台、栏杆的病害勘察和修缮设计

（1）常见台基部分砖石病害勘察分析

常见病害

台基是古建筑的基座，是古建筑的重要组成部分。著名建筑学家梁思成先生把台基、构架、屋顶称为中国古建筑的三段式构成要素，而台基则是基础的要素。由于台基起着承载主体的作用，所以台基状况的好坏，直接关系到建筑物的安全。

古建筑经过几百年的风雨侵蚀，台基都或重或轻地存在着损坏问题，这些损坏在不同部位有不同表现。一是台明陡板的酥碱、剥蚀和鼓闪。台明陡板如为城砖“干摆”做法，由于室外雨水侵蚀以及城砖毛细孔吸水等原因，陡板表面砖体酥碱情况会比较普遍，一般酥碱会有较深缝隙，严重的地方会出现整个层面断裂，深度酥碱则使陡板墙体强度大大降低，防御雨水侵蚀的功能大大下降，陡板表面也因此而斑驳残破不堪。二是台基陡板的鼓闪。陡板鼓闪的原因，是因为年长日久，台明外沿的阶条石走闪，与地面之间出现缝隙，雨水沿缝隙渗漏至陡板墙体与内侧灰土或衬墙之间，遇冬天则发生冻胀导致陡板向外鼓闪，时间越长缝隙越大，缝隙内更易落进杂土等物，杂土再受水浸、再冻胀，就使缝隙更大，侵入杂物更多，鼓闪也就越发严重。陡板鼓闪容易对保护台明的砌体形成根本性破坏，进而带来台明内柱基础的破坏。三是阶条石断裂、移位，阶条石、踏跺石、垂带石酥碱及断裂、移位、下沉等。阶条石是位于台基外沿，保护台基陡板的石构件，它压砌在陡板与衬墙之上。当陡板发生鼓闪或不均匀沉降时，阶条石也会随之移位、下沉，甚至造成断裂。阶条石的移位、断裂会引起其上的地袱、栏板、望柱等石构件的移位和沉降，造成连锁反应。附着在台明外沿供人登临的台阶、踏跺、垂带等构件也会因象眼的鼓闪、变形而移位、断裂。而那些质地原本就有疵病的石材，在经过几百年风雨剥蚀之后，很容易产生酥碱、斜裂或缺棱断角。

（2）台基部分的修缮

台基部分的损坏还包括阶条内侧的压槽砖及月台地面，这些属于室外部分的地面，除去供人行走之外，还有防止地面上的雨雪水渗入台基的作用。针对台基、陡板部分这些损坏情况，拟定不同部位、不同损坏情况的修缮保护方案。

陡板砖轻度酥碱部分采用勾抹打点的方法修缮，酥碱深度在 2～5 厘米的采用挖补

的办法，剔去酥碱部分，粘补同材质的砖片；酥碱达 8 厘米以上的采取深度挖补措施；酥碱出现巨大断层的，且连带鼓闪等重度损坏的则采取拆砌、更换部分陡板砖的修缮方案。

阶条石一般性的移位，采用归安方法使之复位，随同陡板鼓闪严重者，随陡板一起拆砌归安，有断裂者，采用黏结措施，极少数踏跺碎裂严重（如一块石料断为三四截），酥碱风化严重（通常由沿石线渗水冻胀所致）且已影响到使用者，用同样材料更换，以保证行人安全及文物自身安全。

阶条以上地袱、栏板、望柱等件，凡轻度损坏及移位沉降者，均采用粘补、归位、调平调直办法解决。月台、檐下压槽砖，凡碎裂轻微，仍可使用的，保留不动；凡碎裂严重且有渗漏，影响台基安全的，则更换新砖。台基所有修换部位，均按原法式、原材料、原工艺、原技术进行。对于非原有构筑物，均进行拆除，恢复月台原有状态。

2. 外墙护墙与门窗部分的修缮设计

在墙体出现裂缝之后，如裂缝宽度在 3 厘米之内时，需要加配浓灰浆进行灌缝处理，需要注意的是在灌缝完成之后，应通过钢丝网进行拉结处理，在裂缝两侧钻孔部位进行锚固处理。对于围护墙上面的传统屏风，还需要积极选用针对性方法，对破损部位的局部墙体进行修复处理，随后按照原本的砌筑法式进行修复，对于修复完成后的墙面要进行抹灰操作。针对封闭的原门窗洞口，需要恢复到原本的形状，残破门洞口则要选用同样的砖材以及砂浆进行修复处理。修缮过程中需要做好防火处理工作，借此来避免火灾对于古建筑所造成的危害。结合古建筑物的实际情况落实防火责任制度，合理制定消防安全制度以及灭火方案、构建防火档案、强化对古建管理人员的消防意识，提高群体防范能力。在进行重大祭祀活动或者其他使用明火的活动时，严格火源管理，做好各项防火消防预案。

3. 瓦面的修缮设计

古建筑屋面瓦、墙顶盖瓦以及立瓦均存在有一定程度的破损情况时，在修复工作开展过程中就需要在屋面瓦件卸下之后进行重砌处理。在屋面瓦处理过程中按照传统做法，将白灰与砂土通过一定比例进行泥灰浆的拌和，随后进行屋面瓦的砌筑以及平实处理。在进行墙顶的瓦作修缮过程中，首先需要进行原本瓦脊的卸下处理，随后通过泥灰浆进行砌筑与平实处理。在屋面木基层修缮处理过程中，先对屋椽全部下卸，对于糟朽严重已经无法继续使用的屋椽，需要按照原材质通过原来规格进行重新添置处理，对于破损严重的瓦面还需要进行重新烧制。对于修缮过程中不足的瓦等材料，需要严格按照相关尺寸到相关的古建窑厂中进行订购，严格按照合格产品进行验收处理，确保修缮之后能够保持原状不变。在修复完成之后的望板上面要进行防水卷材的铺设工作，促进屋面自身的防渗防漏性能进一步加强，将上层卷材覆盖在木线条上面，随后按照传统工艺做法重新进行铺瓦处理。

4. 檐头、翼角的病害勘察和修缮设计

木构建筑的檐头、翼角是最易损坏的部位，其原因主要有以下两个方面。

一是古建筑出檐深远，出檐靠檐椽、飞椽向外挑出，挑出的木椽如同伸臂梁。古建筑屋面是由灰背、泥背、瓦面等材料构成，对下面木料造成了很大的荷载。木制的檐椽是柔性材料，在长时间重荷载的作用下，檐椽会弯曲变形，造成檐头下垂。这种下垂变形会导致檐头部位瓦件、泥背，甚至灰背的变形、裂缝，雨水沿裂缝渗入灰泥背，檐头部位长期潮湿，必然造成木构件的糟朽。

二是檐头部位为屋面的最下端，当遇有雨雪时，不仅屋面的水都要流向檐头部位，而且因瓦面的捉节夹垄灰松动开裂或沿走水当漏雨渗入屋面脊部、中部的雨水最终也要汇集到檐头部位，而檐头部位的连檐、瓦口等木构件又起着阻隔雨水继续下排的作用，因而使渗漏的雨水滞留在檐头部位，使得飞檐、连檐、望板、瓦口等构件极易糟朽腐烂。

作为檐头特殊部位的翼角部分，除去具有上述檐头部位的特点之外，还有因楔子形翼角椽后尾细，出檐大于步架、枕头木部位接触不实等先天的构造弱点，使这部分椽子（翼角椽）和飞椽（翘飞椽）更易弯曲下垂。除此之外，翼角部分向上翘起造成的瓦屋面局部排水不畅，也容易造成渗漏，这就更加剧了翼角部位的损坏。从以上病害勘察成因分析得出古建筑出檐部分，包括翼角部分是最易变形、最易渗漏、最易糟朽的部分。这是由于材料原因和构造原因造成的，这也是由于中国古建筑的自身特点（有些特点存在着与生俱来的弱点）造成的。由于中国传统木构建筑有这些弱点和不足，所以中国古代对建筑的保护方法之一，就是对易损坏部位加强维修，通过不断的修葺使损坏减少到最低限度和最缓的速度，从而延缓古建筑的损坏程度。

5. 砖墁地的修缮方案设计

砖墁地的修复方法比较简单，一般分为剔凿挖补、局部揭墁、揭墁（全部揭墁）和钻生养护（图 2-1）。

图 2-1　砖墁地的修缮施工步骤

（1）剔凿挖补适用于地面较好，只需零星添配的细墁地面。先将需添配的部分用錾子剔凿干净，然后按相应的规格用新砖重新砍制，再按原样墁好。

（2）局部揭墁适用于局部坑洼不平或损坏的地面。揭墁之前要按砖趟编号。拆揭时要注意不要碰坏棱角。对于缺失或损坏严重的，要按旧砖尺寸重新砍制。能用的砖要将砖底和砖肋上的灰泥铲净，如发现砖下垫层下沉必须夯实。揭墁时必须重新打泥、揭趟和坐浆。新墁的砖要以四周旧砖为准找好平正并使缝子的松紧程度与原地面相同。如为新砖细墁，最后还应钻生。

（3）当地面大部分已损坏严重，又无文物价值时，可采用揭墁（全部揭墁）的方法。做法与新墁地面相同。墁地前应将基层重新找平夯实，并应注意柱顶石的标高是否一致，如有变化，应适当调整地面标高。

（4）如果地面较好，不需要做较大的整修时，或地面具有文物价值，不宜揭墁时，可用钻生桐油的方法进行养护。

6. 砖雕甬路的修缮方案设计

先用宣纸（传统是用高丽纸）和墨将原有图案摹拓出来。把需修复的地方挖去，然后根据挖去部分的大小，仿照摹拓下来的形象，用瓦条、砖或石砾重新做好。如果局部磨损得比较严重，应按摹拓出的形象的轮廓将细部重新勾画清楚，然后制作。如果花饰已残缺，则应根据周围的图案进行复原，修配完整。

以上是对古建筑易损坏的常见部位的病害勘察与修缮方案设计，实际工作中还需根据不同情况灵活应对，对古建筑进行仔细勘察，分析病害形成原因，制订相应的修缮方案，按文物保护准则进行按部就班的修缮，延长古建保存时间。

思考与巩固练习

一、简答题

1. 古建筑修缮保护应遵循的主要原则有哪些？

2. 请你谈谈古建筑中台基、月台、栏杆主要病害表现及成因是什么？

3. 试分析古建筑中檐头、翼角的主要病害的原因及解决方法。

二、论述题

寻找一座具有历史年代的乡土古建筑，在征得古建筑主人同意后，与同学一起对其进行病害勘察、测绘收集相关数据，并尝试根据保护准则设计一套行之有效的修缮方案。

任务 2.2 修缮一座砖石作古建筑的墙体

任务要求

1. 知识目标：理解并记忆古建筑墙体病害的主要现象与解决方法。
2. 能力目标：依据古建筑保护修缮原则对损坏墙体进行修缮方案设计、施工。
3. 重点难点：重点——根据古建筑墙体病害的不同类型制定修缮方案；
难点——对古建筑病害墙体中局部砖件破损或缺损的修缮方法。
4. 思政目标：对历史文物保持敬畏之心，全面贯彻新的文物保护方针“坚持保护第一、加强管理、挖掘价值、有效利用、让文物活起来”。建立科学合理的施工流程，遵守实训室施工安全制度，学习合理利用保养施工工具。

知识准备

古建筑的墙体一般不起承重作用，它的材料主要有夯土墙、砖墙、竹篾墙等组成，一般墙体损坏现象主要包括：歪闪（倾斜）、空鼓、酥碱或残缺、鼓胀、裂缝、下沉、灰皮空鼓或脱落等。由于各地用料情况的不同，加之多种因素的干扰，所以造成墙体损坏的原因相当复杂。有时虽然看上去损坏的程度不大，但实际上潜伏着极大的危险性。有时表面上损坏得较重，但经一般维修后，在相当长的时期内不会发生质的变化。

传统的古建筑墙体修缮工艺有：支顶加固、拆安归位、零星添配、砖墙花饰修补、剔凿挖补、墩接柱子、抹灰修缮、墙面墁干活、打点刷浆、局部整修、择砌、局部拆砲、拆砌（指整墙全部拆砌）等。

2.2.1 常见古建筑墙体病害勘察分析

1. 墙体开裂

墙体一般性开裂只是由于古建筑木架歪闪造成的墙体开裂凸出，修缮中只要将木架固定住不再继续倾斜就能保住墙体不会倒塌，修缮施工中采取临时支顶的方法可以解决木架的进一步倾斜变形。较为严重的是荷载裂缝，其反映了砌体的承载能力或稳定性不足；地基沉降不均匀或温度变化，这样的砖墙裂缝反映出结构的受力和完整性问题，严重时会发生建筑物的破坏，甚至倒塌。

2. 自然气候灾害造成的损坏

如长时间的雨水侵蚀、风化作用等造成的古建筑病害。在这种情况下，只要解决了漏雨病害或修整了因风化造成的古建筑损坏、缺失，基本就可解决问题。但如果损坏程度很大，就应考虑是否对原古建筑进行局部拆砌或全部拆砌。

3. 施工工艺粗糙、建筑材料使用不当形成病害

这种情况往往表现为外观不佳、墙面不平或不垂直，但并不空鼓，也无裂缝。对这种情况，修缮设计只要能满足墙顶不漏雨，墙砖外有抹灰层保护，没有直接受到雨水的冲刷，墙体短期内是不会倒塌的。

4. 地基承重损坏严重

如果墙体裂缝或倾斜是因地基下沉造成的，古建筑木构架并没有倾斜，整个墙体也比较完整，这种情况可以考虑将墙体拆除重砌，同时也应加固地基。如果地基和墙体基本稳定，按照“最小干预原则”可暂时不做修缮处理。墙体的开裂与倾斜成因主要有：古建筑地基长时间受到地下水、雨水或地下水管漏水影响而软化；树根对地基的破坏；原有灰土步数太少或太浅。面对这些情况，设计修缮方案时应尽量设法排除，以免房屋基础受到进一步破坏。

5. 墙壁弓凸变形

砖石结构长期使用将会导致结构材料性能下降，并降低其承载能力，墙壁和其他组件在外力的作用下可能会发生弓突变形。

6. 屋面瓦件酥散

由于屋顶上长期堆积物体、上人践踏或风化作用，导致屋顶瓦破裂、松弛损坏和剥落。瓦面酥散是屋顶漏水的主要原因，应及时修复。部分疏松的可以用替换瓦件修复；大面积的松动酥散和严重损坏的屋顶应予以整修或挑顶翻修。

7. 物质风化现象

温度的不断变化以及各种气体、水溶液和生物的活动逐渐改变了砖石的结构，甚至改变了其化学成分，使砖石从整体变成碎片，从坚硬到松散，甚至组成的矿物成分也发生了分解，分解为在当时的环境中接近稳定的新矿物成分。由于温度、大气、水溶液和生物的影响而改变砖的物理状态和化学组成的过程称为“风化”。风化按成因可分为物理风化、化学风化和生物风化3类。

8. 古建材料酥碱（泛白）现象

建筑物表面泛白分为内部原因和外部原因。内部的原因主要是材料内存在可溶性的盐类和碱类物质；外部的原因是基层材料具有一定的渗透性，当水分向材料内部渗透后，将可溶性物质溶解，而当干燥时，水分由内向外迁移，将可溶性物质带到材料表面，随表面水分蒸发，便将白色的可溶性物质留在表面，即产生泛白现象。

综上所述，勘察鉴定时应特别关注古建的基础是否有下沉现象、墙顶是否存在漏雨。经检查，如有发现，应立即采取措施，因为墙体在这两种情况下极有可能在一定时期内发生倒塌。在检查墙体时，应检查每一根柱子的柱根是否糟朽，可用木材应力波测定仪对柱根进行探测判断。对于包裹在墙里面的暗柱子更应注意检查，尤其是年代久远的老旧房屋或较潮湿的墙体必须掏开砖墙进行检查。在拆除之前应先检查柱根，如有糟朽应先将柱子墩接好，然后再考虑拆除。同时应检查木构架的榫卯结构是否牢固、柁头构件是否糟朽，如有糟朽应及时支顶加固。检查木构架是否特别牢固，然后才能将木构架支顶好。特别注意在木架倾斜的情况下，更需重视支顶牢固。如果确定需要将墙体拆除的，则需先将屋内所有电源切断，并加强对原有木装修和室内外文物等加以保护，避免不必要的损害。在墙体拆除时，应尽量保持从上往下拆，切忌连根推倒、野蛮施工。凡是整砖整瓦一定要一块一块地细心拆卸，避免毁坏，拆卸后应按类别编码有序存放，方便日后重建时摆放至原位。按文物保护“不改变文物原状”原则拆除时，应尽量不扩大拆除范围。在施工过程中发现问题应及时调整修缮方案。择砌前应将墙体支顶好，如在择砌过程中发现有砖件松动现象，应立即将其背实，避免砖墙病害的进一步扩散。

2.2.2 不同古建筑墙体病害的修缮方法设计

1. 不能拆砌的墙体

对于具有较高的文物价值不能随便拆砌的墙体，可采用支架加固、剔凿挖补、拆安归位等方法加以解决。

（1）支架加固的传统做法包括以下几种。①寻找邻近的墙体，用木料在两墙间作横向支撑，撑杆接触墙壁的部位应另垫木板加以保护。②在古墙的旁边砌一堵砖垛，行业俗称砌“卧牛”。砌筑“卧牛”时要注意从下往上逐渐向墙的方向收进，从侧面看与古墙最后形成一个直角三角形。③墙体开裂或过木下垂时，可用木料或砌砖垛的方式做竖向支顶。

（2）剔凿挖补的做法主要是针对墙体产生局部酥碱的病害问题。具体做法是先用铁錾将需修复的地方凿掉，然后按剔除出来的原砖规格进行重新砍制，砍磨加工后依据原工艺、原做法、原形制重新砌补好，努力做到修旧如旧，再用砖灰将墙体里面填实，保证其坚固耐用。

2. 损毁严重、影响安全性的墙体

对墙体损毁严重，已经影响到建筑整体安全的，采用拆安归位、择砌、局部拆砌的办法。

（1）拆安归位包括拆安和直接归安。当砖构件脱离了原有位置，需进行复位时，可采取这种修补方法，如砖透风归安、博缝头拆安等。复位前应将里面的灰渣清理干净，用水洒湿，然后重新坐灰安放，必要时应做灌浆处理。

（2）局部拆砌是指在墙体酥碱、空鼓或鼓胀的范围扩大，经局部拆砌又可以排除危险时，可以采取的办法。这种方法一般只适用于墙体修缮的上半部分，或者说，经局部拆除后，上面不再有原砌体存在。如果损坏的部位是在下部，即为有选择性的择砌。具体做法是先将需拆砌的局部拆除，如有砖槎，应保留坡楼。用水将旧槎洒湿，然后按原样重新砌好。常见的项目如拆砌山尖、拆砌砖檐、拆砌墙帽等。在检查鉴定为危险墙体，或墙体外观损毁十分严重时，应予以拆除重砌。常见的项目如拆砌山墙、拆砌后檐、拆砌槛墙等。如果局部酥碱、空鼓、鼓胀或损坏的部位在墙体的中下部，而整个墙体比较完好时，可以采取择砌的办法，必须边拆边砌，不可等全部拆完后再砌，一次择砌的长度不应超过半米。若只择砌外（里）皮，长度不要超过 1 米 [图 2-2（a）]。

(a) 墙体拆安归位　　(b) 老砖棱角修缮

图 2-2　墙体拆安归位与老砖棱角修缮

3. 局部破损墙体

对古建筑病害墙体中局部砖件破损或缺损时，可重新用新料制作后补换的方法。

对传统的干摆、丝缝墙的局部修缮可采用打点补浆法等。打点之前应将墙面刷净洇湿。打点时只需将砖的缺棱掉角部分补平即可，灰不得高出墙面。最后用砖面水将整个墙面刷一遍，应注意不要使用青浆，更不应使用烟子浆涂刷墙面。当墙面比较完整，但比较脏，或经剔凿挖补后的墙面，可用旧墙面墁干活法进行修缮。操作时先用磨头将墙面全部磨一遍，最后用清水冲刷墙面或刷一遍砖面水。对冰盘檐的少量砖檐损坏严重或博缝头已失落等，都可进行零星添配。

局部整修是指整个墙体较好，但墙体的上部某处残缺，常见的整修项目如整修博缝、整修墀头梢子、整修墙帽等。局部整修还包括使用砖砌法墩接柱子。中国古建筑以木结构为承重体系，所以当柱根糟朽时必须进行及时维修。除了木柱墩接以外，还可以采用砖（或石）墩接的方法。砖墩接的优点是操作简便且墩接后不易糟朽，缺点是外观不佳。因此砖墩接的方法多用于山墙或后檐等部位的柱子，或作为抢险性的临时措施。如采用预制混凝土仿木柱墩接的方法则能避免上述不足。墩接前先将待修部分附近的砖墙掏开，以便操作。在正式操作前必须将梁架支顶好。用锯将木柱糟朽的部分截掉，待清理干净后，用砖在木柱下砌成一个砖墩，外皮比内墙外皮稍退进一些，上面与木柱接齐。砌砖墩所用的砂浆强度应较高，砂浆应饱满，厚度不超过 1 厘米。每层砖要经敲砸加压，与木柱接触的一层必须背实塞严。砖墩的外侧要用灰抹平，与墙找齐。

古建筑砖砌修缮是非常灵活的处理方式，应根据文物保护法则寻找最合理的方法手段进行修缮，确保古建筑留存得更久远［图 2-2（b)］。

4. 修缮一座砖石作古建筑外墙的抹灰

古建筑外墙在遭受自然损害后应进行适当的修缮保养，根据墙皮损害程度不同主要采取以下措施加以维护。

（1）墙面整体抹新法

即在旧有墙面上重新抹一层灰，在旧灰皮上抹灰主要应注意旧灰皮一定要用水充分湿润。洇湿的程度以抹灰时不会造成干裂为准，必须反复泼水，直到闷透为止。如遇墙面上有油污的，要先用稀浆反复涂刷或用稀灰揉擦。被烟熏黄了的墙面，若抹白灰，可先用月白浆涂刷一遍，以避免泛黄铲抹。对于灰皮大部分空鼓、脱落的抹灰墙面多采用铲除方法。基层灰应铲除干净并扫净浮土，墙面要用水充分洇湿。砖缝凹进较多者，应先用灰进行“串缝”处理，然后进行整体抹灰。对修缮完成的墙面还可进行刷浆，这是旧墙见新的一种传统工艺。根据墙面的不同，可分别刷月白浆、青浆、红土浆等。

（2）局部修填法

对整砖墙局部损坏尚不需要大面积拆砌换砖的，可采用局部抹灰修填的方法。先用大麻刀灰打底，然后用麻刀灰抹面（可以掺些水泥），趁灰未干时撒在砖墙上面或刷青浆，并用轧子赶轧出光。墙面假砖缝的做法可采用平尺和竹片做成假缝子。对于墙灰皮局部空鼓、脱落，但仍想保留大部分的抹灰墙面，可先将空鼓、松动的灰皮铲掉，边缘应尽量铲齐。对墙底进行清理打扫，打湿墙底，接着抹打底灰，注意接缝处是否塞严实。罩面时，接缝处应平顺，避免灰皮开裂、起翘等状况出现，补灰抹出的形状应尽量为矩形或正方形。

（3）填缝处理法

针对糙砖墙或碎砖墙可采用填缝处理法。当灰缝风化脱落并凹进砖内时，采用填缝的方式进行修缮，也可用作抹灰前的砖缝填补处理。具体方法为先用尖嘴泥刀将掺灰泥或灰甩入缝内，然后反复轧平实，对其他灰缝及砖的棱角的修补，如墙面砖或砖檐的打点等也可采用此种填缝方法。

5. 需要全墙拆砌的情况

一般而言，超过下述情况之一的则应考虑将旧墙体拆砌。

碎砖墙的歪闪程度等于或大于 8 厘米的，须结合墙体空鼓情况综合考虑；墙身局部空鼓面积等于或大于 2 平方米，且凸出等于或大于 5 厘米；墙体空鼓形成两层皮；墙体歪闪等于或大于 4 厘米并有裂缝；下碱潮碱等于或大于 1/3 墙厚；裂缝宽度等于或大于 3 厘米，并结合损坏原因综合考虑。

古建筑墙体修缮

整砖墙的歪闪程度等于或大于墙厚的 1/6 或高度的 1/10；砖券下垂等于跨度的 1/10 或裂缝宽度大于 0.5 厘米。其他与碎砖墙相同。对于裂缝对墙体影响程度的判定，除了要考虑是否与地基下沉有关以及裂缝的严重程度以外，还要考虑裂缝是否继续变化，会继续变化的危险性较大。一时不能确定的，可在裂缝处抹一层麻刀灰，观察麻刀灰是否随墙体裂缝的扩大而开裂。

通常情况下，只要地基不下沉，墙顶不渗水，酥碱不特别严重，墙体无论多旧，倒塌的可能性都很小，不必要采用全墙拆砌的方法。

思考与巩固练习

一、简答题

1. 简述古建筑墙体病害的常见现象与解决方法。

2. 请你列举几种针对不同古建筑墙体病害的修缮方法设计。

二、实操练习

学习古建筑外墙的抹灰修缮工艺，尝试在工地对建筑物的后墙一平方米左右的地方进行反复抹灰实训操作，直至墙面平整，符合施工要求。

任务 2.3　修缮一座砖石作古建筑的屋面

任务要求

1. 知识目标：理解并记忆古建筑屋面自然病害的表现及产生的原因。

2. 能力目标：依据古建筑保护修缮原则对古建筑屋面进行修缮方案设计、施工。

3. 重点难点：重点——古建筑瓦面的自然病害应对与解决方法；

难点——古建筑屋面瓦件拆除与构件资料信息的整理归档。

4. 思政目标：文物承载灿烂文明，传承历史文化，维系民族精神，是老祖宗留给我们的宝贵遗产，是加强社会主义精神文明建设的深厚滋养。以严谨专业的治学态度应对古建筑瓦面自然病害，科学合理地制定解决方案，做好数据资料分析，养成勤劳能干、吃苦耐劳、科学严谨的工作作风，遵守合理规范的施工管理条例，在工作中逐渐培养传承传统非遗技艺，保持灵活处理问题的创新意识。

知识准备

修缮古建筑屋面，主要是对瓦料进行更换保养。瓦是一种能够展现古代文明的材料，用处非常广泛。保护瓦件需要定期清洗，因为虽然古建筑瓦面带有自洁功能，可是长时间瓦面上难免会落下灰尘树叶、鸟粪和毛发等，影响屋面的健康保养，让整体的古建筑承受自然病害的风险。因此，要隔一段时间就清理一下，避免古建筑瓦面受损，可以直接用清水冲洗，也可以选用适用的洗涤剂清洗。此外，应明确清洗过程中的注意事项，比如在清洗时，不要用太多洗涤剂；宜使用中性洗涤剂；清洗后可以适当地给瓦面打蜡，保持瓦面的光洁与亮度等。

2.3.1　古建筑屋面病害产生的主要原因分析

由于瓦垄较易存土，泥背中又有大量黄土，且布瓦的吸水性很强，所以在瓦垄中及出现裂缝的地方很容易滋生杂草甚至小树等植物。这些植物对屋面的损害很大，或造成屋面漏雨，或造成瓦件离析。实践证明，凡是年久失修最后倒塌的房屋，必定有杂草丛生的历史。凡是最后造成大患而不得不进行屋面挑顶的建筑，也必定先从杂草丛生开始。所以杂草丛生是屋面破损灾害的主要自然因素。有些漏雨的房屋，未经勾抹，而只是疏通了堵塞的瓦垄或是将杂草拔掉，就解决了漏雨问题，这就说明了拔草清垄工作和房屋漏雨的关系。

2.3.2　屋面漏雨等病害勘察及表现

古建筑屋面病害主要症状表现为漏雨，因此勘察的方法也可以分为点对点查漏与通体查漏。当屋顶整体状况较好，漏雨部位也很明确，且漏雨的部位不多时，就只需进行点对点的查补找出漏雨的病害部位将其修补堵住即可。如存在大部分瓦垄不太好，或漏雨的部位较多，或经多次零星查补后仍不见效，就需要全方位通体查补，即大查补。

造成瓦面病害大面积漏雨的情况一般有如下几种。①盖瓦破碎，瓦垄出现裂缝，宽瓦泥（甚至泥背）裸露。②有植物存在，雨水得以沿植物根须下渗。③局部低洼或堵塞，因而形成局部存水。④底瓦有裂纹、裂缝或质量不好。应特别注意对底瓦的观察，因为底瓦的毛病最不容易看出。即便有裂纹，也可能因其极细或被土、苔藓等覆盖而不易被发现；有时底瓦表面并无裂纹，但因质量不好或局部低洼也会造成渗漏。查明漏雨的原因后，用麻刀灰勾抹待修处。勾抹之前要先除草清垄，将瓦上的附着物和已松动的灰铲掉冲净，并用水洒湿，勾抹后再蘸水抹刷瓦灰边沿，并用瓦刀赶轧结实。最后用麻刷子蘸青浆刷抹，并用瓦刀轧实赶光。上房检查漏雨部位时应注意脚下踩踏安全，不能顾此失彼对瓦面造成二次损坏，修缮瓦面需要耐心细致逐一检查确定更换，争取一次性解决问题。

2.3.3 瓦面的自然病害应对与修缮设计

1. 屋顶植物病害的应对与处理

对瓦垄内存在杂草丛生的植物病害问题应予以及时处理并注意以下几个问题。

古建筑屋面修缮

（1）拔草时应注意对根系的消灭处理，即应连根拔掉。如果只拔草而不除草，非但不能达到预期的效果，反而会使杂草生长得更快。

（2）要用小铲将苔藓和瓦垄中的积土、树叶等一概铲除掉，再用水冲净。有条件的最好用皮管子接上水源进行冲垄。这样不但可以除掉滋生杂草的土壤，消灭因瓦垄堵塞而造成的漏雨现象，而且还能将草籽冲走，减少来年再生的可能。

（3）要注意季节性。由于杂草和树木种子的传播季节性很强，所以这项工作的时间应安排在种子成熟之前。这样，由于同时消灭了杂草后代，所以比在种子传播以后除草的长远效果好得多。

（4）在去除植物病害的过程中，如造成或发现瓦件掀揭、松动、裂缝等现象时，应及时进行调整修理。

2. 瓦作屋面的修缮方法与保护设计

瓦面的修缮可以分为合瓦夹腮、筒瓦捉节或捉节夹垄、筒瓦裹垄、装垄、青灰背查补 5 类（图 2-3），具体修缮方法概要介绍如下。

(a) 屋面病害分析　　(b) 瓦面拆卸

图 2-3　屋面病害分析与瓦面拆卸

方法 1：先将盖瓦瓦垄缝隙内的苔藓、土或已松动的旧灰铲除干净，并用水冲净洇湿，破碎的瓦件应及时更换，然后用麻刀灰将裂缝处及坑洼处塞严找平，再沿盖瓦垄的两侧用瓦刀抹一层夹垄灰。瓦翅处要随瓦的形状用瓦刀背好。瓦垄平铺要直顺，坡度不要过大。新旧灰泥搭接要密实。最后用水清洗并刷浆轧光。

方法 2：在因筒瓦脱节而造成漏雨的情况下，可先将脱节的部分清理干净，并用水冲净洇湿，破碎的瓦件要及时更换，然后用小麻刀灰浆塞严勾平。筒瓦捉节是指要将盖瓦的接缝处全部勾抹一遍。如果所有的筒瓦都需要捉节时，称为“满捉节”。如果筒瓦两侧处的夹垄灰因开裂或脱落等原因造成漏雨的，应同时进行夹垄，即捉节夹垄。做法是将损坏处清理干净并用水洇湿，然后用麻刀灰重新夹垄，反复赶轧，并打水槎子，刷浆成活（具体做法参见筒瓦屋面瓦瓦方法）。如为琉璃屋面，灰中应加适量颜色；如为布瓦屋面，最后应刷深月白浆或青浆。

方法 3：当底瓦已无法查补或局部严重坑洼存水时，可以采取装垄的方法，即在底瓦垄中装上麻刀灰，将瓦垄完全覆盖住。这种修缮方法的最大特点是，可以在不拆动底瓦的情况下解决瓦垄的漏雨问题。具体操作流程如下：先将底瓦上的植物和积土清理干净，并用水冲净洇湿，然后用灰在底瓦待修部位反复揉擦，以使灰与瓦结合得更加牢固。用瓦刀将待修部的上部底瓦撬起一块，从其底下开始装垄抹灰。如果不撬起一块底瓦，灰的上部因有逆搓而可能钻水形成漏雨。装垄后应夹垄（或夹腮）以挡住两边的灰搓子，筒瓦最好同时进行裹垄。最后刷浆轧光。

方法 4：造成青灰背屋面漏雨的原因主要有 3 个，即裂缝、空鼓酥裂、局部低洼存水。查补应主要针对存在这些现象的部位进行。查补之前应先将空鼓酥裂的部分剔除干净，用水洇湿。较大的裂缝需剔缝，将灰缝的边沿剔成向内收进的八字型。在抹灰之前要用灰把待抹的部位平一下，随后抹好大麻白灰。在赶轧时要用短毛刷子蘸水扫刷新旧灰交叠处，趁水未干时将叠缝灰轧平。最后刷青浆并赶轧出亮。对于低洼存水的局部要先用灰找平，然后再抹一层灰。裂缝较大处，最好能先将缝内填上灰，然后再抹平。如无法填灰，应分两次苫抹，以防止开裂。

方法 5：底瓦破碎或质量不好的，可以进行抽换。抽换底瓦的方法是先将上部底瓦和两边的盖瓦撬松，取出坏瓦，并将底瓦泥铲掉，然后铺灰用好瓦按原样宽好。被撬松的盖瓦要进行夹腮（或夹垄）。如果盖瓦破碎或质量不好时，可以采取更换盖瓦的方法。先将坏瓦拿掉并铲掉盖瓦泥，用水润湿接槎，铺灰将新瓦重新叠好。接槎处要勾抹严实。

如果局部损坏严重，瓦面凹陷或经多次查补漏雨无效时，可先将瓦面处理干净，然后将需挖补部分的底盖瓦全部拆卸下来，并清除底、盖瓦泥（灰）。如泥（灰）背酥碱脱落，应铲除干净。如发现望板或椽子糟朽，也应予以更换。用水将槎子处洇透后按原有做法重新苫背。待灰泥背干后开始盖瓦（盖瓦前仍要洇透旧槎）。新旧槎子处要用灰塞严接牢，新旧瓦搭接要严实。新旧瓦垄要上下直顺，瓦垄要与整个屋脊保持一致。

方法 6：如檐头损坏严重时应采取揭取檐头的做法。先将勾头、滴子（或花边瓦）拆下，再将椽头下的底瓦、盖瓦全部拆下，存好备用。连檐、瓦口一般都应重新更换，如有糟朽的椽子、飞头和望板时也应更换。揭取檐头的瓦片，需注意滴子、勾头（或花边瓦）的高低与出檐要一致，为此可在檐头拴一道横线，如为布瓦屋面，最后应在新旧槎子处的上部弹线，按线在檐头刷浆。如遇檐头损坏不十分严重，可采取整修的做法。

整修檐头一般只需揭掉损坏的盖瓦和归整檐头勾滴。必要时也可揭掉部分底瓦，但苫背垫层一般不再重做。檐头全部整修完毕后，黑活瓦面应在檐头重新刷浆。

无论是整修檐头还是揭取部分檐头，均应注意如下几点：①新旧瓦搭接处应清理干净，搭接严密，新瓦坡度适宜，不得出现上下高低倒置现象。②新瓦插入旧瓦的部分不少于瓦长的一半。③凡新做苫背的，新旧灰背接槎处一定要在新旧接槎处的上方。也就是说，铲除旧灰背时，铲到瓦的接槎处时，应继续向里掏空一部分。

方法 7：将出檐不齐的勾头、滴子或花边瓦重新归拢整齐，损坏的勾滴应添配完整。需修缮的屋面上常有一些瓦件、脊件缺损或散落，如圭角、盘子、兽座，甚至小跑、吻兽等。散落的应重新坐灰归安，缺损的可重新添配。但具有文物价值的脊件应尽量用原件修补后放置原位。如果屋脊毁坏得不严重，可用灰勾抹严实。缺损、散落的局部应进行归安、添配。对于部分残损的砖雕脊件和灰塑，可按照原有的图案修补。残损严重的，可添配更新。

方法 8：当屋顶瓦面破坏比较严重、琉璃瓦釉严重剥落、漏雨现象严重、局部塌陷、木架损坏也较严重及其他方法均不能彻底解决时，可采用挑顶做法，即将瓦面全部拆除后重新落瓦、调脊。如果灰、泥背尚好，可考虑保留灰泥背。无论使用哪种修缮手段，都应在修缮的同时，随手进行拔草清垄工作。凡是屋脊的附近都要检查一下是否有毁坏的现象，特别要注意对悬山、硬山垂脊附近的检查。因为垂脊是处在山墙之上，这个部位的漏雨不容易在室内顶棚上反映出来，但实际上对山墙和木架的破坏作用却是很大的，因此必须排除其漏雨的可能。

局部挑顶是指房屋的半坡或更小范围处损坏严重，需部分挑修时采用的方法。局部挑顶应注意与整个屋面的做法保持一致，接槎部分应处理得当，不应出现高低逆差现象。

在维修养护工作中，对于房屋附近可能对屋面造成破坏的情况也应注意观察，并采取相应的措施。经常遇到的情况是树枝对瓦面的破坏。如发现这类情况，应及时修剪树枝。

屋面瓦件拆除整理归档还应注意以下事项。

（1）在拆卸之前应先切断电源，做好内外檐装修及顶棚的保护，做好室内外文物的保护工作，必要时应对地面或墙面进行成品保护，做好油漆彩画的防护，包括防损伤、防污染、防晒和防雨。

（2）如果木架倾斜，应设置迎戗杆，将木架支顶牢固。为防止操作者从屋面上坠落，应在坡上纵向放置脚手板，并在板上钉好踏步条。操作时脚手板随工作进程移动。

（3）拆卸瓦件时应先拆揭勾头、滴水（或花边瓦），并送到指定地点妥为保存，然后再拆揭瓦面和垂脊、戗脊等，最后拆除大脊。在拆卸中应注意保护瓦件不受损失。可以使用的瓦料应将灰、土铲掉扫净。应按脊件、盖瓦、底瓦和勾头、滴水等分类存放［图 2-4（a)］。

（4）要对瓦件进行清理统计，统计的范围包括脊的分件、盖瓦、底瓦及勾滴必须补换的数目、名称。琉璃瓦要查明样数，布瓦应查明号数，以便补充订货。瓦件拆卸完成后应将原有的苫背垫层全部铲掉。一般情况下，望板也应换新［图 2-4（b)］。

(a) 瓦料分类安放

(b) 瓦件清理

图 2-4　瓦料分类安放与清理

（5）揭开屋盖后，应检查木梁、檩及角梁等的安全状况，如有无断裂、角梁后尾有无糟朽、与墙体交接处是否存在漏雨等。如需进行更换木结构、大木归安及打牮拨正等项工作，都应充分利用在这一段时间进行。梁架露天后应考虑采取必要的防雨措施，对于有文物价值的木构件必须采取防雨措施。

思考与巩固练习

一、简答题

1. 简述古建筑屋面病害产生的主要原因及表现。

2. 简述古建筑屋面植物病害应对与处理方法。

3. 请你列举 5 种瓦面自然损坏病害的处理方法与保养。

二、练习题

请你参与一次古建筑保护志愿者活动，跟施工队一起参与对屋面的修缮施工，对屋面存在病害现象进行拍照、归类整理，设计一套对古建筑屋面进行科学合理保护和行之有效的设计方案。

任务 2.4　雕刻与修缮一座古建筑的砖石构件

任务要求

1. 知识目标：理解并记忆古建筑砖雕石作自然病害的表现特征及成因。
2. 能力目标：依据古建筑保护修缮原则对古建筑砖雕石作进行可逆性修缮。
3. 重点难点：重点——古建筑砖雕石作的自然病害应对与解决方法；
难点——砖雕石作修缮补缺时应保持与初始状态在艺术风格上的一致性。
4. 思政目标：培养大学生的"工匠精神"就是要逐步引导大学生建立起做事情精益求精、坚韧不拔、专心致志、心无旁骛的优秀品质。大学生传承当代"工匠精神"主要包含 4 种精神品质，分别是劳动精神、创造精神、品质精神以及服务精神。在砖雕石作修缮教学中，教育学生明白"工匠精神"不仅仅是一种劳动精神，在某种程度上更代表着个人的价值取向，进一步加强专业学生对保护古建筑砖雕石作优秀艺术品的审美意识与奉献精神的培养力度，逐步引导学生建立起自觉保护古建筑，进而发展成为优秀的职业导向，成为实际学习和生活中的一种良好习惯。

知识准备

中国古建筑的美，无处不在，在雕梁画栋、恢宏大气的皇宫，在曲折幽深、素净淡雅的园林，在青砖灰瓦、雕刻精美的民宅。每当你步入其中，就会发现：最让人感到惊艳的往往是那些寻常生活中被精心雕刻的一砖一瓦，一木一石。古人云："无雕不成屋，有刻斯为贵"。雕刻，是一种中国民间艺术工艺，工匠们在砖石瓦上雕以图案、花纹，雕刻方法复杂多样，风格古典而清雅，为中国建筑增添了一道独特的风景线。清代钱泳曾在《履园丛话》中说："大厅前必有门楼，砖上雕刻人马戏文，玲珑剔透。"凡有古建筑处，都能看到砖石雕刻的身影。

江南民居砖石雕风格纤细、刻工精良，空间层次丰富、意境深远，富于文人趣味。北方砖石雕刻构图丰满、纹饰繁缛，刀法浑厚朴茂，于雄浑之余透出粗犷之气。岭南一带民居砖石雕刻手法更自由，题材更丰富，民俗趣味浓厚。民间砖石雕刻从实用和观赏的角度出发，形象简练，风格浑厚，不盲目追求精巧和纤细，以保持建筑构件的坚固，能经受日晒和雨淋。

砖石雕刻，没有耀眼绚烂的外表，却朴素生动，赋予建筑以丰富的表情，充分表达了房屋主人的气质、修养、兴趣爱好和社会地位。随着岁月的流逝，那些建筑物上镶嵌的砖雕虽经岁月的磨砺、风雨的剥蚀，却依然是玲珑别致，耐人寻味。那刻在古建筑上的花纹图案无不渗透着匠人们的心血，也赋予了古建筑不一样的生命力。作为中国独特的传统艺术，砖石雕刻不会轻易被时光侵蚀，它的魅力就在于此。不同的砖石雕刻呈现出不同的艺术流派，也留下了属于那个时代的独特的印记。

2.4.1 砖石雕刻工艺的发展与分类

古建筑营造技艺中与砖石瓦作有关的花活，用砖做的称为“硬花活”，又称为“凿活”；用灰做的称为“软花活”或“软活”，根据不同的工艺，“软活”又分为“堆活”和“镂活”。

砖雕也称为“花砖”，是砖雕工匠运用凿和木槌，通过钻、锯、刻、凿和磨等工艺，在青砖上刻出七八个层次，有深有浅，层层深入，逼真活泼，在青砖上加工出各种人物、花卉、鸟兽等内容的图案，然后用作建筑上的装饰。魏晋南北朝时期是古建筑体系的发展时期，砖瓦石作为建筑材料，产量和质量都有所提高，砖石工的雕凿技术也达到了很高的水平。这一时期，大量兴建佛教建筑，出现了许多精美的雕塑和壁画。明清时期，砖雕已经盛行，曾流行于北京、山西、安徽、江西及广东地区，砖雕布局严整、层次分明，人物造型生动，楼阁廊柱玲珑剔透，立体感很强，广泛地用于祠堂、会馆和民居等建筑之中。

砖雕

官式建筑砖雕与地方建筑砖雕相比，官式建筑的砖雕既重“技”也重“艺”，更有节制，建筑感更强。小式建筑与大式建筑相比，小式建筑采用砖雕装饰的更多，大式建筑则相对要少，尤其是寺庙、官府衙门和宫殿建筑，对砖雕的使用显得格外慎重。砖雕内容主要集中于古建筑的门罩、门楼、窗头、八字墙（大门两侧张开式墙面）、屋脊及马头墙的端部等处。镂刻的内容与题材极为广泛，因位置的不同又有所区别，总体而言，以吉祥如意、福寿平安、忠孝节义、八仙八宝等的象征图案和古装戏剧、楼阁轩榭、飞禽走兽等为主。

1. 硬花活

硬花活砖雕又称为“凿活”，所使用的工具有各种平口刀、斜口刀、木敲手、磨头等。凿活可以在一块砖上进行，也可以由若干块组合起来进行。一般都是预先雕好，然后再进行安装。砖雕雕刻的手法有平雕、浮雕（又分浅浮雕和高浮雕）、透雕。如果雕刻的图案完全在一个平面上，这种手法就叫平雕。平雕是通过图案的线条给人以立体感，而浮雕和透雕则要雕出立体的形象。浮雕的形象只能看见一部分，透雕的形象则大部分甚至全部都能看到。透雕手法甚至可以把图案雕成多层。透雕的方法与浮雕大致相同，但更细致，难度也更大。许多地方要镂成空的。有些地方如不能用锤子敲打，则必须用錾子轻轻地切削（图 2-5）。

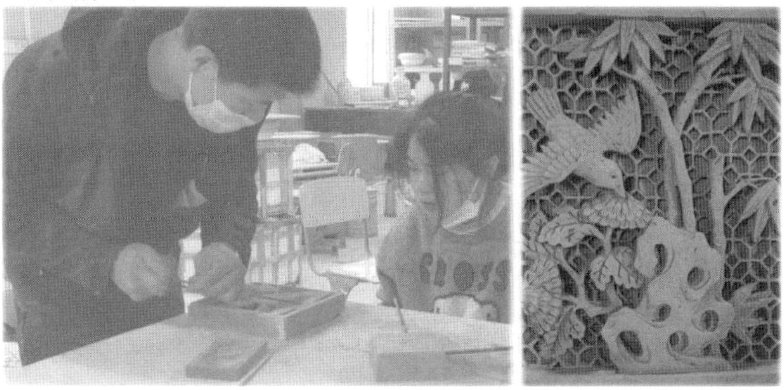

图 2-5 硬花活砖雕工具使用示范与硬花活砖雕作品

“硬花活”砖雕工艺的制作步骤如下。

步骤1：用笔在砖上画出所要雕刻的形象，有些地方若不能一下子全部画出，或是在雕的过程中有可能将线条雕去，则可以随画随雕，边雕边画。一般说来，要先画出图案的轮廓，待剔出物体基本形象后再进一步画出细部图样。然后用斜口刀沿画笔的笔迹浅细地划一遍，以防止笔迹在雕刻中被涂抹掉。

砖雕步骤1～4

步骤2：图底部分用平口刀将形象以外的部分掏去，铲出形象的立体轮廓。接着用平口刀修饰图案的外部轮廓线。

步骤3：用小的平口刀进一步雕刻，逐渐雕刻出图案的细节变化，对图底做适当的清理修平工作。

步骤4：整体调整，使整个画面图案协调、生动，打磨砖雕各部分，使之更平整光滑。

步骤5：用灰胶将残缺之处或砂眼找平。灰胶的配制方法是，七成白灰加三成砖面，掺入少许青灰后加水、胶调匀。最后用砖面水将砖雕图案揉擦干净。

砖雕过程应尽量小心、细致，尤其是透雕，更要小心。但如果局部有所损坏，也不要轻易抛弃，因为图案本身并无严格的规定，所以除了可以将损坏了的部分重新粘好外，也可以考虑在损坏了的部分结合整体图案重新设计图案和雕刻。雕出的形象应生动、细致、简练。刻画的线条要流畅、清晰、俊美。

2. 软花活

软花活按制作手法的不同分为“堆活”和“镂活”两种。堆活就是用麻刀灰先堆成图案的初步轮廓，然后用纸筋灰按设计要求进一步堆塑。纸筋灰的制法是用水将草纸泡糟后与白灰膏加水调匀。如在石头上堆塑，应先用砂子灰打底，如成批生产，可制模浇筑。镂活是先用麻刀灰打底，然后薄薄地抹一层素白灰，再在其上刷一层烟子浆，待灰浆干后，用錾子和竹片按设计要求进行镂画。镂过的地方应露出白灰，图案中表现光线较弱的地方可适当轻镂，使白灰似露似不露（即做“阴线”）。因为镂活不易修改，所以应预先将图案镂画熟练了，再实际操作。

3. 砖雕、灰塑修缮方法

对于部分残损的砖雕（硬花活）和灰塑（软花活）可按照原有的图案修补，残损严重的可添配更新，修补添配完成后可照原砖色做旧。

2.4.2　古建筑砖石结构体的病害勘察与修缮设计

1. 砖石结构的病害勘察

砖石结构指用砂浆作为胶结材料，将砖、石、砌块等砌筑成一体的结构，可用于基础、墙体、柱子、拱券等受压结构，在烟囱、水池、桥梁等处也有应用。砖石结构具有造价低、耐火性好、耐久性强等优点，但和一般印象不同的是砖石砌体强度较低，特别是抗拉、抗剪强度很低，抗震能力较差，砌筑劳动强度较大。

砖石结构是一种古老的传统结构，从古至今，一直被广泛应用，如埃及的金字塔，罗马的斗兽场，我国的万里长城、赵县的安济桥、西安大小雁塔、五台山无梁殿等。

由于砖石的抗弯、抗压强度很低（砖的抗弯强度为抗压强度的20%，抗拉强度仅为抗压强度的8%），属于脆性材料，所以砖石整体在远小于砖块或石块的极限强度时就会出现裂缝。同时，砖石原料中的可溶盐类随着水分蒸发就会在表面产生盐析现象，形成白斑，这些都是危害砖石建筑的显著病害。

砖石材料一般都起围护作用，砖石材料的破坏大致有地震力或其他外力造成的歪闪、开裂、酥碱、冻融破坏和大气污染造成的腐蚀、拱胀、空鼓、倒塌等情况。具体来讲，砖石的裂缝有受力裂缝、沉降裂缝、温度裂缝、冻融裂缝、地震裂缝等多种情况。

（1）受力裂缝是指受压过大，砖石和砂浆的强度降低造成的裂缝，多为沿受力方向产生的竖向裂缝，常见于基础墙、拱券和砖石塔等处，长期积累可能会变成危重病害。

（2）沉降裂缝是地基分布不均或地下水减少、周围高层建筑增加等条件改变造成的裂缝，多为从墙角开始的斜向裂缝，也见于地面、台基等处。沉降裂缝的修复需要古建筑环境的综合治理，只针对墙体的修缮是治标不治本的。

（3）冻融裂缝是由于墙体表面的水汽和矿物盐在冬季凝结，春季融化造成的裂缝，常见的是砖石一层一层地剥落，虽然不会有倒塌的危险，但会严重削弱建筑的承载能力。

（4）温度裂缝是由于建筑阳面和阴面温度不均造成的裂缝，多为水平裂缝和八字裂缝，一般在向阳面严重，背阴面较轻，一般由墙体的上端开始向下剥落。

2. 砖石结构的修缮设计

步骤1：维修前，应先对砖石结构的构造形制进行详细观察，测量砖石体的断面尺寸、砖的尺寸、砖的砌法、砖的排法及缝的厚度，检测砖和灰浆的标号，填写记录表，勾出大样，照相并记录砖石体的构造情况。拆砌前还要对古建筑进行严格检查，出现木结构变形、外力施于墙上等现象时要先支顶加固。

砖石体的修缮有勾缝、灌浆、外力加固、局部拆砌等多种方式，对于勾缝，应该采用与原墙体类似的传统材料，如青白麻刀灰（白灰：青灰：麻刀＝100：8：8）或油灰（白灰：生桐油：麻刀＝100：20：8）等。传统建筑砌筑时十分讲究砖与缝的观感，一砖一缝都要苦心经营。现代建筑所用的砖料，经制坯烧成后，一般就不再二次加工了，而中国古建筑所使用的砖料，往往要经过砍磨加工，这就使砖与墙面具有了洁净平整、质感细腻的特点。墙体砖与砖之间的空白处添以白灰，海边还可用蛎灰。早期匠师对灰缝的经营调理更是游刃有余，使本来并不起眼的灰缝变得举足轻重，如与砖融为一体，使墙面产生“一块玉儿”的效果，可见匠心无所不至。现在制砖技术烧成的“烟炙砖”，用计算机严格控制温度，其表面条纹如黑漆，而且千篇一律，砌筑后比较死板，没有手工古制那种色彩斑斓的效果。

步骤2：因温度或地基沉降等原因造成的开裂，不严重的可用灌浆办法解决，如地基变形严重出现歪闪、空鼓等情况，可局部拆砌。墙的外表面可稍粗糙一些。但要注意压缝连接，整体要横平竖直，中轴线要居中。

步骤3：对于较简单的开裂可进行灌浆，如券砖被挤碎，整体还保持原来形状的可进行局部抽换，还有加钢箍（斜缝）、灌环氧树脂黏结等措施。对于仿木结构的梁枋断裂，有些案例更换，内部加一防腐蚀的梁枋或经防腐处理的钢梁枋，外部用假石梁枋遮挡。

步骤4：很多仿木结构砖石古建筑和砖木结构的古塔，还存在装饰风化、构件缺失等多种病害，而且这些建筑的装饰往往也很有历史和艺术价值。修缮时要根据破坏情况和残破墙体的危险程度，做好临时加固处理。既要用钢板箍或钢条箍，箍与塔身接触处，用软木板或麻布垫牢，以免损坏塔体上的浮雕，又要进行测量、绘图，查明砖的尺寸及强度，烧制新砖，补砌墙体。在治理物理病害的同时，针对墙体的酥碱、渗水等情况，还有不同的化学和生物防治办法。

2.4.3 古建筑石作构件的病害勘测与修缮设计

1. 开展周围环境与古建筑石作构件病害特征的勘查和病理分析

建筑遗产石作文物构件的病害勘察与病理分析是实施科学保护设计先决条件。只有充分了解石作构件生了什么病害、环境对其造成了什么样的影响，才能准确地设计采取科学、合理的保护方案，避免修缮过程中遭到进一步损坏，造成不可挽回的后果。

2. 科学合理地制定修缮方案

石作构件的保护方案应根据建筑保护等级、特征要素、重点保护部位等具体情况，基于材料特性及病害机理、建筑所处环境的气候特点、功能使用等综合因素制定，具体情况具体分析。石作修缮使用经验成熟的雕刻技术，其石作构件修缮过程中尽量使用原材料、原工艺或与原材料临近的同时代老材料，而更换的新材料、新工艺都必须经过前期试验，经相关仪器设备检测后证明切实有效且长期无害时才能大面积地应用。

3. 选择适合的清洗方式

对建筑遗产石作构件进行清洗是一种重要的干预手段，但必须小心谨慎地使用，清洗一般分为物理清洗和化学清洗。物理清洗常采用高压水洗，而化学清洗采用化学药物和病症发生化学反应。清洗开展之前，都需小范围进行试样，确定清洗方法和步骤后，方可大面积实施。

4. 选用具有可逆性的新材料

重塑石构件完整形象时，使用添加材料应具备可逆性。修缮所采用的新增加材料的吸水性能、透气性能应高于或等于原来的材料；强度、耐久性应低于古建筑原材料。避免新添加的材料对历史材料产生二次损害。

5. 重视预防性保护

石作构件无论是否已实施保护，都需要不断地进行保养和监测。预防性保护监测是认识建筑遗产石作构件劣化过程、及时发现安全隐患的基本方法。加强日常养护有利于及时地在细微处消除隐患，防止产生严重损坏。

6. 增加虚拟仿真手段展示原貌

对已缺损的石质文物构件，在保护方案不采取恢复原状的情况下，可考虑结合复原图、模型、文字等多种方式，数字化虚拟展示还原石作文物构件的原貌，有利于公众对石作文物原状的想象。

2.4.4 石作构件修缮使用的工具及材料

修缮工具包括扫把、抹子、铁刷、剁斧、硬毛刷、软毛刷、海绵、灰板、平板尺、砂纸、小桶、木棒、塑料瓶等。石作修缮常用的材料包括如下几种。

小石块：使用与原构件材质相同的石材，经粉碎后制成的碎石块，粒径在3～5厘米之间，主要用来填补基底缺损较为深大的部位。

填充骨料：使用与原构件材质相同的石材，经粉碎后制成的碎石块，粒径在0.3～

0.6 厘米之间，有多重粒径级配，主要用来修复石构件修复层，抗收缩性出色。

石粉：使用与原构件材质相同的石材，经粉碎、碾压而制成的粉状细颗粒。

固化剂：棕黄色黏稠液体，具有黏结力强、耐候性强、抗腐蚀强的特点。

增硬剂：一种浅蓝色的透明水溶性液体，具有较强的渗透性，干透后变为无色。其主要成分是无机硅酸盐、强化剂。直接涂刷在石构件基层上，可增加石构件的硬度，提高抗酸、碱、盐的侵蚀、风化能力。

界面剂：乳白色黏稠状液体，具有较强的黏结力，可将石材与修复材料黏结成整体。其具有无毒、无味、绿色环保、修复可逆的特点，同时也可用于面层修复。

黏合剂：无色透明黏稠状液体，具有较强的黏结力，晾干后抗裂性、耐久性、耐候性出色。其可与石粉相结合用来修复石构件修复层，是理想的黏结材料。

着色料：由水性色浆、青灰、砖灰、老土、水根据现场情况按比例勾兑而成，用于后期随色。

水：用于稀释其他试剂。

2.4.5 修缮古建筑石作构件的一般流程

1. 清理石材基层

石作构件基层表面往往会有浮土、泛碱及松散酥碱部位。需将这些全部清除干净，露出坚实的基层，保证基层与修复层的黏结强度才能进行后续的步骤。否则极易导致修复层的剥离。具体操作步骤如下。

(1) 用软毛刷将基层的浮土、异物清理干净。

(2) 若基层表面有肉眼可见的坚固异物（如不当修复层、表面泛碱结晶等），则用铁刷对其进行清理。如有较顽固的异物，则使用剁斧对其进行斩砍，直至露出坚实硬底。

(3) 用铁刷反复清刷被修复部位，将处理后的松散颗粒清除，保证基层的结实稳固。

(4) 用软毛刷对基层进行清扫，将浮土扫净，之后用湿海绵进行擦拭，将基层清理干净。

2. 增强石作基层强度

基层需要有足够的强度才可以承受后期修复层的质量，并避免因强度不足而导致的脱落。表面涂刷增硬剂，使其渗入石构件内部充分结晶，填充孔隙，可提高基层强度、硬度与密实度，满足后期操作的需求。操作时使用软毛刷，将增硬剂涂刷在基层上，要求涂刷均匀、没有遗漏部位。之后静置一段时间（不少于 12 小时），使增硬剂充分渗透石构件，固化后形成坚实的修复基底。

3. 涂刷黏结剂

用软毛刷将界面剂涂刷在基层上，要求涂刷均匀、没有遗漏部位。其目的是将基层与修复层隔离开，保证修复的可逆性，且较强的黏结力还可保证基层与修复层的有效结合。

4. 填充基底石材

通过填充同材质的石材颗粒，修复基层上深度超过 30 毫米的残损部位，使修复层具有初步的外部轮廓。操作时，将黏合剂和固化剂以 4∶1 的比例（体积比）分别倒入小桶，并用木棒搅拌，再加入适量石粉，加入的石粉体积等于混合试剂体积的 4 倍，并搅拌均匀，调制成混合砂浆。用抹子将混合砂浆涂抹在小石块的黏结面上，之后黏合于基层残损较为深大的部位。黏合的小石块要相互独立，不重叠。

5. 黏结表层骨料

在基底填充层表面涂刷界面剂，将基底填充层与骨料填充层隔离开，保证修复的可逆性，同时保证基底填充层与骨料填充层的有效结合。操作时，用软毛刷将界面剂涂刷在基底填充层上，要求涂刷均匀、没有遗漏部位。

6. 填充缝隙

通过填充同材质的细小石材颗粒和石粉，将基底填充层石材颗粒之间较深的缝隙填满，同时使修复层形成基本轮廓，基本轮廓低于最终完成面 5～8 毫米。具体操作步骤如下。

（1）将填充骨料、石粉、界面剂以 1∶1∶0.3 的比例（体积比）倒入小桶中，并用木棒搅拌均匀，之后将填充物补抹在基底填充层上，小石块之间缝隙中要尽量填满并且赶轧平整、密实。

（2）将平板尺放在完成面上作为参照物，修复层基本轮廓应低于最终完成面 5～8 毫米且保持一致，为之后的面层处理做好准备。操作时，将石粉与界面剂以 5∶1 的比例（体积比）倒入小桶内，并用木棒搅拌均匀，用抹子将其涂抹在低于基本轮廓线的部位进行填补。将超出基本轮廓线的部位铲除。完成后应有清晰的基本轮廓。

7. 修复石层的黏结

为了增加修复层表面的黏结力，使面层可以更好地与其结合，故在修复层表面刷一层界面剂，同时可保证修复的可逆性。操作时，用软毛刷将界面剂涂刷在修复层表面，要求涂刷均匀，没有遗漏部位。

8. 重塑石作形体轮廓

将石粉与界面剂以 5∶1 的比例（体积比）分别倒入小桶内，并充分搅拌，制成填充物。用抹子将填充物涂抹在修复层上，做出修复轮廓。用平板尺沿着修复轮廓对修复面层进行检查，将高出轮廓的地方铲除，不足的地方用填充物进行填补。完成后的面层应与石构件的轮廓保持一致。

9. 打磨表层润色

为了使最终完成面在观感上与石构件保持一致，我们需要对面层进行一定的处理。具体操作如下。

（1）用 60 目砂纸对面层进行打磨，将面层表面、棱线、边角等细节打磨至与石构件细节一致。

（2）用 120 目砂纸再进行打磨，使面层整体更加平缓顺滑。

（3）如果最终完成面在颜色上无法与石构件保持近似，则用着色料对面层进行着色处理，其配色需根据现场实际情况而定。

10. 增加石作表层硬度

表面均匀涂刷增硬剂，提高修复面层强度、硬度与密实度。操作时用软毛刷将增硬剂均匀地涂刷在面层上，要求涂刷均匀，没有遗漏部位（图 2-6）。

图 2-6　石作构件修缮基本流程

此外，石活修缮还需注意以下三个问题。

第一，修缮后要符合一定的强度和观感质检标准，经过检验才算合格：如强度标准为修复层不易被划伤，与原构件结合力强，表面无裂隙、掉粉现象等。观感标准为表面平整、自然，颜色与原构件基本一致等。

第二，石活修缮过程要灵活处理石材用料配比等工艺特性：利用同材质小石块、石粉配以相应的修复剂对病害石构件进行针对性处理，从而达到祛除病害、恢复使用功能、提高观感效果、延长文物寿命的目的。相关技术要求为同材质小石子、石粉现场级配；各种修复剂针对性强，效果可靠；修复过程可逆，可根据需要安全清除修复部分，不伤及文物本体；不含水泥等损伤文物本体的有害物质；修复面层可进行刷道、剁斧、雕刻等传统石加工工艺操作；可进行面层随色处理，使修复部位与原石之间相互和谐。

第三，在进行石作修缮过程中不可避免会遇到一些工艺难点，主要表现为：使用环氧树脂等材料在修复体积大或时间长等条件下，容易出现裂缝、空鼓，且长期暴露在日晒下会导致面层变黄、变黑，严重影响最后的修复效果。

应有针对性地根据修缮材料缺陷，选择多种黏结剂分层使用，最底层采用环氧材料来黏合小石块，缩小黏合面积，抵销掉环氧材料收缩带来的影响，同时不受光照影响。中间层使用小石粒，采用改性环氧材料，强度低于纯环氧材料。石粒间的空隙可将黏合剂的收缩作用消化掉。面层采用与原构件材质相同的石粉，面层材料完全固化后，观感与真实石材相似度较高，不易变色，也不易产生裂缝等问题。

项目实训

实训 1　明清时期古建筑砖雕构件修缮实操

1. 实训目的

了解古建筑构件砖雕雕刻制作步骤及修缮方法。

2. 实训知识

明清时雕砖已成为专门手工行业，从事雕砖的工匠称为雕花匠，雕砖的行业称为“黑活儿”。雕花匠雕砖有一定的技巧，一般是先在砖面上画出图样轮廓，确定层次，凿出大形，然后再用雕、凿、剔、刻、磨等多种手法“出细”，为了制造高浮雕效果，有的还采用粘贴的办法，最后经过打磨抛光才告完成。精品砖雕，于同一平面内雕刻出不同深度层次，表达远近空间，多的达到9个层次，令人称绝。

明清时期砖雕被广泛地应用于建筑门楼、门罩、影壁、墙体的装饰，砖雕的花纹图案具有完整的装饰效果，表现人物的作品具有独立的构图形式，而且能表现出复杂的场景，画面层次较多。其制作方法也具有多样化，有浅浮雕、深浮雕、镂空雕等，同时也有灰塑、模印的做法。对于大型的砖雕作品则用多块小青砖雕成后，再拼接镶嵌于墙面，形成一种“壁龛”式的装饰风格，如安徽绩溪湖村牌楼巷一批精美的门楼（图2-7）。

图2-7　明清时期的徽州砖雕（肖像头部为后修添补部分）

3. 实训步骤

明清时期砖雕构件修缮的制作流程如下。

步骤1：制作一块与砖雕缺损部分差不多大小的老砖料，用笔在砖上设计出缺损图案形象，反复对比摆放，直至设计图案与原砖雕图案相协调，注意图案线条、造型与原砖雕图案在艺术风格上保持一致。

步骤2：调整补充部分砖料大小，用胶水粘在老砖雕底料上，将绘制图案部分贴在补充砖料上。

步骤3：用小的平口刀进一步雕刻，逐渐雕刻出缺损部分图案的外轮廓形。

步骤4：用三角刀进一步雕刻，逐渐雕刻出缺损部分图案的细节。

步骤5：画面整体调整，修补部分注意与整个画面图案保持协调一致，打磨砖雕新补部分使之更平整光滑。

步骤6：用灰胶将裂缝残缺之处修复平整，灰胶即为以砖粉兑水、胶调匀。最后用水将整个砖雕清洗干净。

砖雕修复过程应尽量小心、细致，尤其注意不要破坏老砖原来雕刻部分。修复完成后注意新旧砖料的可识别性，砖雕修缮后艺术风格要保持一致。修补后砖雕整体要求形象应生动、细致、简练，刻画的线条要流畅、清晰、俊美。

思考与巩固练习

一、简答题

1. 简述古建筑石作构件病害产生的主要原因及表现；

2. 简述应对古建筑石作自然病害的主要处理方法；

3. 请你列举 7 种以上修缮石作构件所需要的材料及工具。

二、练习题

1. 寻找一处具有明显病害特征的古建筑砖雕石作构件，对周围环境进行勘察分析、记录病害产生的原因，收集相关数据，设计修缮方案，并与当地文保部门一起参与修缮。

2. 根据资源库砖雕实操教学视频，按传统工艺要求学习制作一款 20 厘米×40 厘米的砖雕作品。

3. 学习制作一块纹饰简单的石雕艺术作品。

项目3　修缮保护一幢近代历史建筑

任务3.1　学习近代历史建筑的特点与典型建筑的构造样式

任务要求

1. 知识目标：能够理解并记忆国内各地区近代历史建筑发展概况及主要的工艺特点。

2. 能力目标：能够根据近代历史建筑特点对历史建筑设计修缮方案。

3. 重点难点：重点——典型历史建筑构造样式的特点；
难点——不同年代历史建筑的构造变化。

4. 思政目标：近代历史建筑是人类文明发展过程中的重要见证，它们影响着人们的认知、审美、价值观等。保护好历史建筑可以保存人类文明发展的历史记录，激发人们对历史文化的兴趣，让人们更加关注民族文化的发展，从而提高文化素养。保护近现代历史建筑也可以增强民族认同感，增强民族凝聚力。

知识准备

中国近代建筑所指的时间范围是从1840年鸦片战争开始到1949年中华人民共和国建立为止。中国在这个时期的建筑处于承上启下、中西交汇、新旧接替的过渡时期，这是中国建筑发展史上一个急剧变化的阶段。中国近代建筑包含着新旧两大体系，旧建筑体系是原有的传统建筑体系的延续，基本上沿袭着旧有的功能布局、技术体系和风格面貌，但受新建筑体系的影响也出现若干局部的变化。新建筑体系包括从西方引进的和中国自身发展出来的新型建筑，具有近代的新功能、新技术和新风格，其中即使是引进的西方建筑，也不同程度地渗透着中国特色。从数量上说，旧建筑体系仍然占据着优势。广大的农村、集镇、中小城市以至大城市的旧城区，仍然以旧体系建筑为主。即便应用了近代的材料、结构和装饰，也是局部性的，大量的民居和其他民间建筑基本上保持着因地制宜、因材致用的传统品格和乡土特色，但是从建筑的发展趋势来看，中国近代建筑的主流则是新建筑体系。

石库门建筑是江南地区具有典型构造样式的近代弄堂住宅历史建筑，本章节将以石库门建筑为例，阐述近代历史建筑的修缮保护问题。汉语中把围束的圈叫作“箍”，如金箍棒、箍桶、袖箍（即袖标）等。用石条围束门的建筑就被叫作“石箍门”，宁波人发“箍”字音发的是“库”，久而久之，上海的“石箍门”就讹作“石库门”了。石库门建筑的平面和空间更接近于江南传统的二层楼的三合院或四合院形式，保持着正当规整的客堂，有楼上安静的内室，还有习惯上常见的两厢。这种建筑基本上保持了中国传统住宅对外较为封闭的特征，虽身居闹市，但关起门来却可以自成一统。于是，这“门”也就变得越加重要起来。带有一圈石头的门框，门扇为乌漆实心厚木，上有铜环一副，这种式样的建筑被上海人称为“石库门”。石库门建筑的门楣是最为精彩的部分，装饰最为丰富。在早期石库门建筑中，门楣常模仿江南传统建筑中的仪门做成中国传统砖雕青瓦压顶门头式样；后期则受到西方建筑风格的影响，常用三角形、半圆形、弧形与长方形的花饰，类似西方建筑门、窗上部的山花楣饰。石库门建筑由其“门”而得名。石库门也逐步成为了上海传统弄堂住宅的代名词和一种标志。

上海石库门介绍

3.1.1　历史建筑的定义与特点

根据《历史文化名城名镇名村保护条例》，历史建筑是指经城市、县人民政府确定公布的具有一定保护价值，能够反映历史风貌和地方特色，未公布为文物保护单位，也未登记为不可移动文物的建筑物、构筑物。根据《上海市历史风貌区和优秀历史建筑保护条例》第九条，优秀历史建筑是指由上海市人民政府批准确定并公布，建成30年以上，其建筑样式、施工工艺和工程技术具有建筑艺术特色和科学技术研究价值，或反映上海地域建筑历史文化特点，或为著名建筑师的代表作品，或在我国产业发展史上具有代表性的作坊、商铺、厂房和仓库，以及其他具有历史文化意义的历史建筑。归纳起来，优秀历史建筑主要具有以下特点。

1. 突出的历史文化价值

（1）能够体现其所在城镇古代悠久历史、近现代变革发展、中国共产党诞生与发展、中华人民共和国建设发展历程、改革开放伟大进程等某一特定时期的建设成就；

（2）与重要历史事件、历史名人相关联，具有纪念、教育等历史文化意义；

（3）体现了传统文化、民族特色、地域特征或时代风格。

2. 较高的建筑艺术特征

（1）代表一定时期的建筑设计风格；

（2）建筑样式或细部具有一定的艺术特色；

（3）著名建筑师的代表作品。

3. 一定的科学文化价值

（1）建筑材料、结构、施工工艺代表了一定时期的建造科学与技术；

（2）代表了传统建造技艺的传承；

（3）在一定地域内具有标志性或象征性，具有群体心理认同感。

3.1.2　典型历史建筑——石库门里弄建筑构造样式与演变

历史建筑可分为居住和非居两大类，其中居住类包括公寓、花园住宅、职工住宅、新式里弄、旧式里弄等；非居类包括旅馆、办公楼、工厂、站场码头、仓库堆栈、商场、学校、文化馆、体育馆、影剧院、医院、公共设施用房、寺庙教堂等。里弄住宅最早于19世纪50—60年代出现在上海，是从欧洲输入的密集居住方式，后来汉口、南京、天津、福州、青岛等地也相继在租界、码头、商业中心附近形成里弄

石库门里弄建筑构造样式与演变

住宅区。上海的里弄住宅按不同阶层居民的生活需要分为石库门里弄、新式里弄、花园里弄和公寓式里弄。早期石库门里弄明显地反映出中西建筑方式的交汇。里弄住宅布局紧凑，用地节约，空间利用充分。上海里弄住宅在演变过程中先后出现了早期石库门建筑住宅、中期石库门建筑住宅、晚期石库门建筑住宅、新式里弄住宅、花园里弄住宅和公寓里弄住宅 5 种类型，在平面布局、结构与材料及风格特征等方面表现出清晰的演变过程。

1. 石库门历史建筑的发展演变

早期旧式石库门建筑建于 1910 年以前，起源于太平天国起义时期。当时的战乱迫使江浙一带的富商、地主、官绅纷纷举家涌入租界寻求庇护，外国房产商乘机大量修建住宅。当时建造者为了节省营造资金，将石库门建筑空间设计得较为狭窄，一般在 3 米左右。房屋结构为立帖式木架构，粉墙围护；山墙用马头山墙、观音兜山墙或荷叶山墙；大门用石头发券，上砌三角形、半圆形或弧形门帽，内饰西洋山花。早期石库门仿江南民居建筑中的砖雕门楼，挑檐下的砖雕十分精致。在门相与门框之间还有四字吉祥横批；门框采用苏南或宁波一带运来的石料；屋盖在木构架上铺棉条，上铺望板砖和蝴蝶瓦。

中晚期石库门建筑建于 1910—1930 年间，是后期旧式石库门住宅兴盛时期。由于早期石库门住宅不适应上海人口剧增的情况，该时期房地产商对石库门做了改进，更注重提高建筑容积率和市民租售需求，逐步取消了三开间二厢房和五开间二厢房平面，推出了两开间和单开间平面形式；后天井由横向改成纵向，改善了采光和通风；原灶披间上部为杂物间，后改为与前楼错层的亭子间，再上层是晒台；后天井平面改变后，楼梯作为错层的连接通道。

2. 石库门历史建筑样式设计

（1）早期石库门建筑样式设计

早期石库门建筑最突出的特征就是采用浓厚的江南传统民居空间特征的单元，并按照西方联排住宅的组合方式进行总体布局，因此一开始就带有中西合璧特色。住宅单体设计基本采用传统民居三合院或四合院样式，一般采用三开间或五开间，也有极少数七开间。主体部分为二层楼，后部辅助房间为单层。平面采用对称布局，在纵向布置上有一条明显的对称线，主立面上也呈现对称。进门后首先有一个矩形天井，相当于传统江南民居的庭院，正对天井的是客堂间，客堂间两侧为左右厢房（五开间客堂间两侧分别为次间和梢间）。客堂间有可拆卸的落地长窗面向天井，落地长窗多为 6 扇或 8 扇。客堂后面为通向二楼的木楼梯，北侧为后内天井。二楼面对天井三边是雕花木裙板或铁艺花饰，栏板内侧是可拆卸的活动裙板，便于炎热天气通风。内天井之后就是单层灶披间、储藏室等附属用房。整幢房屋为封闭式的，高高的围墙、厚实的木门，给住家以安全感。

早期石库门建筑的构造与建筑材料继承了江南传统民居的做法，主要结构采用圆木立体构架承重。当时的建筑材料以木、砖、石材为主，装修全采用木料，屋面采用中国传统小青瓦做法，围护外墙多为空斗墙，内部分隔墙体底层采用黄道砖，墙面为纸筋石灰。一般一幢房屋面积 100 多平方米，且适合几代人的大家庭居住，这样的单元布局既满足了中国家庭传统大户人家的生活方式和居住理念，又节约土地，适应城市空间条件，深受国人欢迎，所以很快就发展起来。

(2) 中晚期石库门建筑样式设计

由于受城市土地价格上涨、城市家庭小型化及南方易出现鼠患等因素影响，中晚期的石库门营造设计取消了空斗墙和吊平顶做法，外墙采用实心砖砌筑。为节约成本，当时建造的石库门建筑多采用清水墙。二层分隔墙采用企口木板，上面为考虑通风，采用镂空处理。总体布局有了明显的总弄、支弄区别，建筑排列更加有序。因汽车进出需要，总弄增加了宽度，开始重视采光通风，规模也较早期扩大了不少。传统两层高的石库门住宅开始变成三层，在后部出现亭子间和后厢房。

在房屋建造结构上，传统的杉木圆木立帖改为洋松方型木立帖再向砖墙承重发展。砖墙承重房屋基础采用“砖砌大放脚”，底下用三七灰土夯实基础，部分因基础不得越过地界而加木桩。承重墙底层外墙比上部墙体要厚很多，在地坪位置设置油毛毡防潮层，后期也有采用防水砂浆砌筑避潮层替代油毛毡的。

底层客堂、走道等多采用水泥花砖，底层厢房采用有地垄墙的架空木地板；楼面结构采用不同规格的矩形木格栅，楼面板采用洋松企口板。当时洋松企口板价格便宜、使用方便，而且表面光洁、纹理美观，结疤没有杉木那么多，但洋松极易被白蚁侵蚀。在亭子间和晒台采用钢筋混凝土楼板，屋面采用洋松木屋架、矩形衔条及屋面板，屋面采用镀锌铁皮作为防水构造。

木门窗采用洋松材料制作，铁质摇梗、合页等五金件替代传统的木摇梗。部分晚期石库门建筑住宅还出现了西式抽水马桶，为考虑防水，部分楼板采用夹砂楼板，部分房间内安装壁炉，屋面出现烟囱。厨房间内早期烧木材的灶台被烧煤炉甚至煤气等替代，使原来在北面设置的烟囱在后期被取消。

3.1.3 典型历史建筑——石库门建筑的构造设计

1. 地面基础做法

地基上的地坪做法有很多。早期老式石库门常采用传统做法，将基础上面的覆土掺入石灰或黄砂后耕平拍实。有的用煤屑和泥土拌和后拍实。早期石库门客堂铺方砖，厢房铺木格栅地板；后期石库门堂铺花瓷砖，有的客堂、厢房全部铺木地板。

老式石库门立帖式木构架结构用灰浆三合土做基础，早期老式石库门用杉木木桩打入土，后期由于洋松的引入，强度比杉木大，故改用洋松木桩。木桩之上铺清水三合土和灰浆三合土，然后砌筑大方脚砖基础，再砌铺桑皮石，置圆形石鼓墩。经过这些工序处理的基础防潮湿、稳定性好，木柱置在上面不易腐烂。新式石库门以砖墙承重，地基处理将土夯实后做碎石或碎砖灰浆三合土，砌筑大方脚条形基础。经过烧制的窑砖质地好，砌筑砖基础能承受很大负载，后期营造的三层楼石库门也适用。

2. 砖混式结构特点

早期石库门住宅结构大多为立帖式，1920 年前后开始引进西方新的建筑工艺，钢筋混凝土结构的出现使后期老式石库门住宅在结构上出现了新的变化。新式石库门住宅结构则采用砖混式。这种结构形式以砖墙承重为主，一般使用人字木屋架，部分采用钢筋混凝土结构，如阳台、亭子间、晒台、过街楼等。这部分施工必须做木壳模板，现场浇制，故施工时间较长，一般约需四五个月。这个时候的石库门也有建造三层楼的。

3. 穿斗式结构特征

早期老式石库门住宅用穿斗式木构架结构，正屋一般用穿斗式五柱落地，后期石库门也有用四柱落地，进深较大的房屋用七柱落地。穿斗木柱一般为直径 15 厘米的杉木。后期石库门住宅改用洋松。穿斗式是木构架建筑的一种类型，又称为立帖式。这是由柱距较密的落地柱与短柱直接承檩，柱间不施梁而用穿枋联系的结构，在江南民居中普遍使用。

4. 楼板设计用料

早期石库门楼层隔栅均用直径 15 厘米左右的杉木，间距在 60 厘米左右，上面铺约 2.5 厘米厚的杉木板。这种楼板隔栅间距过大，木板又无企口，因此人行于其上会发出吱吱咯咯的声音。

西方洋松倾销上海后，石库门楼层隔栅改用洋松，木板采用洋松企口板。当时洋松企口板价格便宜、使用方便，刨好企口后长短随配，而且表面光洁平整。但是，如遇白蚁作祟，极易蛀烂。采用粉刷平顶，大约开始于 20 世纪初。这种平顶一般用板条平钉，外敷柴泥，再粉白石灰。英租界工部局曾因平顶便于老鼠做窝，为防止鼠疫，禁止其使用，所以后来很多石库门都不做平顶。

5. 楼梯构造做法

早期的石库门多用横向单排的直梯，由于装置在后间黑暗之处，并不显眼，故式样简单。最简单的扶手仅用一根横木和直木，坡度超过 45°，每个踏步在 15～20 厘米间。后期老式石库门扶梯平面有横向单跑直上、曲尺转弯、双跑平行等多种形式，宽度为 70～80 厘米，坡度为 45°左右。踏步厚度为 2.5～3 厘米，宽度 20 厘米，还封 0.8 厘米厚的踢脚板，扶梯背后做石灰板条粉刷平顶。

6. 屋面构造特征

石库门屋盖是以江南民居硬山屋顶演变过来的，早期石库门屋盖与当时的民居屋盖十分相似。石库门屋盖在立帖式木构架或木屋架之上，由桁条、椽子、砖望板和泥瓦构成。桁条用料为 12～15 厘米，间距在 120 厘米左右。椽子一般用 5 厘米×7.5 厘米方料，间距为 22 厘米，也有荷包椽，砖望板或板条铺在上面，然后盖以蝴蝶式泥瓦。挑出之檐口均用方椽或半圆椽。檐口一般挑出 45～60 厘米，不做封檐与檐沟。后期石库门为了避免屋面水顺着檐口流下影响人流，将檐口钉封檐板，并加做白铁落水檐沟。

3.1.4 典型历史建筑——石库门建筑的空间布置设计

1. 石库门门头设计

石库门门头是石库门住宅最有特色的部位，是中西合璧建筑文化的集中反映，也是近代上海数量最大、普及面最广的居住建筑的显著符号。石库门门头由木门、门框、门套和门楣及门环等组成。

早期石库门门框用苏南及宁波一带运来的石料，后期石库门门框改用水泥或汰石子。门套有水泥砌筑的西式圆壁柱和砖砌壁柱。有的石库门不做门套，仅在门框上方两侧和上方中央做些砖饰，显得简练。门楣是石库门门头装饰的重点，由于受到西方建筑的影响，采用半圆形或三角形山花图案装饰，后来逐渐改为长方形的门楣。

2. 客堂的功用

客堂建筑面积一般为 15～20 平方米，侧门连着厢房，后门连着扶梯间，是整幢房屋的动线枢纽。在石库门漆黑的大门之后，穿过天井便是客堂。客堂是由江南民居的厅堂演变过来的，主要是主人接待来访者的公共活动空间，在今日上海周边的古镇还可以看到厅堂的原貌。

3. 厢房的位置

客堂和前楼的左右是厢房，厢房即是卧室，除了放床和衣橱外，兼梳妆间和书房，早期石库门房一般都做飞罩及挂落，由于年久失修，现在很少保留。后期石库门趋于简洁，不再做飞罩及挂落。

4. 前楼的作用

前楼位于客堂上面，最初的老式石库门前楼称为客堂楼，相当于起居室功能，后来由于房屋紧缺，房地产商将客堂楼改为卧室，所以前楼即是二楼正房的卧室。前楼朝正南方，推开窗户是天井的上方，天井的进深加上弄堂的宽度，这样，前楼就成了房屋间距最大的地方，因此，阳光充足、光线好。

5. 亭子间区域

亭子间始于老式石库门后期，单层灶披间（厨房）改为二层楼房，底层灶披间，楼上为亭子间，面积不大，一般为 9～10 平方米。

6. 灶披间的样式

灶披间即是厨房间，最早老式石库门厨房是单层披，后来叫成灶披间。单层披屋的厨房取消后改成底层为厨房、二层为亭子间的砖混结构，楼板采用现浇混凝土板，板厚约 80 毫米。

7. 外墙的做法

石库门建筑外墙常用的建筑材料随着石库门的演变也不同。立帖式木构架结构的石库门，外墙仅起围护作用，为非承重墙，一般用空斗墙。砖混结构的石库门采用砖墙承重为主，个别部位用钢筋混凝土构件。砖墙的施工和外粉刷配合建筑的要求，形成多种类型。

（1）空斗墙做法

由土坯黄道砖砌筑成盒状，形成空斗，或中空或以碎石泥土填充。墙厚一砖或一砖半，砌法有“一斗一皮”“二斗一皮”等。

（2）清水墙做法

由机制青砖或红砖砌筑，墙厚一砖半，楼层用一砖。砖块单面外墙砌平，然后加嵌灰缝。清水墙为石库门最常见的外墙。有的清水墙在机制红砖外面砌平后，用铁刨再刨平一遍，这样可以省去外粉刷，然后再嵌灰缝。铁刨清水墙的做法使外墙更加整洁美观，缺点是使机制砖表面受到损伤，容易受阳光、雨水侵蚀，降低墙体物理性能。

（3）混水墙做法

砖墙砌筑后，再粉石灰，也有上下两段或全加粉黑灰的，这种做法在老式石库门很普遍。

（4）水泥外墙做法

20世纪初，英国在上海倾销波兰水泥，石库门建筑出现了用水泥代替石灰进行外墙粉刷的做法，砖墙受到较好的保护，雨水不易侵入。

8. 山墙的特征

山墙位于建筑的侧面，即侧墙。立面由裙肩、上身和山尖三部分组成。石库门山墙千姿百态，风格各异，它遗留着中国传统建筑的要素，又移植了欧洲古典建筑装饰的元素。有的山墙如阶梯，中央最高，逐阶向两边跌落；有的山墙高耸屋面，烟道砌筑在里面；有的山墙水泥压顶，仿巴洛克建筑风格，线条柔和。山墙的装饰，使石库门建筑更具有艺术性。

9. 门窗风格

老式石库门受中国传统建筑的影响较深，一般采用摇梗木门窗。

楼上木窗安装在木槛板上，下截外面是栏杆，里面衬木板壁，夏季炎热天为了通风可以将板壁脱卸。早期石库门栏杆采用木栏杆，后期改为铸铁或熟铁栏杆。木百叶窗为西方建筑的装修式样，在19世纪末很风行，为后期老式石库门所采用，安装在玻璃窗的外层，可以遮阳避热和通风。

早期石库门的实木大门用料5～8厘米厚，虽然坚固结实，但是显得浪费，后期新式石库门大门用料注意精打细算，采用实木门框镶嵌木板拼装，这种门启闭轻便又省料。

10. 阳台的空间

石库门山墙上设计阳台均是在新式石库门阶段，因结构上采用砖墙承重，钢筋混凝土梁板可挑出墙面。阳台筑在混凝土平板上，式样也很多，包括敞开式阳台，除了阳台栏杆外其他均省略；包厢式阳台，似剧场里挑出的小包厢，有柱和顶棚。阳台的用料有铁木结合的，也有水泥的。装置的方法大多是挑出，也有利用底层厢房突出坐在上面的。阳台的设计，使石库门立面更丰富，居住功能更实用。

建筑只是石库门的外在形态，石库门是有生命的历史建筑，它见证了上海的城市发展变迁，影响着上海的城市性格，也蕴含着上海的城市智慧。

思考与巩固练习

一、简答题

1. 请你依据《历史文化名城名镇名村保护条例》与《上海市历史风貌区和优秀历史建筑保护条例》规定，概要讲讲历史建筑的定义与主要特点。

2. 简述典型历史建筑——石库门里弄建筑的发展演变。

3. 请你概要谈谈典型历史建筑——石库门建筑中晚期营造设计的特点。

二、练习题

寻找一处历史建筑，对其构造样式进行分析，结合历史资料分析其建筑工艺上的典型艺术特征，对其进行测绘并绘制平面图。

任务3.2　历史建筑修缮施工工艺

任务要求

1. 知识目标：理解并记忆不同时期历史建筑构造样式与施工工艺特点。
2. 能力目标：能够根据近现代历史建筑构造特点对历史建筑进行修缮方案设计。
3. 重点难点：重点——历史建筑修缮施工工艺要求；
　　　　　　难点——历史建筑活化利用方案设计。
4. 思政目标：历史建筑是人们精神家园，是文化的重要组成部分，人们参观历史建筑是为了解历史文化。保护历史建筑能够帮助人们了解不同地区的历史文化，了解自己的文化背景。历史建筑是一种文化遗产，记录了特定社会、地区和历史时期的重要信息，它也是重要的文化遗产、教育资源、城市景观和社交场所。我们应该保护这些宝贵的遗产，使下一代能够受益，并为他们的未来提供灵感。

知识准备

历史建筑包含了历史、文化、科学与艺术等价值，经过保护与修缮以后，既能满足相关保护的要求，又符合现代建筑安全、合理、舒适的使用功能的要求，我们可以从中了解更多的传统工艺所蕴含的历史与文化背景，还能从中学习修缮工艺、科技保护技术的进步。

历史建筑的查勘、修缮的设计与施工修缮应尊重历史，以“管养合一，修保合一”的原则，服务于市民。历史建筑保护修缮工程主要划分为前期勘察、保护修缮设计、修缮施工等方面，这几个方面是一个整体，缺少任何一个环节或任一环节出现问题，都会使修缮目标的实施受到影响。经过查勘、保护修缮设计与保护修缮施工等步骤，可达到消除历史建筑安全隐患的目的。通过对历史建筑的维修、保护、更新、利用等，既能改善居住条件，又能延续城市文脉，在相关条例与规范允许的前提下，改善居民的居住环境和提升安居质量。

3.2.1　历史建筑查勘

查勘是指历史建筑在修缮前对被修建筑的损坏程度进行调研、查勘、记录的一项前期工作。查勘是历史建筑保护工程中非常重要的一环，是对历史建筑建造年代的形制、结构、材料、传统工艺做法、残损情况等现状的记录，也是设计采用的保护修缮方案的指导性文件。查勘的深度、广度及彻底性关系到历史建筑修缮后的整体安全稳定性，以及各项构件使用功能是否完好。修缮后外立面观感是否修旧如故，是决定最终能否达到修缮目的的重要环节。查勘是对房屋各部位从结构、构造构件及使用功能上对损坏的程度、范围、数量做摸底的总结，为拟定最终保护修缮设计、施工提供依据。

室外环境道路系统在查勘过程中，不仅需要调查原有排水沟（明沟或下沉式暗沟）、路面、埋地排水管道等现状情况，还应对原有建筑周边的路面破损情况、管道做详细勘查。必要时可更换比原管径粗的排水管，排水管道与市政管道相接通时，需拆砌或增设雨污水窨井、茄厘、十三号（窨井）、翻做明沟、翻做水泥或透水砖路面（图 3-1）。

图 3-1　查勘青溪老街中的历史建筑

3.2.2　历史建筑保护修缮方案设计

保护修缮设计方案的确定，首先应查阅历史建筑信息、它的科学价值、工艺工法、艺术特征。重点勘察建筑的结构稳定性、残损状态、原因分析等制定设计原则与保护措施。历史建筑保护修缮设计特点是在查勘基础上，应进行调查研究、历史考证、现场踏勘、调阅复核原建图纸、提出对应修缮措施，出具查勘任务单，综合分析建筑的各类情况，采取合理的对应措施，落实修缮修复设计方案，特别是方案中的“留、改、拆、移、护”等，应经过相应主管部门审批同意后（经专家评审通过后），方可进入下一步具体工作的实施。

保护修缮设计要点应在建筑施工修缮前，应由具有相应资质的设计单位进行修缮设计。同时，设计要以查勘的反馈情况表及查勘任务单以及保护原则等作为依据，在修缮的工艺要求、技术规程、修缮范围、数量选材等方面制订具体的保护修缮方案，是下达修缮任务单的关键。在编制修缮设计方案阶段，应需要与查勘人员沟通、讨论，包括需要注意的修增范围、标准、难点、内容、注意事项，以及一些较为复杂的技术等问题，以便完善设计方案。

3.2.3　修缮工程性质分类

修缮施工的目标是实现修缮工程的最关键环节，施工的过程也是对检测报告、查勘任务单、设计方案、设计图纸等文件不断补充与完善的过程。通过传统和现代工艺技术手段的结合运用，使修缮工程得到完整体现。

历史建筑修缮工程性质分类主要分为大修、中修、小修和综合维护保养 4 类。

1. 房屋大规模修缮

大规模修缮是针对历史建筑整幢房屋或联排式公寓大楼房屋，从基础到屋面，从结构到外立面，从构件到使用功能以及室内装修、设备设施等的全项目的修缮与保养。

大规模修缮在房屋修缮中涉及面最广、最全面、工程量最大，其施工工艺复杂，技术要求高。在施工过程中，还具有各工种互相配合面多、上下衔接协调要求高等特点。

(1) 大规模修缮工程主要特点及前提条件

其主要特点是工程量大、费用高、技术较复杂、多方管理协调多、对住户干扰较大等。

在大修的查勘、设计与施工之前还需要满足以下一些条件：

① 房屋重大承重结构、构件安全无损坏，屋面防水系统功能完整可用，外立面墙体、饰面层、装饰线脚、艺术装饰品保存等较为完备；

② 房屋室内楼梯、楼面无安全使用隐患，外立面的门窗保持构件使用功能完整，能灵活、可靠地使用；

此外，在大规模修缮后的房屋，应既能保存原有的历史风貌，又能满足现代人们的居住使用功能，在整体舒适度及满意度方面得到较大提高。

(2) 历史建筑整体项目大规模修缮的主要内容

整体屋面体系（屋面结构、承重体系、防水体系等）；整体外墙面体系；楼地面承重与饰面构件（木地板、地砖等）；室内分隔墙体（砖砌体、板条墙、木塞板等）；室内墙面粉刷层；室内平顶及装饰线脚等；室内装饰性构件（门窗贴面板、木台度、踢脚板、画镜线、挂落架等）；室内门窗及附加设施；上下水管道；路面、留井及下水道；凡涉及房屋内外的一切构件。

2. 房屋中等规模修缮

房屋中等规模修缮主要适用于一般破损房屋的修理，仅拆换少量主要构件，修理损坏部位，是以恢复房屋原有使用功能为目的的修缮工程。中等规模修缮是针对整幢房屋局部损坏或联排式公寓大楼房屋，发生某区域损坏较大的重点性修缮，其修缮面较广，但规模不大，是缩小了的大修翻版工程。

中等规模修缮工程具有如下主要特点。

(1) 按修缮方案规划成片集中进行。这种工程任务量安排比较均衡，施工相对集中，可以合理组织修缮工人并固定下来，提高时效，节约人力成本。

(2) 维修。维修内容基本上是非承重结构部分，对承重结构仅做加固或更换个别构件。

(3) 技术上较简单。多数按原样原标准修复，不需要特别设计和方案比较。

(4) 施工工期较短，对用户使用干扰小。中等规模修缮工程绝大多数可以在不间断使用情况下施工，可当月开工当月竣工，工期较短。

3. 房屋小面积修缮

小面积修缮以保持房屋原来的完好等级为目的，对房屋开展的经常性的小面积修缮，属于日常养护修缮工程，工程量小且分散，主要包括小部件的损坏维修等。做好小面积修缮保养工程，可以防止房屋过早损坏，方便居民日常生活。

小面积修缮是预防性检查、保养工作，可以通过定期和不定期、全面和重点的检查，特别针对小范围内出现的单项或单体构件损坏的修补或修缮，使其恢复正常使用功能，如小面积墙体粉刷层修补、内部门窗功能恢复性修补等。

小面积修缮工程主要具有如下特点。

（1）涉及工作范围较广，要求房屋建筑每一部分都按规定的技术状态标准运行，经常处于良好的使用状态，对房屋建筑进行未雨绸缪的保护，保护好历史建筑的完好等级。

（2）主动进行预检干预。房屋建筑的任何一部分都可能随时发生损坏或故障，而对这些损坏或故障又必须及时处理，否则将会给生活带来很大不便或造成更大损失。对发现危及安全的结构问题，更有必要立即采取临时加固措施，确保房屋使用安全。

（3）工作量小，多数只需 1～2 人进行。

（4）管理和修理并重。小面积维修除了担负对房屋建筑的日常养护外，还要通过定期和不定期、全面和重点的检查鉴定方法掌握全房屋的技术动态、破损程度及规律，分析研究，找出破损原因，提出防治办法，为大、中等规模修缮工程提供有关技术资料。

（5）有明确的保养责任制和短而灵活的检修周期。实行固定区域、固定人员、固定检修路线的保养责任制度。其检修周期短，可从房屋建筑的技术状态、生产和生活使用上的要求，季节气候变化等因素综合考虑加以确定，一般为 1～3 个月，根据需要亦可缩短或延长。

4. 房屋综合维修

综合维修是针对房屋基本保持完好，在其构造、构件及使用功能上做常规或日常养护，如保持门窗开关灵活性、墙体完好性、楼梯和楼板面安全性、水电等设施无故障、下水道畅通等。

全项目维修周期的确定须根据房屋修缮的经验及现存房屋状况，目前仍有大量使用年代已久的砖木、砖混结构房屋存在失修现象。另外，砖木结构房屋维修周期一般为 8～10 年，砖混结构房屋维修周期为 10～15 年，钢筋混凝土房屋维修周期一般为 20～25 年，其他各部件维修周期根据具体情况、检测结果而定。

3.2.4　保护修缮施工要点

历史建筑修缮

在修缮施工阶段，首先应由具有相应资质的施工单位进行修缮施工，同时需满足历史建筑的安全性、稳定性，延长房屋使用寿命，延续人文、科学、历史价值、舒适度以及使用需要。

历史建筑修缮施工阶段主要内容包括：签订合同、落实任务、踏勘现场、材料与工艺考证、图纸确认，开工前的各项工作准备和现场施工条件准备，按计划组织施工人力资源，编制施工组织设计。在施工过程中进行全面控制和全方位协调，同时还要合理利用场地空间，保持与居民的良好沟通，保证良好的施工条件与组织工程竣工验收。

1. 编制修缮工程的施工组织设计

施工组织设计是指导有计划有节奏施工的综合性文件，是施工生产管理中施工准备和组织的重要工作。编制施工组织设计的目的，主要是对施工过程中各环节预先进行研究，科学合理地布置施工现场，包括施工过程组织、劳动力组织、料具、机具、设备的管理及安全施工等，选择和确定最佳施工方案。事先发现问题，采取预防措施和解决办法及应急预案方案的编制，保证修缮工程按期按质按量完成。

（1）施工组织设计方案或施工说明编制要求

① 应涵盖该施工项目全过程，在编制时应结合查勘任务单、设计文件，认真对应现场实际情况，尤其是历史保护建筑重点保护部位的应对措施叙述。

② 应结合历史保护建筑的特点、重点、难点和要求，编制具有针对性、指导性和可操作性的施工组织设计方案，同时，还应符合各类法规、条例、施工合同、招投标文件等。

③ 应符合施工有关的质量要求、进度安排、职业健康安全、环境保护、文明施工措施等。

④ 编排的施工组织设计文件简单明了，同时应避免修缮工艺与现场实际情况不符。

（2）施工组织设计基本内容

内容主要包括工程概况、结构形式、保护等级、施工范围、历史沿革考证、修缮目标、修缮原则、编制依据、现场状况、建筑特色与重点保护部位施工工艺及材料分析、具体修缮措施、施工组织机构、样板制作计划、施工平面布置、总体部署、施工进度计划与工期保障措施、施工资源配置计划、修缮工程质量管理保证措施、职业健康保证措施、安全管理保证措施、应急预案、特殊季节与情况下的施工措施、环境管理保证措施、文明施工管理保证措施和常用图标等内容。应根据政府管理部门出具的行政许可书与告知单，针对不同类型、不同保护要求的历史建筑，深化与制定具体施工技术等措施。

（3）计划管理工作

计划管理工作包括计划研究、计划制定、计划检查、计划调整、计划总结等一系列环节，其中积极做好计划工作的综合平衡，是计划管理的基本工作要求。加强计划管理必须抓好以下几个环节。

① 按任务单施工编制作业计划的依据是施工人员数和工程量计划书。施工任务单的编制是在施工前对房屋损坏程度、维修方法、材料使用、用工量及人力等经过实地查勘后，在为施工提供比较可靠依据基础上编制合理的施工作业计划。因此，必须按任务单施工，否则，作业计划的正确性、可行性就会出现偏差，作业计划也就难以实现。计划不起作用，任务也就难以完成。

② 抓好统计与量方工作计划下达后，就要不断抓好计划完成情况、做好及时的统计工作。统计主要是收集情况，运用报表方法，提供全面资料。要肯定成绩、找出问题，发挥监督促进作用，及时反映生产情况，了解各项指标完成情况。因此，主管生产者必须重视统计工作，对统计报表数字的准确性要进行分析。在统计工作中，必须抓好量方验收工作。它不但是统计工作中的原始资料，也反映出工人是否完成劳动定额、工程质量是否符合要求等问题，这与提高一个工程单位的各个效益有着密切关系。

2. 历史建筑保护修缮施工前准备

修缮施工前的准备是针对修缮工程特点与进度要求，排摸分析好施工前各项客观条件，做好相应的施工计划，并积极从人员、机具、材料和组织等方面为修缮工程施工创造一切必要条件，保证工程开工后能有序进行。

开工前的组织计划准备主要包括进行勘察设计与施工的技术交底、了解施工区域内场地环境、周边区域情况、编制施工区域内平面布置图、签订相应修缮工程协议安全协议或承包合同、做好与居民的相关解释和沟通与服务工作等。

开工前现场准备主要包括平整场地、清理整洁施工区域内环境、布置现场平面、接通水源/电源/排水渠道、组织材料和施工机械设备及各种器具等进场、合理布置好施工场地等。

全面施工准备主要包括组织项目内有关人员进行图纸会审、技术交底，对施工人员进行三级安全教育，编制施工组织设计方案、编写施工说明、编制工程预算等。

修缮施工准备工作必须注意三结合，即勘察、设计与施工相结合，室外与室内相结合，各专业工种相互结合。

3. 保护修缮施工阶段的管理

（1）实行科学管理，坚持文明施工，及时发现与解决施工中出现的各种矛盾，协调好各单位、人员之间的关系；

（2）妥善安排施工顺序，检查合同工期与施工进度表执行情况，进行人员、物资的综合平衡，充分利用场地；

（3）严格把控施工质量，合理安排用工、用材、施工工具、方法等，结合现场实际情况，合理分配进行施工；

（4）在关键部位、关键工序上应派专人检查，必要时还应跟踪或追踪检查，及时发现和解决问题；

（5）结合目测法（看、摸、敲、照）与实测法（靠、量、吊、靠）等方法对实际修缮效果进行检查。

4. 历史建筑修施工竣工验收

（1）历史建筑保护修竣工验收基本规定

① 在竣工验收阶段应依据有关法律法规、建筑技术规范、设计文件、经批准的施工方案及施工合同，对工程实施检查，确认已完成工程设计和合同约定的各项内容达到竣工验收标准。

② 应对保护修缮分部分项工程组织质量自评，在工程项目部自评合格基础上及时由企业质量技术部门对工程质量进行检查评定，并向实施单位、监理单位提交竣工验收报告。

③ 按照国家及本地区有关建设工程和历史建筑修缮工程相关规定，汇总整理保护修缮工程（总包及分包）竣工档案资料；编制反映施工过程的影像资料（图文版和电子版）；编制与施工现场完全一致的完整的竣工图纸。

④ 参加单位工程竣工验收和重点保护要求符合性验收。

（2）历史建筑保护修缮竣工验收内容

① 对实际施工结果与告知要求、设计图纸、施工方案、批准样板的一致性进行核验。

② 对日常管理发现问题的整改落实情况进行确认。

③ 对重点保护部位感观质量和总体效果做出评价等。

（3）保护修缮工程项目竣工验收要点

① 对相关管理部门出具的“行政许可决定书”或“告知书”中重点保护部位保护要求的总体落实情况。

② 结构安全隐患消除情况及对保护部位的干预程度。

③ 外部重点保护部位修缮后与建筑原貌的协调程度，结构体系与保护要求的相符性。

④ 室内空间格局与保护要求的相符性，建筑内部特色装饰构件的原物保存程度和修缮效果。

⑤ 新材料、新技术、新工艺与建筑风格的融合性。

⑥ 安装工程对重点保护部位的影响程度及与保护部位的协调性，其他修缮（装饰）工程对重点保护部位的干预程度。

⑦ 传统修缮工艺、技术的应用情况及重点保护部位的整体感观质量，工程中应整改的问题及整改完成情况。

⑧ 工程档案资料的完整、全面、准确程度，及时归档。

项目实训

实训1 历史建筑清水墙修缮工艺实操

清水墙修缮

1. 实训目的

了解历史建筑中清水墙的砌筑工艺流程与修缮保护做法。

2. 实训知识

准确的价值认知是确定保护修复目标最重要的前提，近代建筑清水砖墙的价值主要体现在艺术价值、岁月价值和历史价值方面。清水砖墙是近代建筑立面艺术风格的重要装饰和典型特征，在设计之初就会根据不同的建筑风格，结合清水砖墙的特性，选择各种不同的色彩搭配、拼花图案、线脚和灰缝，同时也要受经济财力和建筑材料的制约。保存并修复清水砖墙表层的色彩、肌理、砌法、拼花、线脚、灰缝等，是保护近代建筑整体艺术价值的重要组成部分，而改变色彩、肌理、砌法、拼花、线脚、灰缝的修复方法，或多或少都会在一定程度上破坏清水砖墙本身以及近代建筑整体的艺术价值。

对于近代建筑中的清水砖墙而言，经过长时间日晒雨淋之后，墙体表面会逐渐风化并在色彩上呈现出斑驳的状态，这是时间和自然力在外立面上留下的岁月痕迹。“岁月价值”反映出近代建筑真实的历史演变过程，在修复清水砖墙时一定要注意保持这份“沧桑感”。近代建筑清水砖墙的历史价值是与建筑整体的历史价值分不开的。

由于建筑功能、使用者会不断变化，其价值可能也会随之改变，尤其近代建筑若与重大历史事件和重要历史人物发生关联，在登录为保护对象进行价值评价时，会突出其见证重要事件或人物的历史价值，将其命名为“纪念地”或“故居”。这类建筑若采用了清水砖墙立面，在制定修复方案时，除了要关注艺术价值、岁月价值外，还要考虑历史价值，即重大事件发生或重要人物生活的历史时期，建筑的外观是否已经发生改变。

3. 实训步骤

步骤1：现场勘查与实验室分析。在现场勘查之后，如果项目经费中关于外立面保护的专项经费充足，则可以进入实验室分析；若项目经费不充足，则建议对必须补强的部位进行抢险加固，对易于去除的“污垢”进行现场清理，其余部分保持原状。切不可在经费不充足的情况下，采用成本低廉的“不当”技术进行盲目的修复，因为这往往会造成不可逆转的破坏。待到经费充足时，可以再次进入现场勘查和实验室分析等流程。

步骤2：现场试验与方案确定。现场试验主要包括清洗试验与修复试验。经过实验室分析可以初步确定外立面清洗材料，但在现场开展大面积施工之前，还必须进行小面积的现场试验，一般称之为打“小样”，即测试实验室材料和方法的可行性和可靠性。现场试验“小样”一般以1平方米见方为一个样板段，尽可能地避开建筑主要装饰的立面和重点部位，选择建筑隐蔽的角落进行试做。该步骤是控制整个项目最终修复效果必不可少的，最为关键的一步。

步骤3：采用高压水洗技术进行清洗。通过高压水冲击清水墙面，具有高效、经济的特点，但同时也存在水压大、难控制、容易将脆弱部分清洗掉等问题，且北方冬季温度较低，易发生冻融。应注意在清洗过程中对水压的控制，不能过高，还应避免在北方冬季使用。

步骤4：使用化学溶剂清洗。采用不同类型的清洁剂涂刷，配合水洗能去除不同的污垢，要求必须对清洁剂进行实验室比较和现场试做，以防止强酸或强碱清洗剂可能会危及砖体，同时应避免残留物污染环境，尽量使用中性材料。

步骤5：砖粉逐块修补法。对砖面或边角损坏达到一定程度的砖块可以逐块用砖粉修补。该修复方式存在砖粉修补部分强度较低，容易造成过度修复或微小缺失、风化等后果，且砖粉材质使用不当易将盐分带入。因此只有达到规定破损程度才允许有条件地使用砖粉修补，对于病害中存在的微小缺失或风化应保持现状。

步骤6：剔砖修补法。对于清水墙中砖面缺失或损坏过大的，先将破损砖面剔除凿平，再将老砖切片，嵌入原砖体修补。该修补方式存在费工多，且如果用于新老砖黏结的材质不当，容易将盐分带入等缺陷。因此砖体只有达到严重破损才可以使用剔砖修补，且须使用与原砖墙相同颜色、规格的老砖黏结剂。

步骤7：重新勾缝法。将已失效或曾被错误修复的砖缝剔除，按原样式用勾缝剂重新勾缝。存在的主要缺陷有：常将老的砖缝也全部剔除；失去灰缝“古色”；勾缝剂材质不当，容易将盐分带入；勾缝不密实会让水分进入等。在有条件使用时尽量保留老砖缝，一般分底缝与面缝，要有一定深度，表面要密实。

步骤8：砖体渗透增强法。使用渗透增强剂可以达到不改变砖面颜色而增加表面强度的作用。该工艺存在成本高及若增强剂使用量不足，反而会引起起壳等次生损害等。施工要求其一般用在修补前，渗透对深度有较大的要求。

步骤9：砖体表面憎水法。涂刷憎水材料浸渍砖体表面，降低水的渗透性。该材料只能阻止无压力水进入且有效期较短，如材料选用不当还会产生负面影响。对于某些降水量小于蒸发量的地区，砖体表面不宜涂刷憎水剂。

通过以上实训步骤让我们了解正确的清水墙修缮步骤，从检测、修缮方案设计、清洗，到根据砖体破损程度采取破坏最小的科学修缮保护方式，一环都不能缺，必须谨慎、科学、合理地对待每一块砖。

思考与巩固练习

一、简答题

1. 历史建筑保护修缮中房屋大规模修缮的主要特点有哪些?

2. 请你谈谈典型历史建筑中，中等规模修缮应注意什么?

3. 结合你的理解谈谈房屋小面积修缮重要吗? 概要说说其主要工程特点有哪些?

二、论述题

请你就近参与一处历史建筑修缮施工项目，设计一份历史建筑修缮施工竣工验收报告。

项目4　砖石瓦作修缮案例分析与实操

案例1　上海泗泾古镇宝伦堂古建筑修缮案例分析

古镇泗泾在元代初已形成村落，至元代中叶，人口日增，街巷成型（图4-1）。元末文学家陶宗仪举家来此隐居，在泗水之南构筑“南村草堂”，藏书家孙道明则筑“映雪斋”于泗水之北。元代后期始成集镇，称“泗泾里”。

上海泗泾古镇介绍

图4-1　泗泾古镇效果图

1953年，泗泾被国务院批准为县属建制镇，是上海著名的文化古镇，1958年并入上海，列为上海市郊34个县属镇之一，1999年被列为上海市重点发展的22个中心镇之一。2005年泗泾下塘地区被划定为上海市郊区历史文化风貌区。

宝伦堂位于泗泾镇开江中路368号，属于泗泾古镇核心位置，南临开江中路，西邻泗泾镇社区卫生服务中心，与泗泾古镇标志性建筑的安方塔隔路相望。宝伦堂建于清朝中期，坐北朝南，距今已有300多年历史，是明代休宁富溪汪氏元庠公后裔汪通关、汪一谟等的宅第。宅内仪门匾额上有砖刻“蕴壁生辉”字样（图4-2），是泗泾汪氏教导后人不断进取、累聚知识，含蓄低调的家风传承的例证。院落面积达2000多平方米，相传有十进九庭心之规模，是泗泾历史文化风貌区内现存规模较大的宅第之一。

图4-2　宝伦堂内尚存的老仪门

宝伦堂规模宏大，建筑形式明确，较完整地反映了当时泗泾地区民居营造的手法和特征，见证了泗泾的历史变迁，反映出我国古建筑发展历程，是研究泗泾古镇大型民居建筑特色的重要实物资料。

1. 房屋修缮前的状况

宝伦堂保存着原来的平面格局、灰瓦粉墙式外立面、青瓦屋面、屏风山墙、穿斗抬梁混合式大木梁架，以及较完整的雕花细部等（图 4-3）。整体格局保存较为完整，周边环境有利于文物保护。沿街第一进两层房屋已烧毁，其建筑平面格局虽基本保留，但室内空间后期已重新使用分隔，改动较大，同时院内加建建筑较多。

图 4-3　现存的抱梁云、木梁花饰

建筑墙体保存情况一般，有一面墙体出现较为严重的倾斜。屋面局部出现渗漏，屋面瓦件、天沟、檐口等保存情况较差。现存屋面上的老虎窗、铁皮斜沟、封檐板均为后期所改建，影响了原有建筑的整体风貌。经过对屋面瓦件的保护性拆除发现，现有木椽子糟朽严重，望砖部分碎裂，小青瓦损坏率达 40% 以上（图 4-4）。门窗部分为后改，部分原木门窗上雕花精美，保存情况一般。室外天井杂物堆积，室外地坪抬高，现以水泥地坪为主，除原金山石阶沿外，原有的铺地几乎都不见了，整体保存情况较差。拆卸已经烧毁的碳化严重的木结构屋架，恢复第一进沿街立面，拆除格局内加建房屋，恢复历史建筑格局。倾斜严重的墙体需要做临时支撑，条件成熟时需要重新砌筑。木柱、木檩条整体腐朽较严重。对木结构损坏部位进行必要的维修，已腐朽的木柱进行维修，并修补裂缝。屋面建议进行全面翻修，重做防水。拆除后期改建的塑钢窗、木门窗，恢复原格栅门窗形式。去除现有水泥地坪，恢复原有地坪，恢复、修缮院落内阶沿石。

图 4-4　宝伦堂修缮前屋面破损状况

经过更加详细的前期勘察，发现宝伦堂屋面现存的主要问题在于三个方面。

第一，原有木勒望腐烂严重，且尺寸规格大小不一。

第二，望砖排列不齐。

第三，原屋面无防水措施，仅靠瓦片自身防水，效果不佳。

2. 宝伦堂屋面、墙体的修缮方法

根据设计要求，工程屋面采用揭瓦亮椽的方式对屋面进行全部揭瓦修缮。对屋面木椽及其他木构件进行检查，糟朽较严重的予以更换。新增防水，重新铺瓦，老的瓦件集中铺设于主要立面的屋面。

在修缮过程中，为更好地解决勘察中发现的主要问题，在施工中采取了以下针对性措施。

（1）提前确定木勒望条截面尺寸及长度

根据望砖厚度、椽豁尺寸、面阔大小等因素，确定勒望条的具体截面尺寸和长度，由于勒望条长度过短会使接缝太多，过长则易发生变形，影响望砖排列美观，因此将勒望条长度控制在 3～3.5 米之间，保证接缝在椽豁处（图 4-5）。

图 4-5　钉勒望条

（2）对老望砖进行切割加工，统一望砖尺寸

如果使用传统手持式切割机加工望砖必须经多次切割，且无法保证切割的平直度和整齐度。经研究改进，修缮工程采用木工圆盘锯床进行望砖直缝切割，通过调节“靠山”来保证每块望砖的尺寸一致、切面平直，使得所排望砖横向整齐划一（图 4-6）。

图 4-6　木工圆盘锯床切割望砖

（3）改进传统卷材铺设方式

根据设计要求采用聚乙烯丙纶（条纶）卷材防水，传统卷材铺设方式易造成卷材空鼓、滑落等现象，无法满足传统民居的屋面修缮要求。施工团队与设计和管理部门、专家等多方沟通改进后，决定采用“翻折法”进行卷材防水层施工，具体工艺流程如下（图 4-7）：

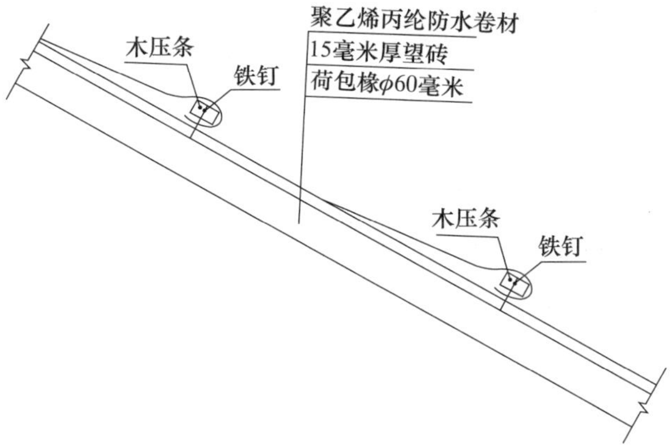

图 4-7 防水卷材“翻折法”铺设

下部防水卷材铺设→上部防水卷材铺设→钉木压条（上下卷材叠合宽度不小于 100 毫米）→上部防水卷材翻折。

此种工艺既解决了钉孔外露的弊端，同时也避免了木压条外露导致其易腐烂、脱落，而且相对增加了卷材自身的摩擦力，减小瓦片滑落的风险（图 4-8）。

图 4-8 卷材防水层“翻折法”施工

（4）瓦面的修缮方法

本次屋面修缮采取揭瓦亮椽的方式进行整体翻修，对原有望砖、瓦片进行保护性拆卸，根据设计要求增加卷材防水层，按照传统工艺复原哺鸡脊及原始小青瓦屋面（图 4-9）。

（5）对破损部位墙体的修缮

对于建筑原有墙体严重缺损或风化深度较大的墙体，采用相同模数的老青砖以挖补、镶补等方法进行修补，修补完成后，表面做纸筋灰抹面；对于倾斜严重（整体倾斜率超过千分之十）、破损严重的墙体进行拆除重砌（图 4-10）。

(a) 恢复哺鸡脊　　　　(b) 屋面修缮

图 4-9　恢复哺鸡脊与屋面修缮

图 4-10　墙体修缮

宝伦堂经屋面修缮后的实际效果如图 4-11 所示。

图 4-11　宝伦堂屋面修缮后效果

（文章来源：上海市历史建筑保护事务中心、上海住总集团建设发展有限公司 2022-02-25）

案例 2　浙江金华市明代民居——七家厅古建筑修缮设计

七家厅，位于浙江省金华市婺城区雅畈镇雅畈二村，建筑占地面积约 378 平方米，建于明代早期，是金华地区现存最早的民居建筑之一。建筑坐北朝南，呈方形布局，从前到后依次为照壁、天井、前厅、后堂，两侧对称通长厢楼，通面阔 28.32 米，通进深 28.32 米。七家厅建筑是研究江南地区明代居住建筑的典型实例，有较高的科学研究价值，其木雕、砖雕、门窗木作等工艺精美，有较高的艺术价值。2013 年 3 月 5 日，七家厅被中华人民共和国国务院公布为第七批全国重点文物保护单位。

七家厅整组建筑结构简练，用材粗大，梁架结构、斗拱、柱础、雕刻都具有明显的时代特征。前后额枋与檐檩间置一斗六升拱二攒，礩形柱础，柱子侧脚，柱头卷杀，梁、柱交接处用双跳或单跳丁头拱，梁、檩交接处用十字斗拱，扁作月梁等都体现出鲜明的明代风格。

前厅前置有照壁一堵，上部用磨砖雕刻花牙子与封檐，基座雕刻砖线脚。照壁与两侧厢房山墙连成整体，山墙处各开大门，门面上部置门楼式砖雕。过了照壁置有狭长天井，供大厅采光之用。前厅明间二缝为抬梁式七架前后廊，两山为穿斗抬梁混合式，每进前后额枋与檐檩之间置一斗六升斗拱二朵。

后厅为楼上厅，两山各置夹屋一间，置楼梯之用，底层梁架在楼厅五架后檐廊基础上再置前后檐廊。两侧厢房为楼厅，面阔各为七开间，每侧厢房正中为一单间，左右各三间做成厅堂。前后厅面阔均为三开间，前后厅及厢房柱础礩形，柱子侧脚，柱头卷杀，梁架为彻上露明造，梁柱交接处用双跳或单挑丁头拱，梁檩交接处用十字拱。

根据国家文物局、浙江省文物局的文件精神，金华市文物保护与考古研究所在金华市文物局的指导下，以“科学、规范、安全、创新”为准绳，以“打造文物保护工程标杆”为目标，组织开展施工工作。

1. 施工准备

（1）施工总平面布置

由于七家厅所处的雅畈镇雅畈二村楼房密集，道路狭窄，施工单位采用了制作和安装分离的平面布置，租用雅畈二村的停车场部分空间，搭设工棚用于木构件加工（图 4-12）。

（2）七家厅建筑本体的现场布置

为方便七家厅建筑构件的拆解、搬运、检查和研究，同时也为了屋面卸除期间的木构件防雨，本工程采用带有防雨棚的通体钢管脚手架支护方式（图 4-13）。

2. 屋面卸除和补充勘察

（1）屋面卸除和勘察

在屋面卸除时，发现前次维修对七家厅的屋面做法造成较大改变。一是 1.80%以上的小青瓦和望砖的尺寸偏小，与原做法不符；二是望砖之上铺设了厚 2 厘米左右的水泥砂浆，水泥砂浆之上又铺设 SBS 防水卷材。上述做法导致屋面荷载大幅度增加，木构件受压开裂，同时由于水泥砂浆的黏性强，给屋面卸除工作造成很大困难，并使望砖回收利用率大幅降低（图 4-14）。

图 4-12　七家厅保护工程施工总平面图

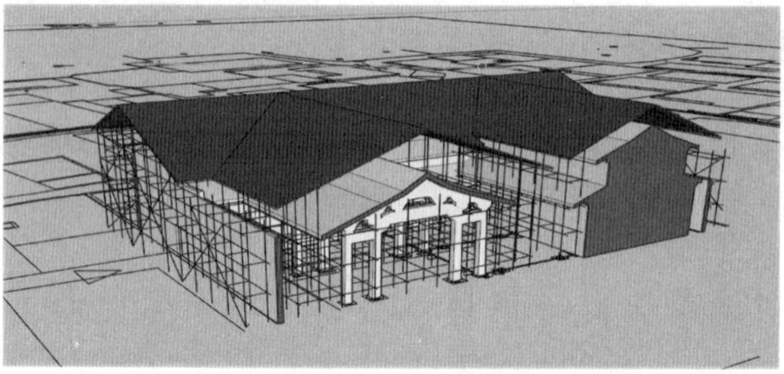

图 4-13　七家厅保护工程脚手架和防雨棚搭设方案图

图 4-14　前次维修造成的屋面做法改变（剖面）

（2）木构件补充勘察

屋面卸除完成后，工程四方共同对七家厅木构件进行了详细、深入的补充勘察，发现了大量新的问题，主要表现在：①在柱头、转角、梁底等木构件交接点集中的位置，发现了较多新的残损点；②前次维修中更换的斗、拱和雕刻构件有很多在外观形制上与原构差别较大，需要更换；③前次维修过程中，木构件的制作工艺粗糙，拼装时尺寸不合的情况较多，发现多处使用木垫块来弥补尺寸偏差的情况，且木构件受力不均的情况普遍存在，一些木构件受压过重，一些则完全不受力（图 4-15）。

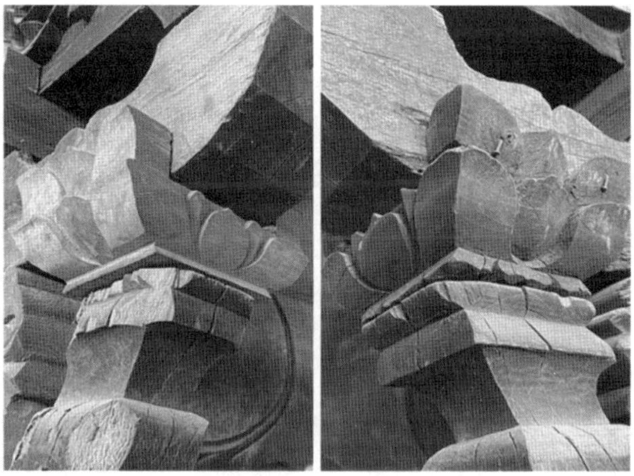

图 4-15　前次维修更换构件与原构件对比示例

（3）三维建模和数据补测

为了更进一步探究七家厅建筑的原形制、原工艺，施工单位安排专业人员，对七家厅做了三维建模，并同时对七家厅建筑的侧角、升起、檩高等结构尺寸数据进行了补测。通过三维建模，对七家厅的结构特征、工艺做法和雕刻艺术风格有了更加深入、全面的认识，也为修缮方案的完善提供了充分可靠的依据（图 4-16、图 4-17）。

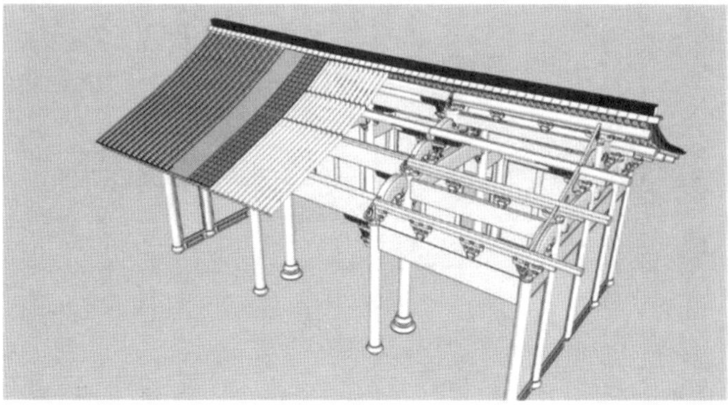

图 4-16　七家厅正厅三维模型

图 4-17　正厅明间梁架局部拆解模型

（4）排水情况观测

在为期一年的施工过程中，七家厅经历过数次持续性的强降雨，但并未出现天井积水漫出的情况，由此判断天井中自然渗漏的排水系统功能依然良好。

3. 修缮施工过程

（1）木构件的修补和更换

木构件的修补和更换，须在前期设计和补充勘察设计或变更的基础上，依据《古建筑木结构维护与加固技术标准》（GB/T 50165—2020）的要求进行操作。施工单位根据七家厅所用木材的种属特征，从市场上采购了一批以木荷（锥木科）为主的老旧木料，用于制作需要更换的斗拱，这种木料裂纹少，材质坚硬不易变形，且为百年以上的老木料，稳定性好，制作出的斗拱与原构外观协调，符合结构强度要求。对于糟朽、空洞、开裂的木构件，采取剔补、灌浆、打箍等手段，能最大限度地恢复外观和结构功能（图 4-18）。

图 4-18　木构件修补加固示例

（2）梁架结构恢复

经勘察发现，前次维修措施不当，导致正厅明间五架梁修复后形制错误。一是长度被加长 5 厘米左右，导致金柱侧角偏差；二是梁背的曲度与原状不符，导致梁上承托的木构件高度发生偏差，影响屋面举折。经工程四方研究，实施局部落架（落架范围从檩条至五架梁），对五架梁及上部三架梁、童柱、斗拱组合都做了全面的检查修复，恢复其原有形制（图 4-19）。

图 4-19　正厅梁架结构修复施工过程

二进楼上厅明间大梁在前次维修中被更换，经补充勘察发现，由于尺寸错误，导致梁高偏低 10 厘米，只能通过增加木垫块来补偿高度上的不足。经工程四方达成一致，决定将两根尺寸错误的大梁更换，恢复原有形制（图 4-20）。

图 4-20　堂楼大梁更换前后对比

（3）屋面修复

经勘察研究，确定七家厅屋面原做法使用的是18厘米×20厘米×2厘米的望砖和（19～24）厘米×28厘米×1.5厘米的小青瓦。由于前次维修使用的望砖、瓦片尺寸错误，90%的望砖和瓦片需要更换，施工单位选取拥有非遗传承人的东阳市湖溪松泉仿古建筑工艺厂，定制了外观和尺寸符合要求的砖瓦。建筑本体上遗留的可用旧砖瓦全部用于正厅屋面的铺设，其余部分使用新烧制的砖瓦（图4-21）。

图4-21　屋面修复施工过程

（4）穿堂复建

穿堂的形制和尺寸的确定，是本工程的重大难点。七家厅正厅、二进以及东西厢房的檐口高度均不一致，给穿堂高度的确定以及穿堂与正厅、二进的搭接方式的复原带来较大困扰。经过前两个月的研究，通过走访原有住户、对周边搭接构件的榫卯分析和三维建模拟合，并结合省考古所陈云根研究员的指导意见，设计单位重新调整设计了穿堂复原图纸，复建后的穿堂外观风貌与七家厅协调一致，也使正厅和堂楼之间的结构布局和防雨排水功能得到恢复，达到预期效果（图4-22）。

（5）墙体修复

由于历史原因，东侧墙体砌筑做法改动较大，经现场补充勘察，明确了东侧墙体的做法：2.8米高度以下为一顺一丁式空斗墙，2.8米以上为错缝平砌墙，墙体与厢房木柱通过菱形铁质墙牵拉接。施工单位根据以上做法，对东侧墙体进行了整体拆砌，尽量回收利用原有老砖，不足部分从市场上购置尺寸相同的旧青砖添入，空斗墙填充物为碎砖和黄泥（1∶1），灰缝使用黏土和熟石灰以3∶7的比例调制（图4-23）。

图 4-22　穿堂复建施工过程

图 4-23　东侧墙体修复施工过程

木结构拆解的过程中破坏了部分竹编泥墙，按照原做法重新修复。具体做法是使用细竹条手工编制骨架，必要部位增加木档，泥胎使用剪碎发酵的稻草，拌入石灰和黄泥1∶1的浆料制成，泥胎阴干后，外表刷上加入细碎棕毛的石灰浆（图4-24）。

图4-24　竹编泥墙修复施工过程

（6）安全文明施工和疫情防控

七家厅保护工程严格执行文物保护工程和建设工程关于安全文明施工的相关规定，以及当地关于新型冠状病毒感染疫情防控的具体措施规定，做到现场整洁、操作规范、穿戴整齐、出入登记、作息规律，最大限度地降低施工对周边群众生活的影响。施工过程中形象良好，得到了雅畈二村干部群众的一致好评。

施工过程中严格遵守安全生产和消防的相关规定，不在文物建筑本体内用火用电，机械加工全部在施工棚内完成，同时加强消防安全巡查，在2022年7—8月持续高温期间，调整施工作息时间，适当放缓施工进度，避免工人身体负荷过大。消防设备时刻处于备战状态，消火栓接入水带，灭火器紧跟施工部位部署，夜间开展消防巡查，确保文物建筑的消防安全。

七家厅保护工程的施工，严格执行《文物保护法》《文物保护工程管理办法》《中国文物古迹保护准则》等法律法规和行业规范的规定，严格按照国家文物局、浙江省文物局和金华市文物局的具体工作要求，秉持“科学、规范、安全、创新”的理念，通过三维建模、科技分析、补充勘察测绘等技术手段，将研究工作贯穿于工程始终。施工过程中充分尊重七家厅的原形制、原材料、原工艺，80%以上的工序由手工完成，并引入木雕、砖雕非遗传承人参与施工。在资金十分有限的情况下，最大限度地恢复了七家厅的结构安全和原有风貌。

（文章来源：由浙江省杭州市文物考古研究所副研究馆员张晓晨供稿）

案例 3 妙应寺白塔建筑群修缮保护工程分析

妙应寺坐落于北京市西城区阜成门内大街，因院内白塔又得名“白塔寺”。公元 1271 年，元朝在金中都城东北营建大都城，开启了北京作为首都的历史（图 4-25）。

妙应寺白塔修缮

1949—2010 年期间，对妙应寺白塔前后修缮过 8 次，近年来维修周期越来越短，多次抢修后白塔仍不断出现险情。覆钵体表面抹灰出现大面积空鼓、裂缝并时有脱落，同时白塔基座由于雨水冲刷及浸泡产生大面积污损、粉化现象。

图 4-25 妙应寺白塔建筑群

1. 项目案例概况

妙应寺白塔修缮工程主体为覆钵式砖结构喇嘛塔，主要对白塔开展维修、保养，疏通通风道，设置排水沟及排水沙井，重墁地面，拆砌宇墙等修缮工程。

2. 古建筑修缮保护方案设计依据

《中华人民共和国文物保护法》（2002 年）；《中华人民共和国文物保护法实施条例》（2003 年）；《中国文物古迹保护准则》（2000 年）；《国际古迹保护与修复宪章》（1964 年）；《关于真实性的奈良文件》（1994 年）；《关于历史性纪念物修复的雅典宪章》（1931 年）。

3. 古建筑修缮保护设计方案

（1）设计指导思想

工程性质定位为维修、保养修缮，是以“保护第一、加强管理、挖掘价值、有效利用、让文物活起来”新时代文物工作方针为原则，通过技术手段消除自然和人为造成的安全隐患。首先从建筑结构上确保文物本体安全，以保证这处文物建筑得以长久保存。

（2）修缮原则、设计技术路线

工程性质确定为建筑抢险、保护。

4. 砖塔主要病害勘察分析

（1）塔身倾斜

妙应寺周边地面升高（历史原因）、周边生活用水渗漏及塔周排水不畅等原因，导致局部土质因含水率较高而承载力不足，并造成塔体不均匀沉降。加之历史上的多次地震影响，最终造成塔身倾斜。

（2）抹灰脱落

由于塔体表面砖含水率过高，冬季易发生冻胀，砖表面大面积崩裂，塔体表面抹灰随之空鼓，直至脱落，主要表现在背阴面。

（3）砖砌体外鼓

由于砌体缝隙渗水，冬季冻胀致使缝隙逐渐加大，最终形成明显的砌体外鼓、条石外闪。

（4）砌体强度降低

由于塔身抹灰开裂，大气降水直接渗入砖砌体（且易进难出），致使塔身湿气无法排出，现塔心湿度长期处于99%，砌体含水率达到饱和（含水率大于25%），砖块强度不足原来的1/4。

5. 施工过程中遇到的困难

妙应寺白塔修缮工程位于北京市西城区阜成门大街北侧妙应寺内，白塔位于寺院后的塔院正中，人材机从大门到达塔下，经过的路程比较远，白塔通高51.4米，紧邻民居，影响范围较大，施工过程中要做好安全防护及环境保护措施，确保寺院内人员及周围居民的正常工作生活。

修缮工程分两个阶段进行，第一阶段预计2年，从2013年春季到2015年春季；第二阶段预计为一年，从2015年春季到2016年春季。时间跨度大，不利于施工组织。

本工程可操作施工周期相对较短，工程量大、工程质量标准高，所以工期安排及内外协调都有一定条件限制。为了保证主体、屋面、墙体、油饰均尽可能有充裕的时间施工，优质、高效、按期地完成施工任务，考虑到各方面的影响因素，在各阶段中明确主导工序和重点环节，有针对性地制定相应的技术管理和施工等保证措施，落实专人跟踪管理，项目经理重点监控。

6. 古建筑施工前状况

施工前的修缮材料准备工作如下。

原材料主要是自行采购，瓦件包括1号布瓦、头号布瓦等；脊件有剑把、背兽、小兽、铁制兽角等。

砖件包括二城样、停泥城砖、尺七方砖等；木材有杉木、东北落叶松、红松等；石材有青白石、青砂石等；其他包括白灰、青灰、麻刀、砖灰、血料、精梳麻、生桐油、灰油、光油等。

修复工程所用材料均在北京附近厂家、商家采购。从质量上、单价上把关，并通过业主及相关部门审批后再行采购。

7. 修缮施工情况

修缮采用原形制、原材料、原工艺的传统做法，以不改变文物历史原状为原则，真实、全面地保存并延续白塔的历史信息。塔面抹灰采用传统白麻刀灰，能有效缓解墙面开裂。抹灰采用传统工艺，做法为在覆钵表面，横竖每间隔40～50厘米将竹钉敲入砖缝，用来固定马鬃状的“麻揪”，墙灰分两层涂抹在伸展的“麻揪”上，将塔体完完全全地覆盖。

为期3年的变形监测数据显示，白塔的主体结构基本稳定，维修应主要针对塔身表面残损展开。由于白塔经年累月地裸露在外，塔身砖块含水量很大，是表皮破损严重的主要原因。此次修缮，尝试先为白塔“除湿”，即降低白塔覆钵砌体表面含水率，从而在修补时增加抹灰的附着力。光是塔身的晾晒，就持续了一年左右的时间。

添配的砖都是用传统工艺烧制出来的，与旧砖的物理性能相近，而抹灰的材料，也是传统工艺制成的白麻刀灰，能有效地缓解墙面因收缩或灰浆失性产生的裂缝。

经历了3年的晾晒、补砖、抹灰等过程，修补了近80%覆钵表面积的砌砖，添配新砖1万余块。2015年11月，妙应寺白塔修缮工程正式完工。在此次修缮过程中，除了塔身表面残损的问题，须弥座和覆钵体外层塔砖酥松的问题也得到了解决。此外，修缮团队对覆钵表面七道铁箍进行了除锈、紧固，解决了柏木筋支撑不够的问题。而实测白塔的通高51.38米，也纠正了以往不准确的记载（图4-26、图4-27）。

图4-26　妙应寺砖石作修缮施工

图 4-27　妙应寺砖石作修缮效果

2016 年夏季，北京地区持续强降雨。白塔寺“二殿”大觉宝殿、“三殿”七佛宝殿、“四殿”具六神通殿都发生了渗漏，雨水滴入室内，部分彩画受损，严重影响到了屋内的文物展品和用电安全。大殿大木结构已经发生变形，而中路其他文物建筑的屋面也陆续出现了漏雨的情况。2019 年 6 月，白塔寺再度启动文物修缮工程，并对外暂停开放。这次大规模修缮主要针对白塔寺中路文物古建筑修缮和彩画保护，包括大白塔前的 4 处佛殿（图 4-28、图 4-29）。

图 4-28　妙应寺瓦作修缮施工

图 4-29　妙应寺瓦作修缮后效果

（文章来源：北京市文物古建工程公司 2021-11-30）

案例 4　上海优秀历史建筑——中共一大会址纪念馆修缮分析

中共一大会址所在的石库门，位于兴业路 76 号，上海原法租界望志路 108 号，建造于 1920 年夏秋之间，是上海最为典型的石库门里弄住宅。当时，沿马路一排 5 幢石库门房屋，即望志路 100 号至 108 号（今兴业路 76、78 号）与后排 4 幢房屋相连，中间是一条弄堂，总称“树德里”。1920 年李书城一家从白尔路三益里 17 号迁入当时新建的望志路 106 号和 108 号（今兴业路 76 号和 78 号），人称“李公馆”。

中共一大会址修缮

1921 年 7 月 23 日至 30 日，中国共产党第一次全国代表大会在此召开。1924 年，原房东将这两幢房屋连同与其并列的另 3 幢房屋全部出租。租户对房子进行了大规模的改建，将其中 3 幢房子改建成为“万象源酱园”。后来，他的亲戚在 106 号开了当铺，不久，又改开“恒昌福面坊”。1959 年 5 月 26 日兴业路 76 号中国共产党第一次全国代表大会旧址被公布为上海市文物保护单位；1961 年 3 月 4 日公布为全国重点文物保护单位。

2021 年中共一大会址纪念馆重新启动对中共一大会址的修缮保护工程。此次修缮可以说是自 2000 年以来修缮最为彻底的一次，包括外立面、屋顶、门窗、地板等都将进行全面修缮。修缮工程坚持“不改变文物原状”的原则，对文物建筑的历史、文物建筑中所涉及的原工艺、原材料均进行详尽的考证与分析，尽可能还原历史原貌。以文物保护为前提和目的，用科学严谨的方法对现场的损坏情况进行勘察、检测、分析研究，对外墙砖粉脱落、山花泛碱、室内墙顶面渗水、木构件老化变形等诸多损坏问题采取针对性的解决方案。

1. 修复损坏的清水砖墙外立面

修缮排查了两幢建筑的外墙，凡是出现起壳、脱落、风化、疏散的部分，都铲除表面修补的砖粉至原本的清水墙结构层，采用增强处理的方式涂覆墙面加固黏结剂，再用砖粉逐层修补并做好必要的拼色处理。采用砖粉配套的专用勾缝剂进行重新勾缝处理，全面恢复两幢建筑的外观历史风貌（图 4-30）。

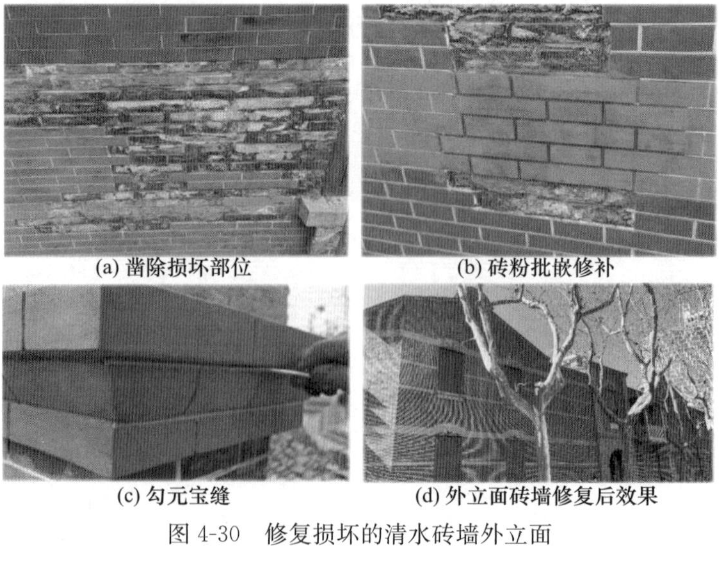

(a) 凿除损坏部位　(b) 砖粉批嵌修补　(c) 勾元宝缝　(d) 外立面砖墙修复后效果

图 4-30　修复损坏的清水砖墙外立面

2. 翻做小青瓦屋面

中共一大会址修缮前存在多处渗漏水现象，此次保护性修缮重点对小青瓦屋面进行翻做。对现存小青瓦全部拆卸落地，将完好的瓦片进行保留保护，拆除老化损坏的防水卷材（或油毛毡）和压毡条，对屋面木屋架、木檩条等结构层进行详细检查、加固修理，排查屋面结构安全隐患，并清理屋面。对木结构采取防腐、防火、防白蚁处理，重做防水层，并在文物本体恢复历史望砖，重铺小青瓦，修补瓦箍头及“熊猫眼”装饰。对于破损的小青瓦，从上海郊区找到同年代的小青瓦更换，其规格、大小、厚度基本与原瓦片相近，以保证“修旧如旧”（图 4-31）。

翻做小青瓦面

(a) 屋面修缮后　(b) 瓦箍头点睛

(c) 保护性落瓦　(d) 重做防水

图 4-31　翻做小青瓦屋面

3. 石库门山花修复

中共一大会址石库门门头山花装饰局部存在酥碱、风化现象，且经过日晒雨淋，导致连接处存在裂缝，酸雨沿裂缝侵入，使其产生化学反应（出盐、泛碱）。对山花进行排盐处理并清洗泛碱处，再采用纸筋石灰加水泥，掺和氧化铁按原样进行修复。这种做法既恢复了门头山花的历史原貌，又确保了安全性、美观性与耐用性（图 4-32）。

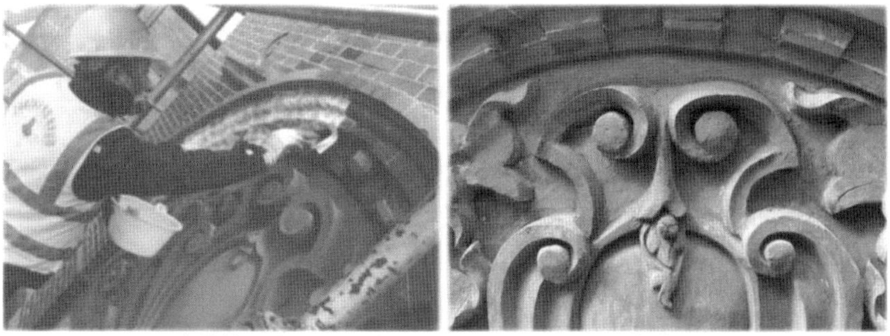

(a) 山花排盐处理　(b) 山花批嵌造型

图 4-32　石库门山花修复

4．中共一大会址消防及防雷设施提升

两幢文物建筑的消防系统与避雷系统由于建造年代早，不满足现行规范要求，且均为砖木结构，易发生火灾。根据最小干预原则，在文物本体所在建筑的其他房间按照现行规范要求增设喷淋系统，文物本体采取增设灭火器、用阻燃材料、敷设电线采用金属管及阻燃电线等。对中共一大会址旧址增设隐蔽式避雷接地系统，更好地保护好文物建筑安全。

修缮后的中共一大纪念馆与中共一大会址重新对外开放，以最接近百年前的历史原貌展现中国共产党的文化基因、精神灵魂和历史根脉，以实际行动贯彻落实习近平总书记关于“把一大会址保护好、利用好”的重要指示精神，建设好中国共产党人的精神家园，守护好中国共产党的诞生地，为上海迈向新时代的征程贡献力量（图 4-33）。

图 4-33　修缮后的中共一大会址纪念馆

（文章来源：上海市历史建筑保护事务中心、上海建筑装饰（集团）设计有限公司 2021-07-01）

案例 5　优秀历史建筑——上海音乐厅修缮纪实

上海音乐厅建成于 1930 年 3 月，前身为南京大戏院，是由中国建筑设计师自行设计的具有西方古典主义风格的戏院。当时的南京大戏院占地面积 1382 平方米，为 4 层钢筋混凝土结构建筑，标志性的正面门楼上部采用两根半圆形古典圆壁柱和两根四分之一古典圆壁柱，形成三开间壁龛和 3 扇圆拱形窗，上方配以浮雕装饰和雕花屋檐，整座建筑典雅大气。1949 年后，南京大戏院改名为“北京电影院”。1959 年改建为上海音乐厅，成为全国首座音乐厅。1989 年，上海音乐厅被列为上海市文物保护单位。

上海音乐厅修缮

2003 年因市政建设，对上海音乐厅进行整体移位和保护修缮，新增两层地下室作为剧场配套空间，新建西大厅和南大厅与原建筑相连，新建部分延续了原有风格。因此，现上海音乐厅由原有建筑文保区域和移位后新建建筑非文保区域两部分组成，总建筑面积 12987 平方米。

2019 年 3 月，为保护历史建筑、解决建筑及设备设施逐步老化而无法满足更高标准演出的问题，改善表演和观演体验，上海音乐厅正式启动整体修缮工程。此次整体修缮工程由上海建工四建集团有限公司和同济大学建筑设计研究院（集团）有限公司组成 EPC 联合体总承包，其中文保区域修缮设计由上海章明建筑设计事务所负责。文保区域进行保护修缮，维护建筑原有风格，做到修旧如旧；非文保区域进行空间布局调整，重新装饰装修，并且更新舞台设备设施，提升剧场声学效果（图 4-34）。

图 4-34　红线范围内建筑为文保区域

1. 文物区的保护修缮方案设计

上海音乐厅文保区域面积 2558 平方米，为 1930 年建造的老建筑。室内北进厅、观众厅、东走廊，室外北立面、东北立面均为文物重点特色保护部位。

（1）北进厅修缮

北进厅为上海音乐厅观众主入口厅，豪华的中央大理石主楼梯将观众引导至二层，水磨石墙面、边角嵌以金箔装饰的纸筋灰装饰大顶，门厅挑空配以古罗马式立柱、围栏和回廊，仿若恢宏宫殿，大厅装饰风格辉煌而罕见（图 4-35）。

图 4-35　修缮前北进厅全景合成图

北进厅内的 16 根科林斯柱仿石饰面年久破损、基层起壳，项目团队以原材质、原工艺、原工匠对柱身仿石饰面原样复原：拆除原有仿石饰面层，批嵌腻子粉、加设网格布修补基层，提升饰面抗裂性能；打磨柱身基层至圆润光滑，喷涂柱面底漆，保证饰面光洁度；邀请 2004 年修缮仿石饰面的工匠按原柱身仿石图案，以专用颜料重新描绘仿石纹理，达到浑然一体的效果［图 4-36（a）］。

采用磨石修补剂对主楼梯踏步大理石破损面进行无痕修补；对出现裂缝的墙地面水磨石通过刨面清理、骨料填充、打磨平整、打磨抛光等一系列工序恢复原有饰面效果；对平顶开裂破损面进行修补，表面整体批嵌修复，按原样恢复饰面光彩［图 4-36（b）］。

(a) 修缮后的16根科林斯柱　　(b) 北进厅顶面

图 4-36　修缮后的 16 根科林斯柱与北进厅顶面

（2）观众厅修缮

由北进厅中央大理石旋梯和两侧门进入观众厅，呈现在眼前的是满场金粉配以“海天蓝”耀目平顶。作为上海音乐厅最核心区域，观众厅平面呈窄靴子形，分上、下两层，特制的地板踏之柔软、步履无声，使整座大厅温暖华贵，提供最佳观演氛围。观众厅内最引人注目的海天蓝大平顶面积约 550 平方米，东西向长约 28 米，南北向长约 20.1 米，距离一层地面高度 13.7 米。大平顶精美的饰面是在基底钢板网上批嵌纸筋灰装饰而成，整个大平顶通过吊筋悬吊基底钢板网而固定在上方木屋架上。

大平顶饰面层存在局部开裂、造型夹角处与风口处拉裂、腻子局部分层起皮等现象，在检测单位评估大平顶结构安全的前提下，项目团队对观众厅大平顶装饰层进行原样修复。

项目团队将表面裂缝铲成 V 字形至基层钢板网，采用与基层相同的纸筋灰材料进行修补填充，粘贴纤维网格布增强基层黏结力，再批嵌打磨，修补花形缺陷；对于花式线条开裂部位的修复，先在线条背面利用纸筋灰拌纤维丝、粘贴网格布的方法进行加固，再做表面修复。修缮前，项目团队对大平顶及其周边图案色彩现场取样，通过电脑比对配色来确定观众厅不同区域的 19 种涂料色样，再分区描绘、逐个上色、匠心细作，保证大平顶修缮前后饰面光彩一致。

观众厅内座椅返厂更新，提升座椅舒适度。在二楼看台的局部增设可伸缩扶手栏杆，在消除剧场安全隐患的同时，维持原有空间布局效果。观众厅正前方的舞台表演区面积 145 平方米，台口高 9 米，两边各有 75 平方米的副台，此次对舞台装饰墙面及反射板重新设计更换，一并对舞台机械、灯光、音响等设施设备更新换代（图 4-37）。

(a) 修缮前的观众厅

(b) 修缮后的观众厅大平顶

图 4-37　观众厅修缮

（3）东走廊修缮

东走廊是观演间隙供观众临时休憩之处，分为上下两层，一层为拱顶，二层为平顶，繁复花饰由勾金线条环绕，配以深色门框和石材地面，尽显雍容稳重的传统风格。

此次修缮中，项目团队按照历史原样对东走廊二层水磨石地面予以恢复，拆除现有亚麻油地板，对地面基层进行封闭加固和防水处理，并以北进厅地面水磨石图案为蓝本放样，以制作小样的方式确定不同式样的砂粒大小和配比，采用网格分仓法施工多重图案交叉的水磨石地面，避免色样交叉污染，最后整体打磨抛光，使历史原迹得以重现。

对东走廊与观众厅间的隔声门进行更新修缮，在保持原有风格不变的同时，提升隔声门的隔声效果。对走廊内木饰面进行脱漆出白，展示木质纹理，提升木制品的装饰效果，并对墙、顶、地面破损处进行修缮（图 4-38）。

(a) 修缮前的东走廊一层全景合成图

(b) 东走廊二层原亚麻油地板

(c) 复原中的东走廊二层水磨石地面

(d) 东走廊一层顶面修缮

图 4-38　东走廊修缮

（4）外立面修缮

上海音乐厅北侧和东北侧外立面均保留着 1930 年落成时的风格，最上部为泰山砖饰面，中部为仿石漆墙面，下部为花岗岩大理石饰面，构图典雅、风格大气，令人观之难忘。

泰山砖饰面部分发霉破损且存在空鼓的现象，项目团队按照原有式样定制泰山砖片，更换部分空鼓、损坏的面砖，视面砖污染严重程度选择清水或活性酶冲洗饰面，并涂刷憎水剂，保护饰面砖体。

花岗岩饰面由于石材檐口泛光照明安装构造缺陷以及石材含铁量大的缘故，导致受雨水侵蚀后石材饰面发生不均匀锈斑，项目团队在檐口处增设披水板、优化泛光照明安装点位、石材底部增设排气口，彻底解决大理石背部反复受潮现象，对已污染生锈的饰面以泥敷清洗恢复大理石原有的色彩。

外立面既有木窗隔声效果难以满足一流剧场的标准，因历史文化价值和保护要求，木窗无法更换为隔声窗。项目团队通过现场查勘，在原有木窗框的基础上，将单层玻璃更换为中空玻璃，窗扇间以及窗扇与窗框间安装嵌入式硅胶 PVC 密封条，实现密封隔声功能；一并对木窗外饰面涂刷木蜡油，露出木纹理，维护原有风貌（图 4-39）。

(a) 修缮前

(b) 修缮后

图 4-39　修缮前与修缮后的泰山砖和花岗岩饰面

2. 非文保区功能提升

非文保区域修缮主要包括空间布局调整、内部装饰修缮和局部结构改造 3 方面。改造工程重点为地下二层小厅新增钢结构内胆和内部重新装修改造，解决长期以来小厅与观众厅之间的隔声差、串音等问题，对地下二层功能区优化调整后，今后小厅每年可增加演出一百余场。同时，对地下一层演出配套空间，如化妆间、卫生间等区域进行重新布局和装修优化，更好地服务观众和演出人员（图 4-40）。

图 4-40　非文保区修缮

3. 历史建筑典型工艺——水磨石饰面修缮技术

在上海音乐厅修缮工程中，结合上海音乐厅二层东走廊地坪面按照历史原样进行水磨石饰面恢复的要求，根据原有饰面式样和施工工艺的探讨，结合现有装饰材料，通过制定合理的施工流程和相应的施工工艺，实现1930年水磨石地面历史原样的复原（图4-41）。

图4-41　原东走廊亚麻油地板饰面

主要施工工艺流程为：施工准备、基层处理、弹分隔线、分仓、拌制水磨石拌和料、铺设水磨石拌和料、滚压、抹平、打磨处理、水磨石镜面处理、成品保护。

以北进厅地面图案为蓝本放样，在解决原有地坪结构基层薄弱和渗漏问题的基础上，通过多次小样试配确定骨料和配比，采用传统水磨石施工工艺和网格分仓工法实现多重图案组合，避免色样交叉污染，成功恢复了富有音乐厅历史特色的水磨石拼花地面（图4-42）。

图 4-42　上海音乐厅二层东走廊地板饰面施工步骤

1-原有亚麻油地板饰面拆除；2-拆除后结构基层防水处理；3-抹灰饼、做灰筋；4-铺抹找平层砂浆；
5-木方分仓；6-水磨石小样；7-拌制水磨石拌和料；8-铺设水磨石拌和料；9-水磨石拌和料滚压、抹平；
10-水磨石饰面粗磨；11-水磨石饰面批嵌填补；12-水磨石饰面细磨；
13-打磨完成后饰面效果；14-修缮完成的水磨石饰面

施工工艺的可视化表达：将水磨石饰面的施工工艺，用三维动画的形式呈现，通过可视化的方式展现正确的施工工艺，同时也可用于新工匠的培养，实现传统工艺的留存与传承。

（文章来源：上海建工科技创新平台、上海市历史建筑保护事务中心 2021-07-21）

参考文献

［1］ 李诫．营造法式［M］．北京：人民出版社，2011.
［2］ 工部．工程做法则例［M］．重庆：重庆出版社，2023.
［3］ 梁思成．清式营造则例［M］．北京：清华大学出版社，2006.
［4］ 梁思成．中国雕塑史［M］．天津：百花文艺出版社，2006.
［5］ 刘大可．中国古建筑瓦石营法［M］．北京：中国建筑工业出版社，1993.
［6］ 刘全义．中国古建筑瓦石构造［M］．北京：中国建材工业出版社，2017.
［7］ 楼庆西．中国建筑二十讲［M］．台北：联经出版事业股份有限公司，2003.
［8］ 楼庆西．中国古建筑砖石艺术［M］．北京：中国建筑工业出版社，2005.
［9］ 楼庆西．砖雕石刻［M］．北京：清华大学出版社，2011.
［10］ 丁俊清．中国居住文化［M］．上海：同济大学出版社，1997.
［11］ 王其钧．中国民居［M］．北京：中国建筑工业出版社，2007.
［12］ 王其钧．中国传统建筑屋顶［M］．北京：中国电力出版社，2009.
［13］ 中国文物信息咨询中心．文物保护工程典型案例：第一辑［M］．北京：科学出版社，2006.
［14］ 文物保护工程典型案例编委会．文物保护工程典型案例：第二辑［M］．北京：科学出版社，2009.
［15］ 文物保护工程典型案例编委会．文物保护工程典型案例：第三辑［M］．北京：科学出版社，2013.
［16］ 文物保护工程典型案例编委会．文物保护工程典型案例：第四辑［M］．北京：科学出版社，2014.
［17］ 李润．上海石库门建筑保护修缮技艺［M］．上海：同济大学出版社，2022.
［18］ 王巍．中国考古学大辞典［M］．上海：上海辞书出版社，2014.
［19］ 马炳坚．历代帝王庙修缮设计［J］．古建园林技术，2004（3）：5-18＋29.
［20］ 侯实，王进，周贤华．基于价值认知的近代建筑清水砖墙修复方法反思［J］．中国文化遗产，2020（5）：94-101.
［21］ 于昕悦，董瑞华，郭泓．故宫古建筑石构件的病害机理与保护修复方法：以须弥座为例［J］．古建园林技术，2020（2）：72-76.
［22］ 陈天声，陈弘．中国古建筑砖石结构发展缓慢的原因探析［J］．江苏建筑，2010（6）：51-54.